そろそろ

日本語版
完全対応!

Notion
ノーション

あらゆるデジタルデータをあつめて、まとめて、管理するオールイ[illegible]神アプリ

株式会社ノースサンド
近藤容司郎、藤川千種、
佐々木歩惟、松橋龍貴 著

C&R研究所

■権利について

- 本書に記述されている製品名は、一般に各メーカーの商標または登録商標です。
  なお、本書では™、©、®は割愛しています。

■本書の内容について

- 本書は著者・編集者が実際に操作した結果を慎重に検討し、著述・編集しています。ただし、本書の記述内容に関わる運用結果にまつわるあらゆる損害・障害につきましては、一切の責任を負いませんのであらかじめご了承ください。
- 本書で紹介している各操作の画面は、「macOS 11 Big Sur(日本語版)」と「Google Chrome」を基本にしています。他のOSやブラウザをお使いの環境では、画面のデザインや操作が異なる場合がございますので、あらかじめご了承ください。
- 本書は2021年9月現在の情報をもとに記述しています。アップデートなどにより、画面の内容や操作方法が変更になる場合もあります。あらかじめご了承ください。

●本書の内容についてのお問い合わせについて

この度はC&R研究所の書籍をお買いあげいただきましてありがとうございます。本書の内容に関するお問い合わせは、「書名」「該当するページ番号」「返信先」を必ず明記の上、C&R研究所のホームページ(https://www.c-r.com/)の右上の「お問い合わせ」をクリックし、専用フォームからお送りいただくか、FAXまたは郵送で次の宛先までお送りください。お電話でのお問い合わせや本書の内容とは直接的に関係のない事柄に関するご質問にはお答えできませんので、あらかじめご了承ください。

〒950-3122 新潟県新潟市北区西名目所4083-6　株式会社 C&R研究所　編集部
FAX 025-258-2801
『そろそろNotion』サポート係

PROLOGUE

私がNotionを使い出したころに比べると、今はNotionをいろいろな場で目にするようになりました。Twitter、Instagram、Tiktok、さまざまなSNSでも目に触れることが増えたように思います。

このNotion人気にはどういった理由があるのでしょうか。パワフルな機能、シンプルなデザイン、自分で作るという創造性、プロダクトの親近感、多くの理由があると思います。それと同時にNotionに似たサービスやソフトウェア、アプリケーションは今日でも多く存在していると思います。このようなサービスの多くを試してみましたが、Notion以外のサービスは私の生活、仕事に完全にフィットするものはありませんでした。こういった課題を感じている中で、Notionに出会いました。

私がNotionに出会ったのは2018年に遡ります。当時、さまざまな情報を一元的に管理しつつも、なかなか情報をうまく取り出せる仕組みに出会うことができずにいました。日々の仕事から学んだ情報を整理してアウトプットすることと、その繰り返しを継続すること、この一連のサイクルをルーティンとして確立するためのパートナーを探していました。

今となっては、Notionを使っていることを意識しないほどにNotionは生活に溶け込んでいます。気になった記事や調べたいことはWebクリップやタスクとして登録してNotionに情報を落とし込んでいく。仕事では、貯めた情報を取り出して仕事の品質を上げていく。これがNotionとの生活です。

実際、私が所属するノースサンドでも全面的にNotionを導入しており、今ではNotionがない状態は考えられなくなっています。そして、Notionが向上させた生産性は計り知れません。

Notionはシンプルです。Notionは何も語ってくれません。通常のサービスは洗練されたUI/UXの設計により、自然と目的を達成できるデザインになっています。ですが、Notionは何でも思い通りに作るためにデザインがミニマルに洗練されているがゆえに、取っ付きにくいサービスであると思います。Notionでデータを管理することが面倒になることもあるでしょう。しかし、Notionを使いこなした先にある景色を皆さんにも体験してもらいたいと思い、Notionの情報を日々発信したり、コミュニティの運営をしてきました。

Notionで生活を豊かにするいちユーザーとして、Notionを広めるアンバサダーとして、Notionを仕事に活用するNotionコンサルタントとして、いろいろな側面からNotionを見てきました。ありがたいご縁もあり、幅広い方々のNotionの使い方を知り、さまざまな整理の方法やページ構成を参考に、多様なバリエーションのNotionページを作成してきました。日々、自分たちとともに成長していくNotionの現時点での総括として、その魅力をふんだんに盛り込んだ本書を執筆するに至りました。

この本とともに、Notionをさらに好きになり、さらに使いこなせるように。そんな読者の皆さまの参考になれば幸いです。

2021年9月

株式会社ノースサンド

近藤 容司郎

CONTENTS

CHAPTER

1 Notionとは

CHAPTER

2 Notionの使い方

CHAPTER

3 Notionと過ごす生活

CONTENTS

CHAPTER

4 デザインパターン

CHAPTER

5 ワークスペースの設計

CHAPTER

6 Notionスナップ

CHAPTER 7 便利ガイド

CHAPTER

Notionとは

本章では、Notionというサービスの成り立ちや、世の中に受け入れられているポイントについて説明します。

なぜ、Notionが必要とされるのか

Notionとは何かを知る前に、なぜNotionのような情報を整理するツールが必要になっているかという点から入りましょう。情報をまとめ、整理するためのソフトウェアは昔からあります。しかし今は、昔にはなかったさまざまな情報メディアが存在します。これらの情報に、従来の管理手法はマッチしているでしょうか。Notionはまさにこれらにマッチした現代のツールです。

▶情報過多な現代

昨今は、SNSを筆頭にさまざまなデータが生まれ流れていくようになりました。個人が気軽に情報発信ができるようになり、世間に溢れる情報量が飛躍的に増えてきました。文字情報のみに限らず、構造化することのできないデータや媒体も同様に増えてきました。これらの情報は有益な情報もあれば無益な情報もあります。

現在のさまざまな流れゆく情報をキャッチして、必要な情報を整理して取り出せる仕組みが必要です。必要な場面で必要な情報を取り出すことができたら、日々の生活のクオリティは必然的に上がっていきます。

◉多くの情報に晒される私たち

▶メモの限界

現代には、多種多様な情報のフォーマットが存在します。メモ帳だけでは事足りません。動画や、画像、Webサイト、音声、これらすべてのデータを整理して自分の知識とする必要があります。これらの多岐にわたるデータを蓄積し、必要に応じて情報を取り出すことはさらに難しいです。取り出すことができなければ、蓄積できても意味がありません。

情報をインプットする量もタイミングも圧倒的に増えた今、デジタル化されたプラットフォームが必要となるのではないでしょうか。

◉メモ帳には入りきらない情報の増加

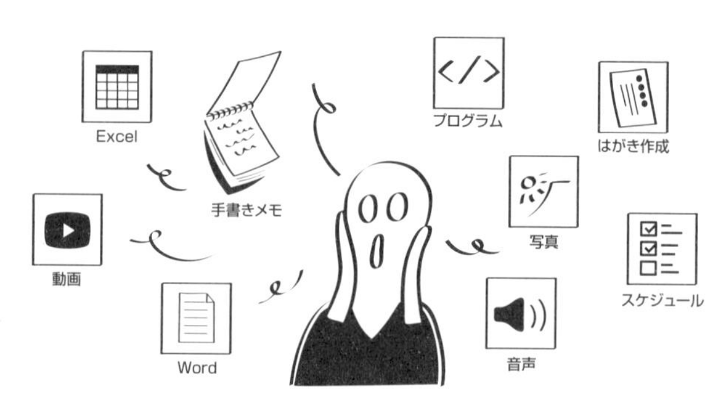

▶デジタルの一般化

スマートフォンをベースとして、さまざまなアプリケーションやWebサービスが普及した現代では、スマートフォンやPCで情報が生まれ、その中でデータを管理していくことが一般的になっています。

デジタルな情報はデジタルに使い、デジタルに残す。こういった一連の流れはスマートフォンやアプリを中心に活用する世代に受け入れやすい仕組みです。しかし、Notionの洗練されたインターフェースは、こういった近年のアプリケーションだけではなく、古くからあるさまざまなソフトウェアの血を受け継ぎ進化させています。

◉デジタルネイティブの増加

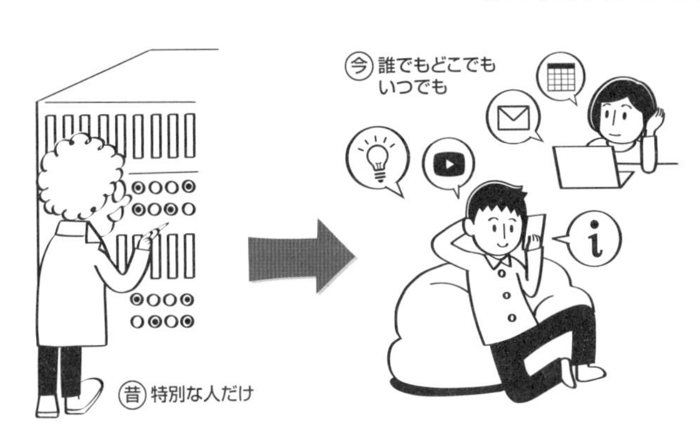

COLUMN Notion好きな人間とは?

Notionは、人によって好き嫌いが大きく別れるツールだと思います。どんなツールにもいえることではありますが、Notionも例外ではありません。では、Notion好きな人とはどのようなタイプなのでしょうか。

まず挙げられるのは、管理が得意・細部が気になるタイプです。Notionがなくても各種ツール上のデータは常に最新、シンプルな表計算ソフトでもきっちり管理をやってのけるようなきめ細やかな管理が得意な方は、Notionデータベースのその管理性・柔軟性の高さに魅了されることが多いように思います。

それに加えて、社内制度や管理表・ツールなど、自分で何かできる仕組みを作るのが好きな人もNotionにハマりやすいタイプです。Notionの自由度の高さと、情報のストックだけではなくフローを構築できるという点が、このタイプには非常に魅力的なのです。

また、情報管理の得手不得手にかかわらず、ツールの見た目を自身の好みに応じて変えていきたい人にとっても、Notionは持ってこいのツールです。Notionはベースがライトモード・ダークモードともほぼ完全にモノトーンですから、そのまっさらなキャンバス上に、モノトーンから極彩色までいかようにでも自分の好きな色・デザインを持たせられるという点で、他に類を見ないほどの自由度を誇るといっても過言ではないでしょう。

情報管理をシンプルに

Notionのはじまりはメモ、つまりドキュメントなどの文章管理です。この文章管理にコラボレーション機能を持ち込んだものがNotionアプリの初期形態でした。その当時でも、類似したメモツールと比べると表現力の高さは優秀だったと思います。ですがNotionはその第二形態で、このドキュメント管理の領域にデータベースという概念をうまくミックスさせました。この機能によってNotionは、ノーコードアプリケーションと呼べるまでに昇華しました。

▶ Notionが追い求める夢

Notionとは、一言で言えば「情報共有のためのオールインワンのWebサービス」です。1960 ～ 80年代のコンピュータの黎明期に先人たちが追い求めていた生産性の向上という夢を、Notionは今、新たな形で生まれ変わらせようとしています。エンジニアではない、さまざまな人が自分でオリジナルのシステムを作れるようにすることで、ITの持つ力を全員が活かせることを目指して作られています。

◉コンピューターがもたらした変化

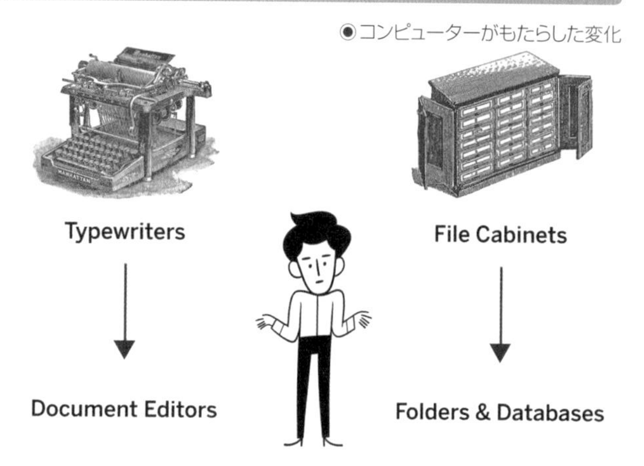

最近では、仕事をするときや物事を整理するときに、たくさんのツールを開いているのではないでしょうか。メモアプリ、タスク管理、ブックマーク管理、お気に入りのサイトやWebサービス。それらを1つのツールに集約し、情報をつなげることができる仕組みを実現する。こういったコンセプトを実現するために現代のテクノロジーを駆使して再構築したもの、それが、Notionです。

◉オールインワンのワークスペース

◉なんにでも使える

▶ シンプルなのにパワフル

Notionはシンプルにテキストを書くというエディタとしての使い方から、動画や画像、Webサイトのブックマーク集も作ることもでき、重厚なドキュメントや執筆活動にも使うことができます。現に、本書の執筆もすべてNotion上で行っています。

どのようにして、このようなたくさんのニーズに応えられるインタフェースを提供しているのでしょうか。Notionはスラッシュコマンドという機能にすべての機能が集約されています。 /page や /image のような形でスラッシュと作りたいモノを組み合わせることで簡単にNotionのページを組み上げることができます。このスラッシュコマンドは日本語版であれば ; (セミコロン)でも使うことができます。Notionは海外のサービスではありますが、;ページ や ;画像 のような形で日本語のIME環境でも利用できるようになっているのが素晴らしいポイントです。

このスラッシュコマンドを起点とした多彩な表現方法によって、Notionは、エディタとしても、文章管理にも、設計書にも、デザインの設計書にもなり得ます。

◉Notionの多機能さとシンプルさ

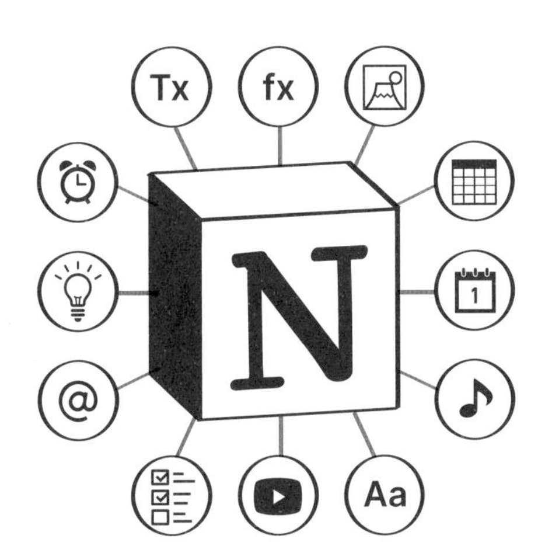

▶ データベースで情報をつなぐ

Notionはドキュメント管理という側面を持ちながらも、強力なデータベースとしても機能します。

データベースとは、データを管理する仕組みとして何十年も前からある考え方ですが、今もデータ管理のコア技術として進化を続けています。ですが、こういった技術は普段の生活に取り込むには、少し難しい概念です。

一番身近なものは表計算ソフトでしょう。表計算ソフトは柔軟な使い方ができる反面、使い勝手が悪かったり、フォーマットを作るのに時間がかかったり、データが増えてくると管理が煩雑になります。逆に誰かがその課題を解決するために、専用のアプリケーションを提供していれば、事は簡単です。ですが、誰かがそのアプリケーションを提供してくれないといけません。そのアプリケーションが完全に自分たちの環境にフィットしない場合もあります。また、ニッチな領域であればそれを作る人はいません。エンジニアであれば自分たちで作る選択肢もありますが、普通の人はこれはできません。

このように、身近な方法で情報を管理するには、選択肢が限られていました。

ここに、新たな選択肢として現れたのがNotionです。Notionは、これら従来のドキュメントの仕組みを同居させた概念を持っており、今までになかった唯一の存在です。

それをNotionは、簡単なメモにも使えるハードルの低さはそのままに、そこにデータベースという強力かつ汎用的な仕組みをシンプルに使えるようにデフォルメした機能を加え、ノーコード/ローコードで活用できるプラットフォームを実現しています。

一見、馴染みがありながらも、使いきれなかったデータベース。個人単位では取り込まれにくかったデータベースを身近にしたのがNotionです。

◉Notionの立ち位置

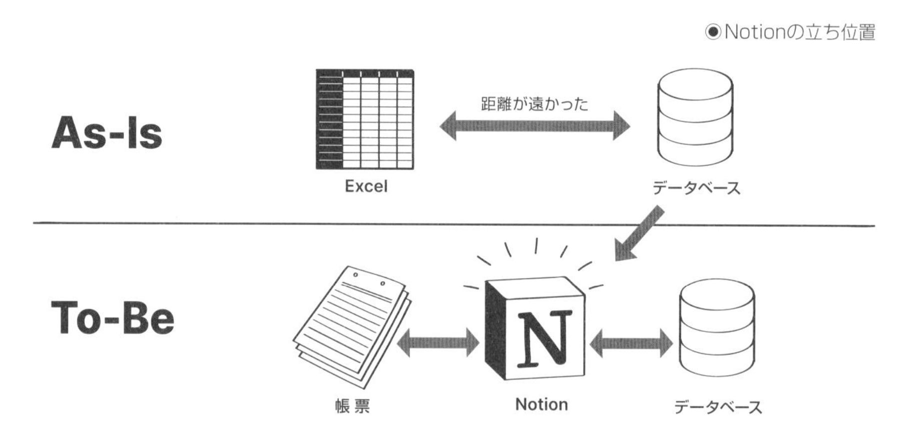

▶ 使う人にフィットして形を変える

Notionが提供してくれるのは、テキストを中心とした文章やマークダウンを中心とした装飾表現、表形式にデータを管理するデータベース機能、タスク管理などの管理がしやすいKanbanボード、ガントチャートのようなタイムライン機能、といったような多種多様な機能群です。これらの機能の1つひとつを、「ブロック」と呼んでいます。

自分たちや作りたいもの、自分たちが実現したい目的に対して、スラッシュから生まれる多機能なブロックを積み重ねて、組み合わせ、想いをNotionで表現して仕組みを作っていく。Notionはレゴブロックのように使う人の創意工夫によってどんなツールにでもなり得ます。

ツールに人が合わせるのではなく、人にツールが合わせる。このブロックを用いてページやデータベースを構築する、それをここまでの直感的なUIに落とし込んだNotionは、現代、デジタル世代のシステム、もはやアプリケーションともいえます。これがNotionの基本概念です。

◉ブロックを作り上げるイメージ画像

頭の中のデザインツール

Notionを使うと、頭の中の情報を可視化できます。可視化された情報を整理して、情報をより網羅的に考えていることができ、この一連のサイクルによって自分の思考が言語化されます。このようにNotionと向き合っている時間によって思考の整理が捗り、より良い思考に結び付きます。この洗練された情報を他人と同期させることができるのが、Notionの使い方の最終形です。これが、Notionが今の時代の仕事で必要なツールたりえる所以ではないでしょうか。

▶脳内をデジタル化

気になった情報、整理した情報、後で使うかもしれない情報、そういった情報をすべてNotionに入れ、整理されたUIや検索、データベースのフィルター機能によって情報をすぐに取り出せる。Notionに情報を貯めたその状態は、いうなれば脳の外部記憶装置(ハードディスク)です。人によってさまざまな構造体を持っていて、他者の整理の仕方を学ぶこともできます。他者の秀でた管理方法があれば、Notionテンプレートとしてそれを利用する。これが、情報をNotionで管理するメリットです。

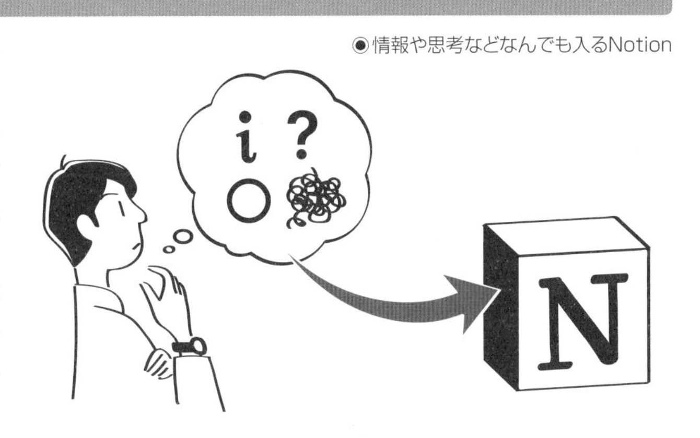

◉情報や思考などなんでも入るNotion

▶Notionとともに成長

人は道具を発明し、道具にならい、道具を進化させ、道具と成長してきました。Notionも例外ではありません。

Notionによって自分のルーティーンを確立させ、Notionに整理することによって自然と考えを具現化するという習慣を身に付けることができる。どこかで見た気がするけど、覚えていない。以前に整理したけど、どこにあるか覚えていない。いつか使うかもしれないけど、整理せずにそのままにしている。

Notionはそういった情報に埋もれた生活を見直すきっかけになります。

Notionという道具を使えば、生活のスタイル、勉強のスタイル、仕事のスタイルをNotion上に言語化し、可視化することができます。これにより自分たちの生活や仕事が言語化されていく、この一連の流れをNotionはワークフローと呼んでいます。

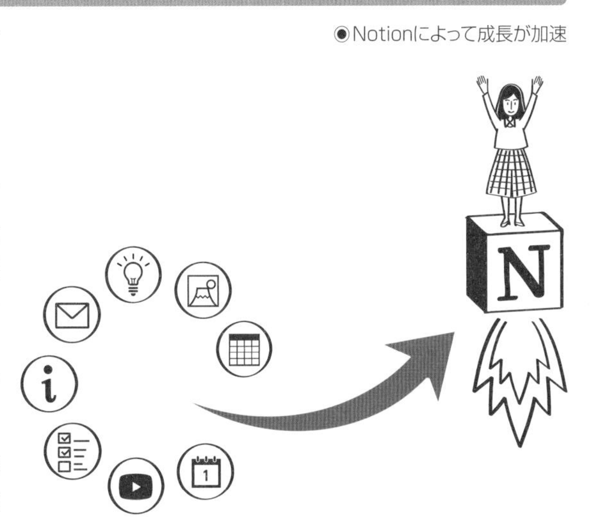

◉Notionによって成長が加速

▶ Notionで他者と思考を同期

もしも、もっと他者とスムーズに情報を共有できたら。Notionではそれに近い状態を実現できます。Notionは多種多様な表現方法によって、頭の中を表現するツールです。これはいわば言語よりも高度なコミュニケーションツールです。

このコミュニケーションツールによって相手と意思疎通ができれば、生産性の高い状態が待っています。Notionを介したコミュニケーションなら、不要な会議、不毛な議論、認識の違いは減り、それと同時に情報が自然と蓄積される状態となるのです。

Notionをずっと利用していると、Notionであることを意識しなくなります。つまり、Notionというプラットフォームを通じて情報の整理・意思疎通をすることが可能になります。

脳内がデジタルに同期し、同期されたデータを更にチームメンバーと同期ができる。脳内で直接の会話、とまではさすがに至りませんが、Notionを媒体にして言語よりも高度な意思疎通のツールとして利用することができるのです。

◉Notionによって思考が同期

COLUMN 情報共有ツールは失敗する?

Notionのような情報をまとめるツール、サービスは今までたくさんあったと思います。チームの情報共有がうまくいかないことに対してツールを導入する。でも、使ってくれない。投稿してくれない。

こういったことの根本原因は結局は人にあります。ドキュメント文化がないチーム、情報を整理したりする文化がないチームでは、Notionを導入したとしても同様のことが起こり得ます。ですが、Notionは数あるツールの中でも比較的成功しやすいと思います。その理由はやはり徹底的に考え尽くされたデザインにあります。絵文字やカバー写真を設定することによって、オリジナリティを持てるのもこういったツールとしては特殊な点です。Notionの、こういった一見すると重要でない機能によって楽しさが生まれ、情報を残すという文化が醸成される成功率は高いと思います。

SECTION 04 Notionの基本情報

Notionの詳細に入る前に、最低限知っておきたいNotionを運営する会社についてや、利用環境など基本的な項目をおさらいしておきましょう。

▶「Notion Labs, Inc.」という会社

Notionは2014年にできたサンフランシスコの会社です。複数回に渡りすべてのシステムを作り直し、リリースされたのが2016年。それが今のNotionの原形です。

まだスタートアップではありますが、2020年4月には約2100億円という評価額を達成したユニコーン企業にまで成長しています。

公式サイトは下記になります。

- **Notionの公式サイト**

  URL https://www.notion.so

▶ Notionの環境

Notionはクラウドを基本としたWebサービスで、PCやモバイルで利用することができます。個人プランであれば無料でも利用することができ、また、1000人規模の企業でも使われています。

データの保存場所

Notionはクラウドを中心としたWebサービスです。データはすべてクラウド上に保存されます。そのため、原則的にオフラインでは動作せず、利用にはネットワーク環境が必須となります。

対応デバイス

ChromeやSafari、Firefoxなどのブラウザに対応しており、Windows/macOSの専用アプリケーションでも動作します。また、AndroidやiOS、iPadOSなどのスマートフォン、タブレット端末でも利用することが可能です。

料金プラン

大きく**個人向けと複数人で利用する2パターン**があります。

個人向けとなる、**パーソナル**は無料で利用することができます。無料プランでも通常利用では問題なく利用できますが、有料プランの**パーソナルPro**だと、1ファイルあたりのファイルアップロード制限解除、無制限のゲストユーザー利用、履歴からの復元などに対応しています。

チームで利用する場合には**チーム**もしくは、**エンタープライズ**から選択します。チームプランは無料のトライアルを実施できますが、1000ブロックという制限があります。ブロックの概念については、第2章で解説しています。

エンタープライズは企業利用などセキュリティ要件が高い条件で利用するプランです。履歴からのデータ復元期間が無制限となったり、タイムラインビューの数の制限が解除されるなどは細かな差はありますが、主にセキュリティ部分を企業利用に特化して強化したのがエンタープライズです。

◉Notionの料金体系(2021年9月現在)

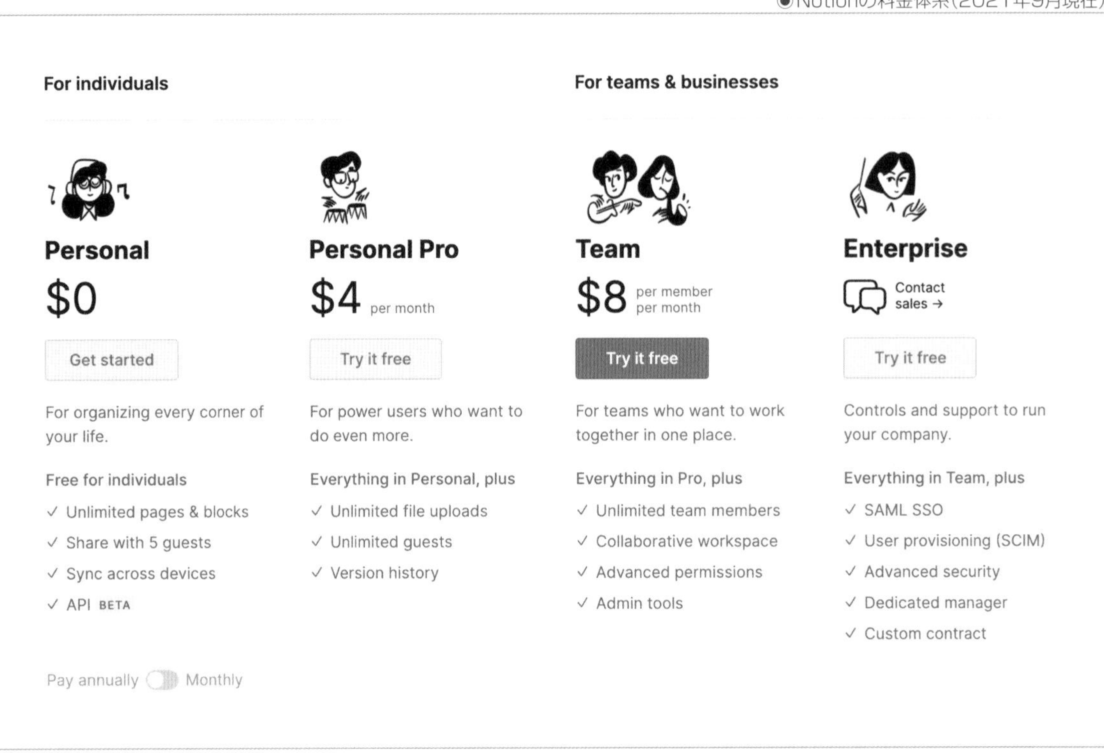

コミュニティ

Notionはコミュニティ活動にも力を入れています。Notionからの手厚いサポートを受け、世界各地で選出されるアンバサダーを中心にコミュニティが形成されています。

日本にも、東京、京都、新潟、福岡など、各ロケーションでコミュニティが存在しています。

コンサルタント

Notionにも公認のコンサルタント制度があります。日本で唯一のコンサルタントが、本書執筆者の一人です。

- **Notion Consultant**

  URL https://www.notion.so/344175b8ebfe48fda4edf557826241d0

困ったときは?

Notionのカスタマーサポートにはどなたでも問い合わせが可能です。PC版であれば、右下の?からサポートに質問などを投げかけることができます。

Notionの操作方法に迷ったときには、下記の公式ヘルプページが参考になります。

URL https://www.notion.so/ja-jp/help

また、Notionの参考になる日本語記事は下記を参考にください。

URL https://extns.notion.site/Npedia-49fddc69667c4963964e54a012b36ec7

そのほかに、公式のYouTubeチャンネルもあるので、あわせて参照してください。

URL https://www.youtube.com/channel/UCoSvlWS5XcwaSzlcbuJ-Ysg

COLUMN Notion社員には全員イラストがある

Notion Labs, Inc.の従業員は、1人ひとりに顔のイメージイラストがあります。これをNotion内のアイコンに使用したり、Twitterアカウントやインタビュー掲載などのメディア露出時に利用しています。

Notionの公式Webサイトに多数掲載されている白ベースに黒一色のイラストと同じテイストで描かれているため、「これがNotion社員」といったオシャレで統一感のある雰囲気になっています。ベースのデザインはRoman Muradov氏が描かれています。気になった方はぜひ、他の作品も見てみてください。

COLUMN Notionはカルチャーを作る

Notionは人の活動を制限しません。作りたい人が、好きなときに、好きな人と、好きなレイアウトでページを作成し、新たな活動を生み出します。

「いつでも、誰でもできる」という性質が、人の創造性を刺激することで、全員がメンバーであり、リーダーであり、デザイナーとなる、そんな組織を育みます。

やりたいことが思いつけば、さっとNotionを開いて作るだけ。メンバーを集めてページに招待する。新しい活動が生まれ、それはカルチャーになります。

Notionはカルチャーを作るツールでもあるのです。もちろん、カルチャーはチームリーダーや幹部の考えが強く反映されます。Notionを採用する幹部の方々は、ぜひNotionのオープンなところを潰さず活かし、組織のカルチャーを作り上げてください。

CHAPTER

2

Notionの使い方

本書では、Notionの本質を理解した上で活用し、生活を豊かに、仕事を効率的に進められるようになることを目的としたコンテンツを中心に紹介していきます。まずはNotionの基本的な作りと概念を押さえることから始めましょう。本章では、Notionの画面を構成する各要素を説明した後、「ブロック」などNotionを語る上では避けて通れない基本概念を解説します。

SECTION 05 Notionの画面のつくり

まずは、Notionの画面構成から説明します。ユーザー設定にかかわらず誰にでも同じように見える部分です。本書ではPCの画面UIをベースに解説します。

▶4つの大きなエリア

Notionは、大きく**4つのエリア**に分かれています。このセクションでは、これらのエリアごとに解説します。

◉Notionの画面構成

⚙サイドバー

各ページにアクセスする機能と、検索、設定などの機能が利用できるエリアです。

⚙トップバー

ページの戻る進むなどの機能や、ページの共有、ページに対する編集、操作などを行うエリアです。

タイトルエリア

ページのカバー写真やアイコン、タイトルやコメントができるエリアです。

ページコンテンツ

サイドバーで選択している、ページの中身が表示されます。

▶ サイドバー

Notionのサイドバーには、Notion内のページが網羅的に表示されているほか、ページを問わず利用できる各種メニューも入っています。Notion内に散らばる各種情報にスピーディーにアクセスすることを目的としたエリア、ともいえるでしょう。

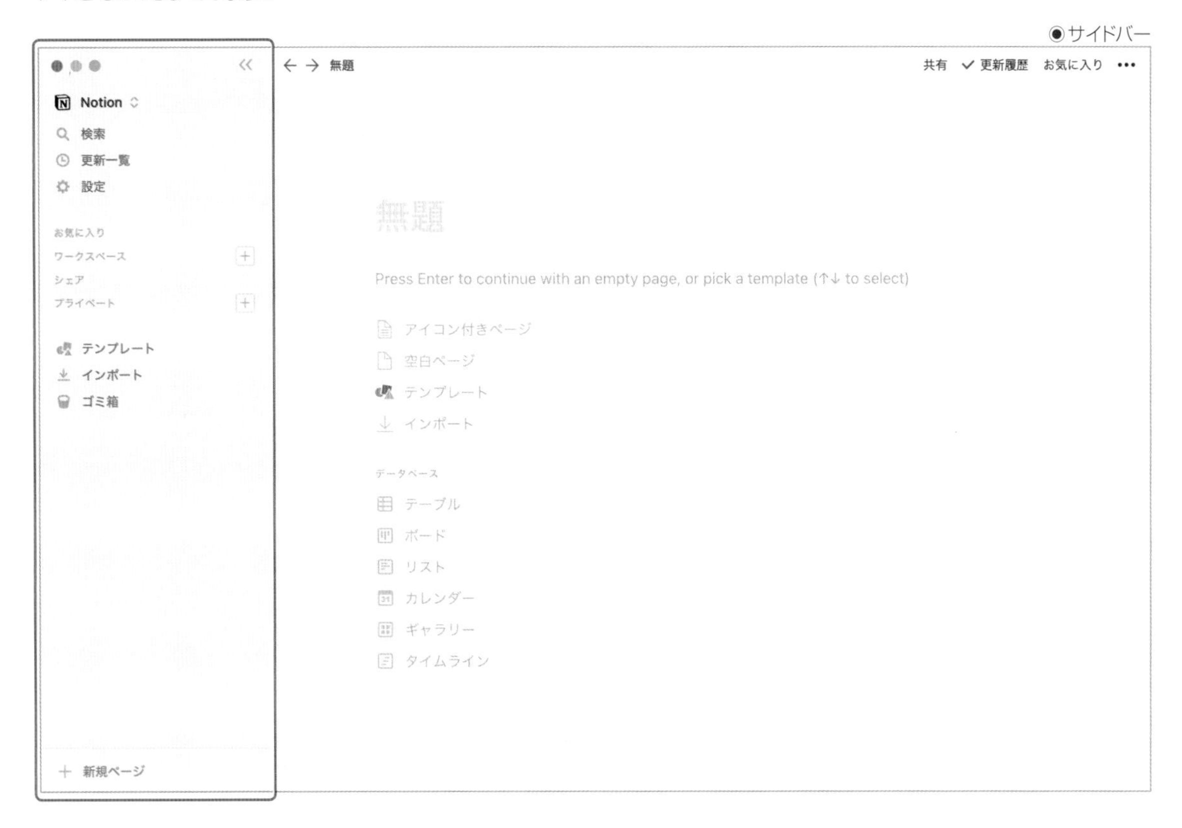

ワークスペースの選択

クリックして開くと、利用中のワークスペースが表示されています。複数のワークスペースを利用している場合は、アクセスできるワークスペースが一覧で表示され、クリックで表示を切り替えることが可能です。

別アカウント(=別のメールアドレス)で利用しているワークスペースを追加したり、閲覧中のワークスペースからログアウトしたりもできます。

●ワークスペースの選択

サイドバーの開閉

好みに合わせてサイドバーの表示・非表示を切り替えることができます。ページを広く使いたい場合には閉じておく、あちこちのページを頻繁に行き来する場合には開いておく、といった使い分けのイメージです。サイドバーを非表示にしている場合は、マウスを画面左側に寄せるとサイドバーがポップアップ表示され、目的のページ名をクリックした後は自動で非表示になります。

●サイドバーの開閉

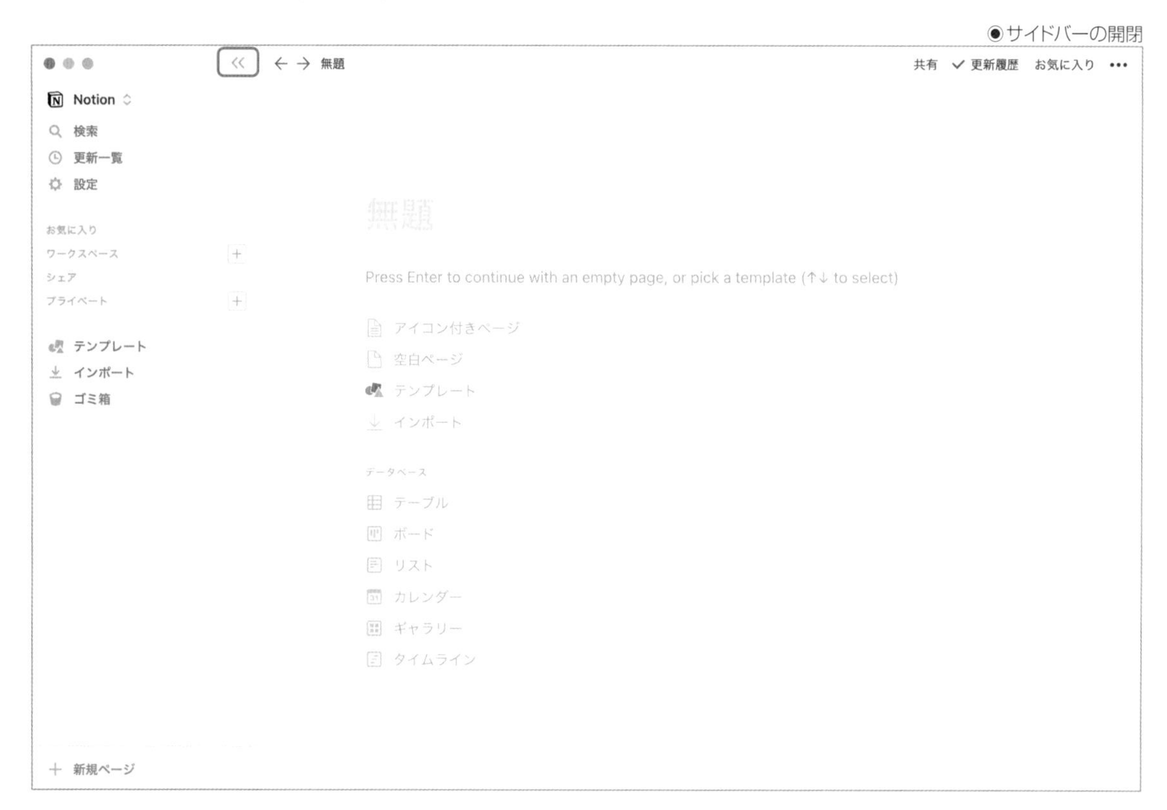

検索

クリックすると検索ウィンドウがポップアップし、そこでワークスペース内のコンテンツをフリーワード検索することができます。検索結果を作成日や対象ページなどで絞り込み・並べ替えすることも可能です。

◉検索

更新一覧

ワークスペース内のコンテンツに対する更新の履歴やページで設定したリマインド、また、複数人でNotionを利用している場合なら、他のユーザーからのコメントなどがまとめて確認できます。

◉更新一覧

設定

アプリの設定メニューを起動するボタンです。ユーザーの表示名やアイコン画像に始まり、通知や言語、ダークモードのような表示設定などのユーザー設定と、メンバーやゲストの管理、請求情報管理などのワークスペース設定のメニューがあります。

◉設定

セクション

サイドバーでは、Notionワークスペース内のページを4種類にカテゴライズして表示しています。各セクション名をクリックすると、そのセクションを折りたたむことができます。

ちなみに、セクションは常に4種類表示されているわけではありません。たとえば、Notionを1人で利用しており、ゲストユーザーの招待もしていない場合は、デフォルトではセクションは一切表示されておらず、設定次第で「お気に入り」セクションのみ表示されます。これは「ワークスペース」メンバーは他におらず、誰ともページの「シェア」もしておらず、すべてが「プライベート」ページのためです。

◉セクションの開閉イメージ

ページ操作メニュー(「…」と「+」)

サイドバー内の各ページの右側には「…」と「+」の2つメニューがあります。トップレベルページに対する操作はともかくとして、ことサブページに関していえば、操作対象のページ内の構造をすべて把握しているのでもない限り、意図しない誤操作をしてしまう可能性も否めないボタンでもあります。自信がない場合は、必ず対象のページを表示してから操作を行うことを推奨します。

メニュー	機能
…	ページのコピーや移動のメニューが利用できる。セクションやアクセス権限によって利用できるメニューに差異がある
+	そのページの直下に新しいページが作成される

◉ページ操作メニュー(「…」と「+」)

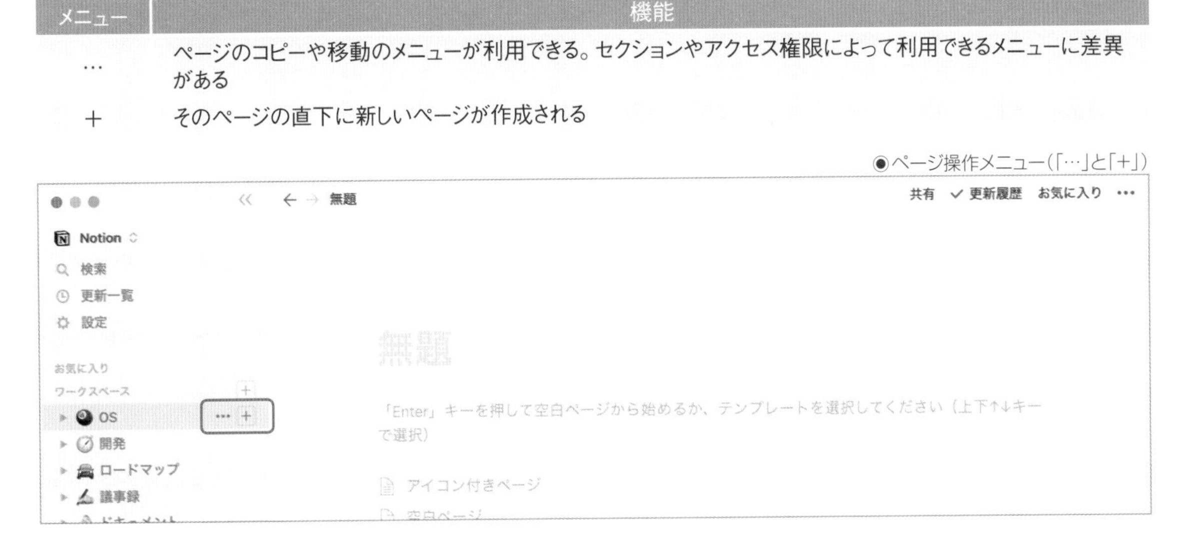

テンプレート

Notionが提供している標準のテンプレートです。使い始めは自力で複雑なページを作り込むのが困難なため、テンプレートを利用してそれを参考に作り変えてみるのがよいでしょう。

●テンプレート

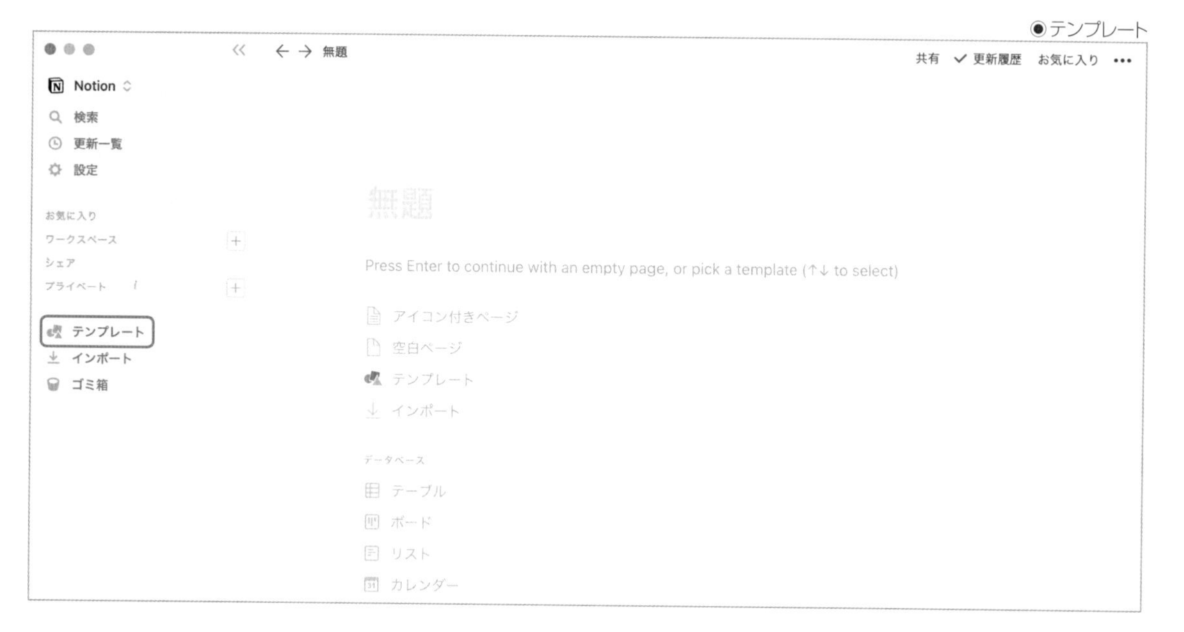

インポート

EvernoteやTrello、テキストファイルやCSVなど、Notion以外のツールからNotionへデータを取り込むことができるメニューです。

●テンプレート

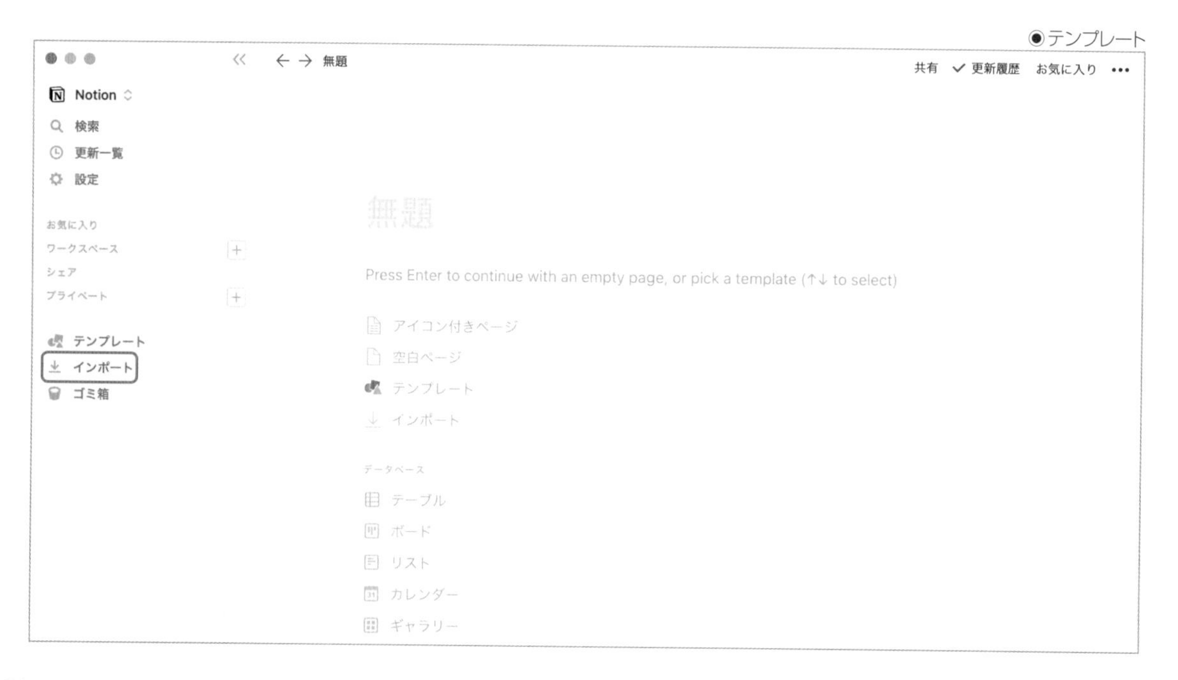

ゴミ箱

Notionで過去に削除したコンテンツを検索し、復元または完全に削除することができるメニューです。PCのOSでいうところのゴミ箱と同様の感覚と捉えて差し支えないでしょう。

◉ゴミ箱

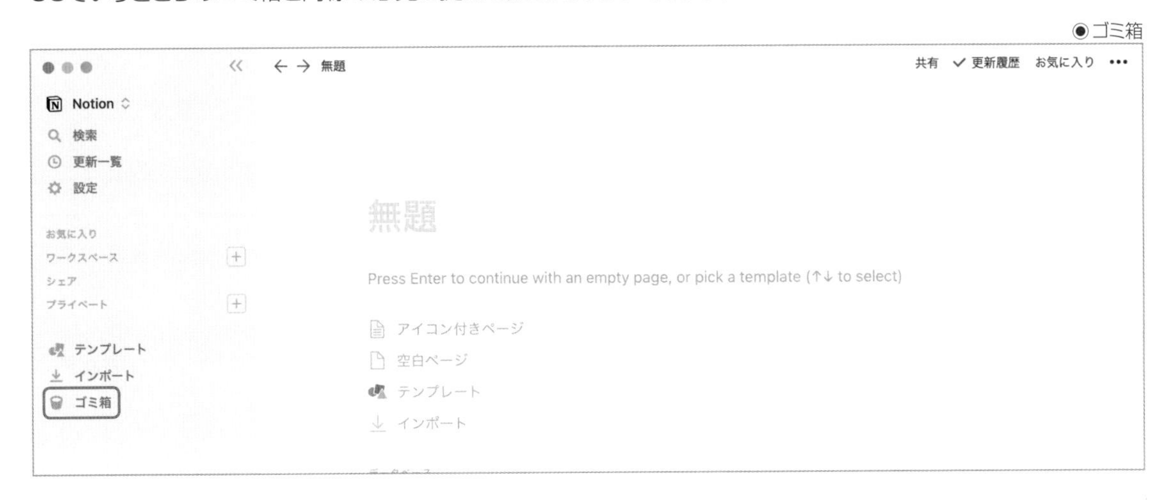

+新規ページ

Notion内の指定の場所に新規ページを作成できるメニューです。一度指定した場所は次回クリック時にも同じように設定されるため、瞬発的にメモを取り、1カ所に蓄積するような使い方ができます。

◉+新規ページ

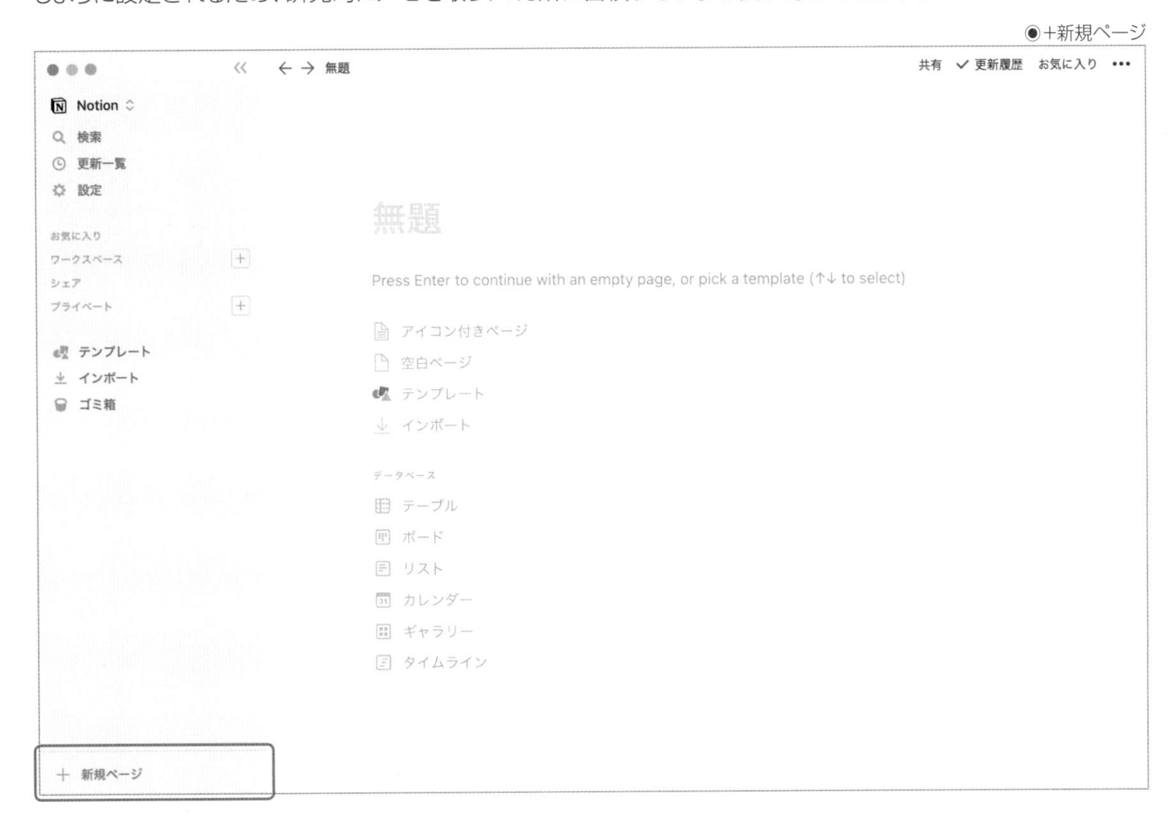

▶トップバー

トップバーは大きく左側と右側に分かれており、左側は上位ページにスムーズにアクセスするための階層リンク、右側にはそのページに対する設定操作をするためのメニューが配置されています。

通常のページの場合

通常のページの場合、トップバーは次のようになっています。

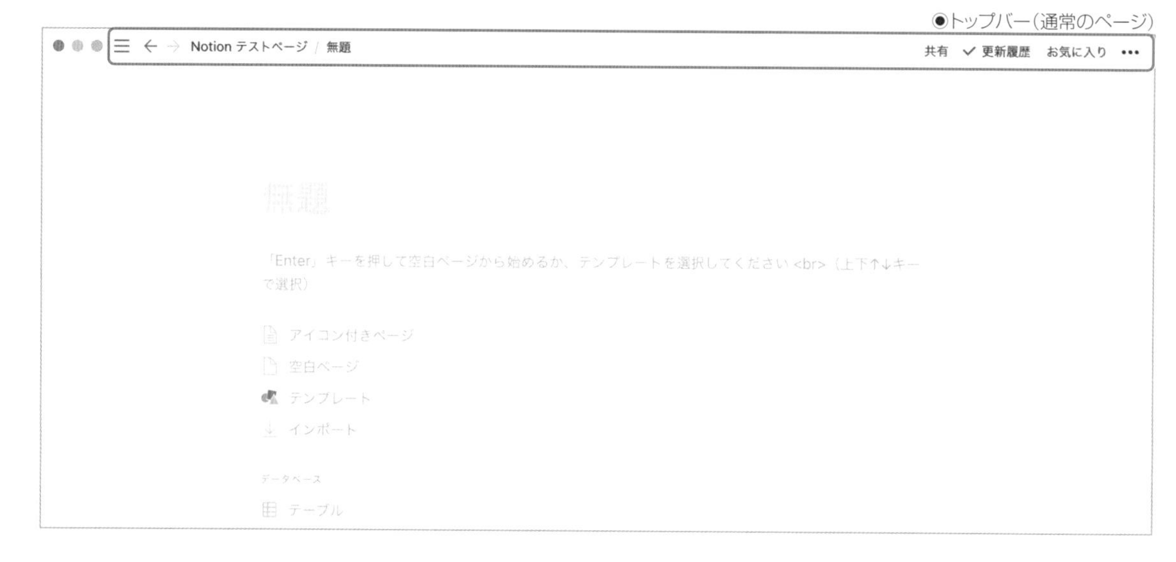

●トップバー（通常のページ）

◆階層リンク

いわゆる**パンくずリスト**などと呼ばれるもので、サイドバーのトップページから、現在閲覧しているページまでにたどるページが半角スラッシュで区切られて羅列されているものです。

ここに表示されている上位ページ(親ページ)名はリンクになっています。ページ数が多い場合は途中が「/ ... /」のように省略表記されることがありますが、「...」の部分をクリックすると省略されたページを下に表示させることができます。

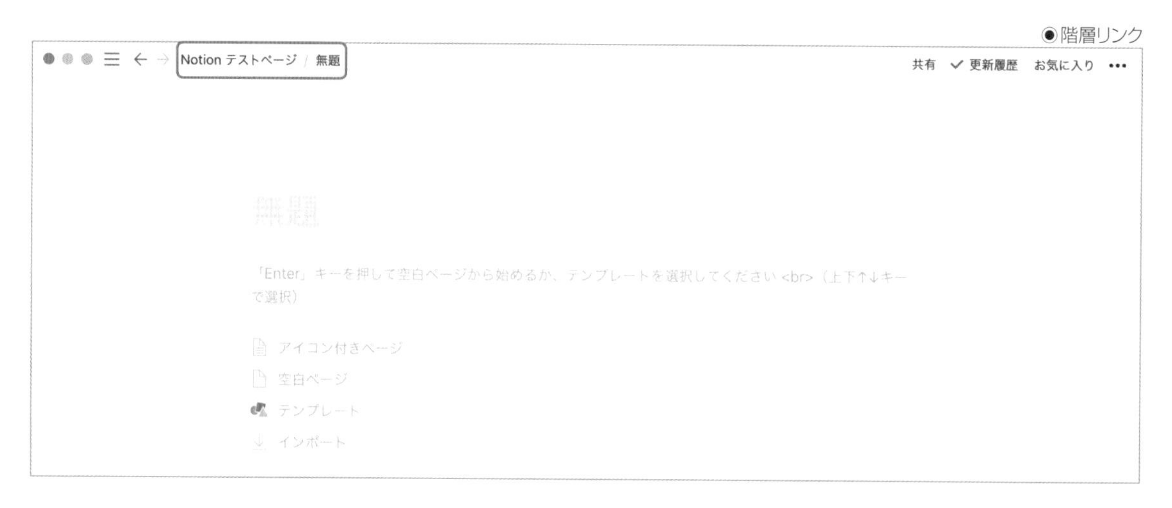

●階層リンク

◆ 共有

他の人にNotionのコンテンツを共有する際に使用します。共有相手に対しては、読み取り専用からフルアクセスまで4段階のアクセス権設定が可能です。ワンクリックでWeb全体に公開されてしまう「Webで公開」ボタンもこのメニュー内あるため、慣れないうちは慎重に操作する必要があります。

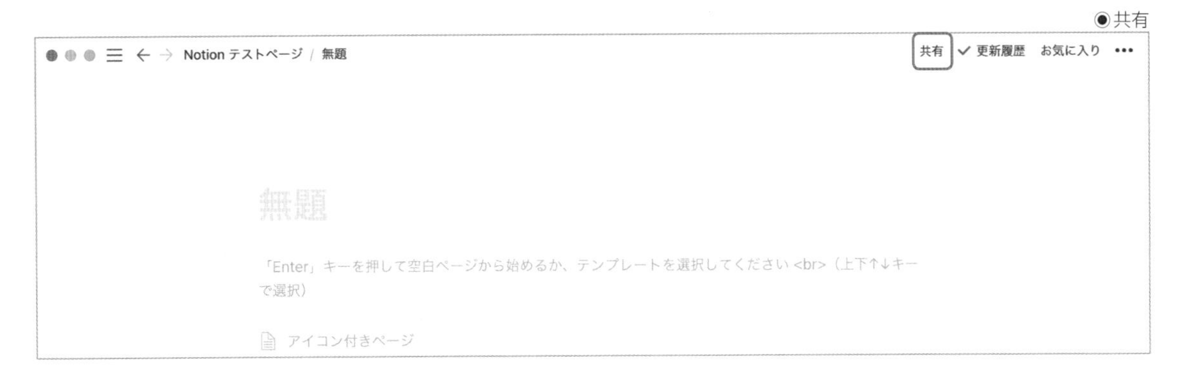

◉共有

◆ 更新履歴

そのページに対して行われた編集や設定の履歴が表示されます。有料プランの場合は任意の時点までの巻き戻し（ロールバック）もできます。

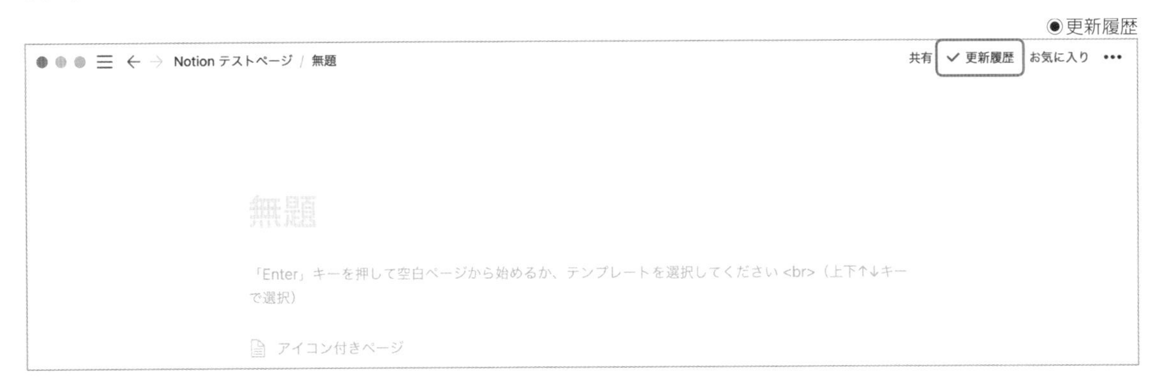

◉更新履歴

◆ お気に入り

オンにすると、そのページをサイドバーの「お気に入り」セクションに登録することができます。このボタンはオン（チェックあり）とオフ（チェックなし）しかありません。

◉お気に入り

◆「…」(ドット)メニュー

フォントやコンテンツ配置エリアの幅の設定、ページのロックなど、ページ全体に対する設定メニューがあります。

◉「…」(ドット)メニュー

✿ データベースの項目を開いたページの場合

データベース項目をページとして開くと、最初はフル画面ではなくウィンドウとしてポップアップします。その際に左上に表示されるのが「ページとして開く」という項目で、その名の通りウィンドウをフル画面表示にするためのボタンです。クリックしてフル画面になると、この部分は通常のページと同様、階層リンクに変わります。

右側のメニューは、ポップアップかフル画面かにかかわらず、通常のページと同様です。

◉データベース項目を開いたページのトップバー

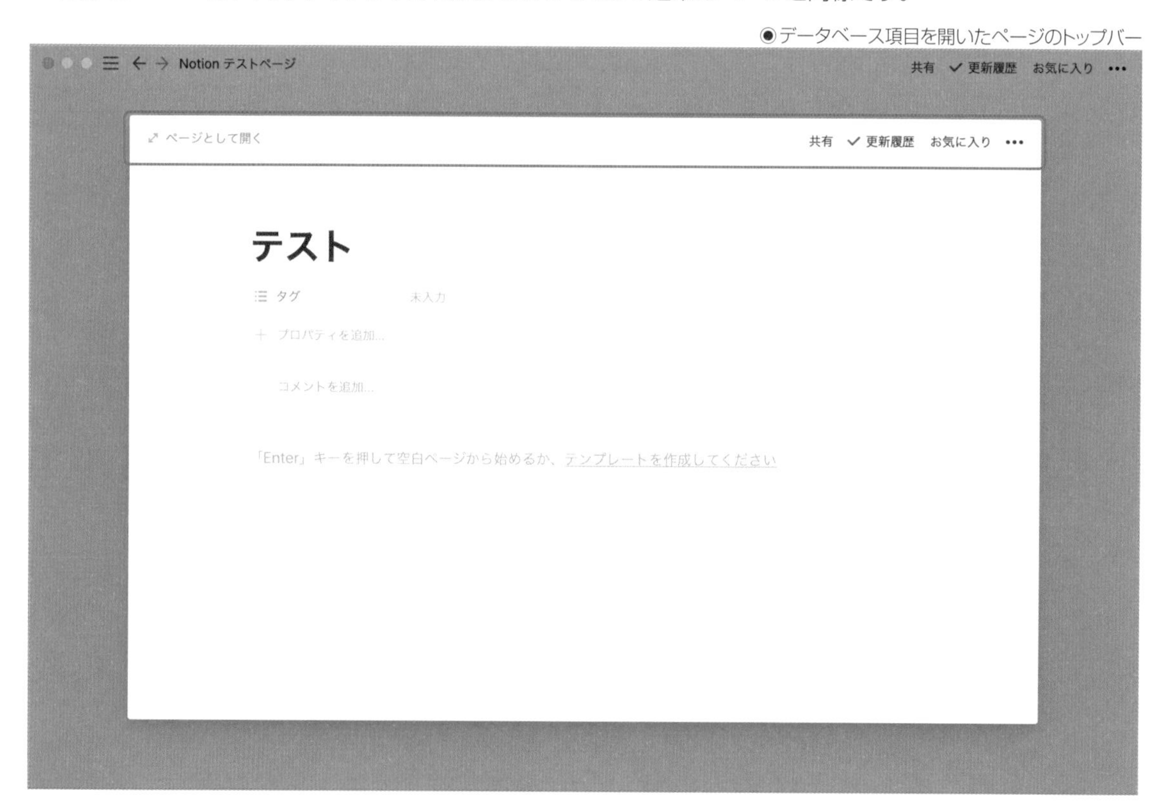

▶ タイトルエリア

タイトルエリアは、そのページを装飾し、印象付けるための機能を中心に構成されています。コラボレーション機能もいくつか配置されていますが、通常のページとデータベース項目を開いたページで多少異なっています。

通常のページの場合

通常のページの場合、タイトルエリアは次のようになっています。

●タイトルエリア（通常のページ）

◆ アイコンを追加

Notionのすべてのページには、アイコン(絵文字)を付けることができます。アイコンはなくても構わないのですが、その場合は一律で無機質なメモ帳のようなアイコンが付くため、サイドバーや階層リンク、子ページの多い場合には見分けがつきにくくなります。視認性を上げるためにも有効な手段なので、アイコンの活用はおすすめです。

●アイコンを追加

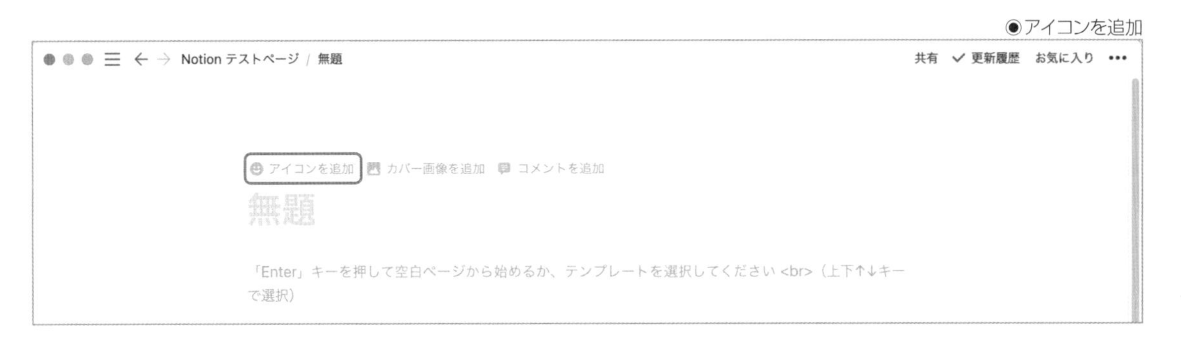

◆カバー画像を追加

ページ最上部に任意の画像を表示できる機能です。タイトルのみのシンプルなページを好む方も少なからずいるとは思いますが、例えば会社のイントラサイトページを作ったり、外部公開用のレシピ集を作ったりなど、ユーザーフレンドリーな雰囲気を出したいときに気軽に使えます。

◉アイコンを追加

◆コメントを追加

タイトル下部からコメント機能を使い、会話を始めることができます。ページ専用のチャット欄ともいえるでしょう。他のユーザーをドキュメントに招待して意見を求めたり、自分用のメモを残したりとチームで利用しているととても便利な機能です。ちなみにバックリンク（次で解説）があるページだと、このボタンは「カバー画像」の横ではなく「バックリンク」の横に表示されるようになります。

◉コメントを追加

◆バックリンク

開いているページへのリンクを張っているページを一覧にしてくれる機能です。被リンクをまとめたものです。ここの表示有無は、ページ右上の「…」（ドット）メニューから設定を変更できます。

◉バックリンク

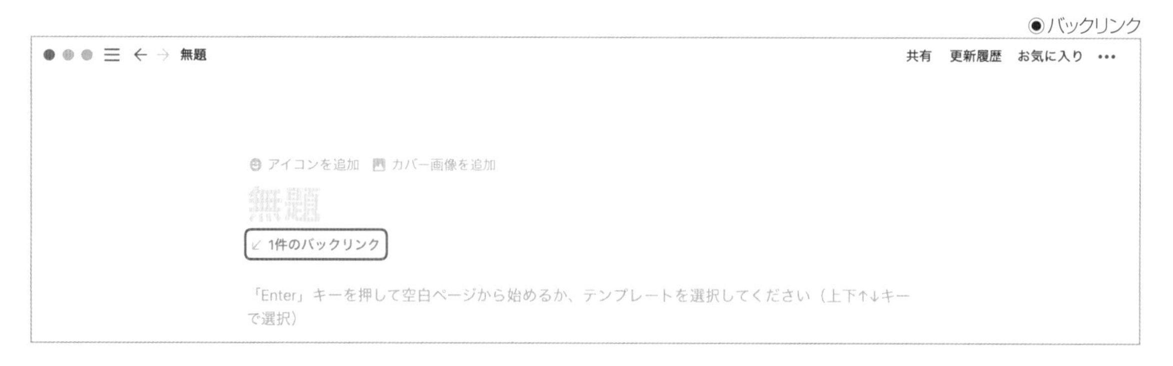

◆タイトル

ここに記載した文字が、サイドバーや階層リンクに表示されるページ名になります。

◉アイコンを追加

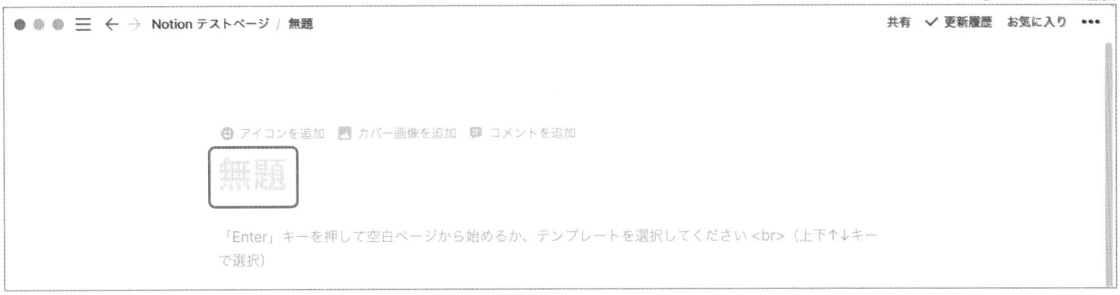

なお、データベースをフルページで作成した場合のページでは、次のように通常のページとはいくつか異なる点があります。

- アイコンが通常ページより小さく、ページタイトルの上ではなく左に表示される。
- 「コメントを追加」ボタンがない（データベース本体に対するコメント欄を設けることはできない。データベース本体とコメント欄を共存させたい場合、フルページではなくインラインで作成しましょう）。
- 通常ページにはない、「説明を追加」というボタンが表示される（「説明」とは、タイトルの直下にプレーンテキストでデータベースに関する情報を入力できる箇所を指す。ブロックの利用はできないが、文字列に対するリンクや文字書式の設定は可能）。

◉フルページで作成した場合

●インラインで作成した場合

データベースの項目を開いたページの場合

アイコン・カバー・ページタイトルは通常のページと同様ですが、次の点が異なります。

- 「コメントを追加」ボタンがなく、コメント欄はデフォルトで開いた状態になる(右上の「…」(ドット)メニューから表示設定の変更は可能)。
- データベースのプロパティが必ず上部にまとめて表示されている(プロパティごとに右上の「…」(ドット)メニューから表示設定の変更は可能)。
- データベースページに戻らなくても「+プロパティを追加」からデータベースの構成の変更操作ができる。

●データベース項目を開いたページのタイトルエリア

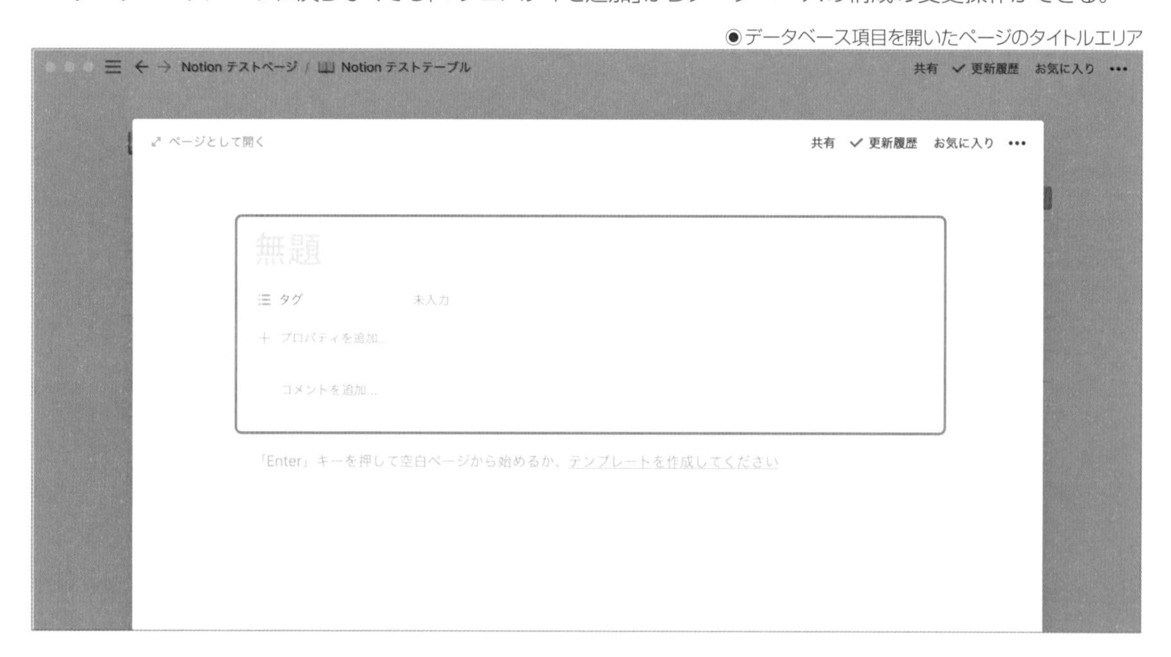

▶ ページ本体

ページのコンテンツを追加できるエリアです。ひとたび編集を始めてしまえば、通常のページとデータベース項目を開いたページの差はありませんが、新規ページ作成直後の様子はまったく異なります。

通常のページの場合

新しいページを作った直後には、次のようにページコンテンツの作成を補助するメニューが薄いグレーで表示されています。スラッシュコマンドほど充実したメニューではありませんが、必要に応じて活用しましょう。

◉ページ本体(通常のページ)

それぞれのメニューの機能は次のようになります。

メニュー	説明
アイコン付きページ	ページにランダムにアイコンを付ける。ただし、アイコンは指定できないため、空白ページにしてから自身でアイコンを選ぶのと大差はない
空白ページ	その名の通り、アイコンもコンテンツもまったくない空白のページを作成する。全コンテンツを自分で作り上げたい場合に向いている。ページタイトル入力後にEnterキーを押すと、自動的に空白ページと同じ状態になる。
テンプレート	サイドバーのテンプレートボタンを押すのと同様に、Notion社の純正テンプレートを選択するウィンドウが開く
インポート	テンプレートと同様、サイドバーのインポートボタンを押したときと同じウィンドウが開く
各データベース	そのページが各種フルページデータベースになる

データベースの項目を開いたページの場合

通常のページとはまったく異なり、デフォルトでは「空のページ」の選択肢しか用意されていません。データベーステンプレートのあるデータベースなら、下記記の例のようにデータベーステンプレートの一覧も併せて選択肢として表示されます。

ただし、メニューが表示されていないからといってNotionの純正テンプレートやインポート機能が使えないわけではありません。必要に応じて活用しましょう。

◉ページ本体（データベース項目を開いたページ）

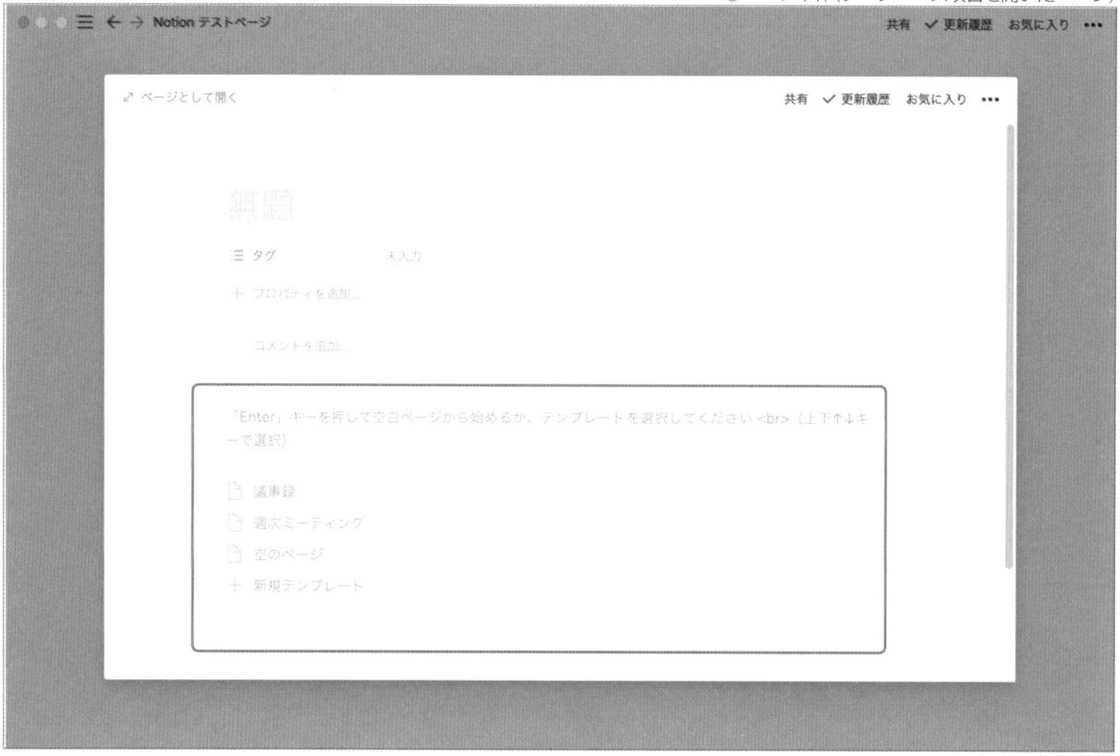

SECTION 06 Notionの基本概念

Notion構成要素の基本である「ワークスペース」や「ブロック」、「ページ」、Notionにおいて積極的に活用したい「データベース」と「テンプレート」、それぞれの概念とその特徴をしっかり押さえておきましょう。

▶ ワークスペース

まずは**ワークスペース**の概念です。ここでいう「ワークスペース」とは、前述のサイドバーの「ワークスペース」セクションのことではなく、Notionの利用契約単位で付与される、Notionにおけるコンテンツの格納庫の最大単位ともいうべきものです。

◉ワークスペースの考え方

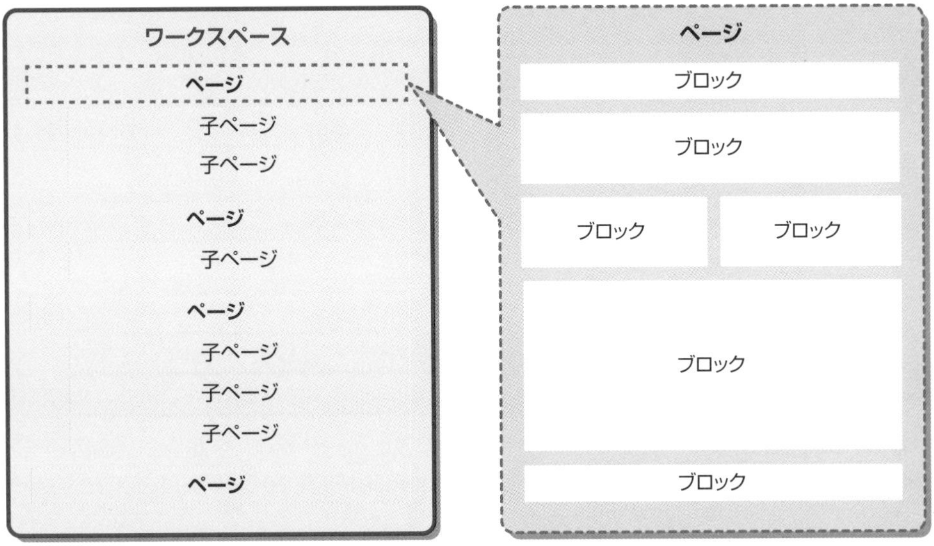

本棚にたとえるとわかりやすいかもしれません。「ワークスペース」は1つの本棚、ワークスペース内の「ページ」は1冊の自由帳、と捉えるとイメージが付きやすいでしょう。

他のユーザーが契約しているワークスペースは、その人専用の本棚です。その中身はあなたからは見えませんが、レシピ集だけ共有して見せてくれることもあるでしょう。また、ある会社は、目的別に5つ、全社共通で1つ、計6つの本棚を持っているかもしれません。

このように、Notionの世界での情報の入れ物としての最大単位が、「ワークスペース」です。

ワークスペース内の利用方法は完全にユーザーに委ねられていますが、従来のファイルやフォルダの管理手法と同様の考え方が適用できます。

多くの方が、用途別に設けた最上位の管理単位（従来でいえばフォルダ、Notionでいえばトップレベルページ）の配下に、複数のコンテンツ（従来でいえばサブフォルダやファイル、Notionでいえば子ページやブロック）を入れる構造で利用されているかと思います。

◉サイドバー構成例

たとえば、プロジェクト単位でトップレベルページを設けているワークスペースがあったとしましょう。サイドバーには、「プロジェクトA」「プロジェクトB」…といったように、プロジェクト名が並んでいます。

それぞれの配下には、プロジェクト計画や担当者一覧、進捗管理データベースや定例会議の議事録などのコンテンツや子ページがぶら下がり、議事録用の子ページの下には開催日ごとの子ページがさらに連なっている、といった具合です。

このように、下の階層ほど枝分かれするデータ構造は、末端を木の枝葉に見立てて「ツリー構造」と呼ばれます。

ワークスペース内の情報が増えていくに従い、情報の探しやすさが低下してしまうデメリットがあります。そのような状態を避けるには、たとえばツリー構造の上位レイヤーに小さい概念を持ってこないようにしたり（プロジェクトの例でいえば議事録フォルダなど）、また、ツリーの枝葉の流れを自然なものにするよう心がけたり（議事録ページの下に進捗管理が来ることはない）するとよいでしょう。

後々になって情報を探すときのことを踏まえた作り方が、使いやすいワークスペースへの近道となります。

▶ ブロック

さて、「ワークスペース」がNotionの世界での情報の最大単位だとすれば、**ブロック**はNotionを構成する最小単位です。Notion内のコンテンツはすべてこの「ブロック」です。文章もあれば、画像も動画もあり、データベースや埋め込みも、1つの「ブロック」です。見分け方は簡単で、ポインタを乗せるとその左端に「+ ⁝⁝ 」というマークが表示されるものはすべて、ブロックです。

ページ内に配置した子ページの左にもこのマークは出ますし、その下に配置したコンテンツもブロックです。さらにデータベースの場合は、データベース本体と、その中の情報1つひとつにこのマークが表示されることが見てとれます(テーブル・リスト・タイムライン形式の場合のみ表示)。

つまり、Notionにはワークスペースという概念とブロックという概念の2つしか存在しません。このブロックのタイプ(見た目)を変えて、ブロックを積み重ねた結果がNotionそのものなのです。

◉ブロックの考え方

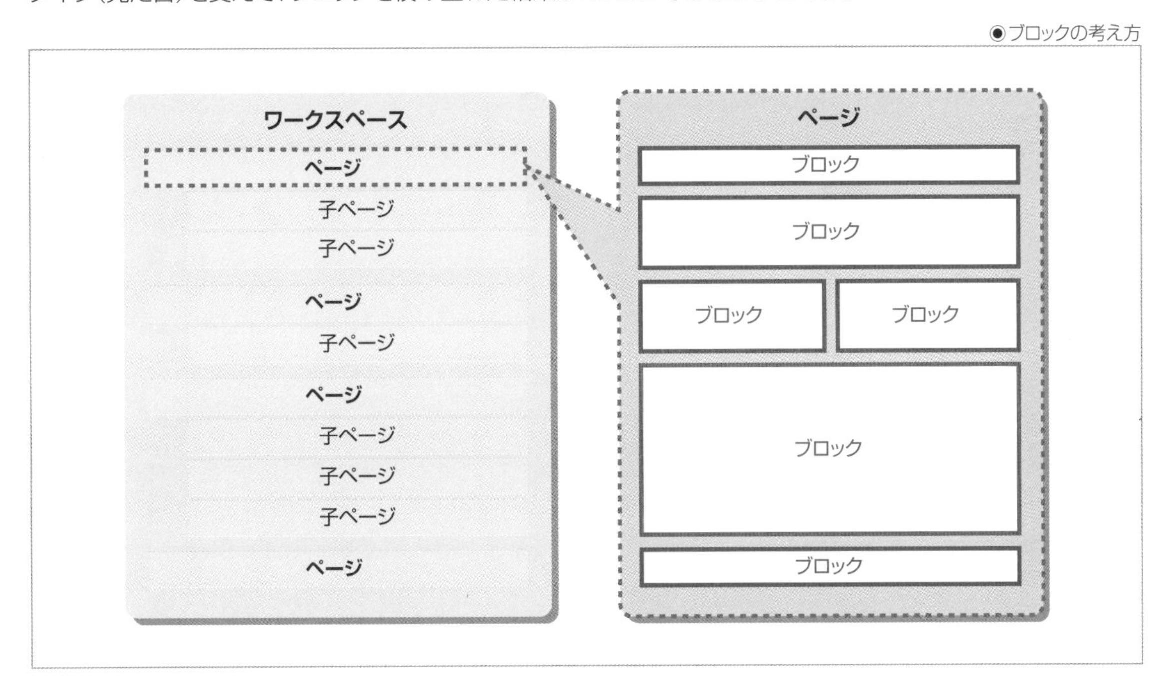

Notionでは、テキストや箇条書きなどのシンプルな記述にも使えるので、用途に合っていて目的を満たせればそれでも何ら問題はありません。しかしながら、Notionの真の価値はその自由度の高さにあります。まずはNotionで「やりたいこと」のイメージを膨らませ、それを実現できる「ブロック」を組み合わせて最大限にNotionを活用しましょう。

◉ブロックの組み合わせの例

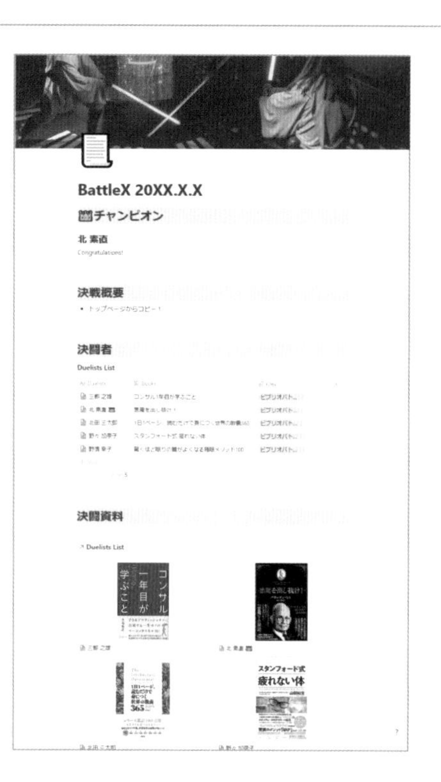

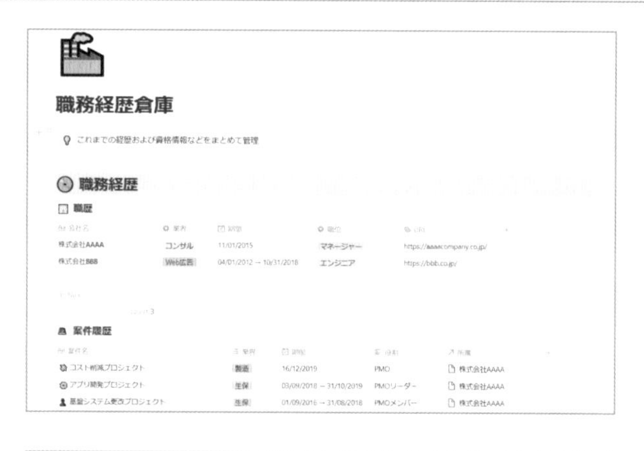

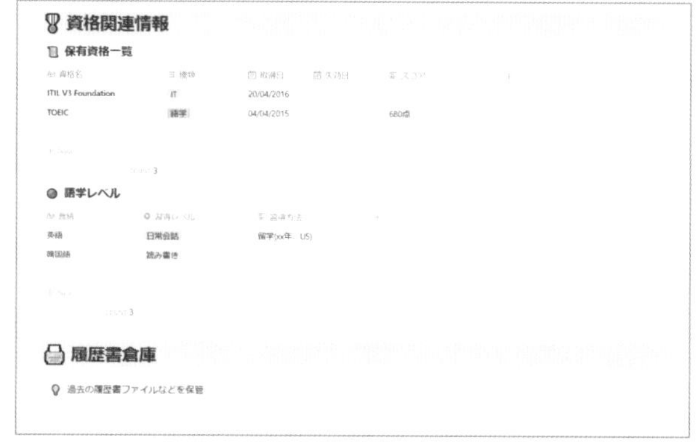

ブロックタイプの選択方法

ここでは、ブロックの種類を選択する方法を説明します。ブロックの具体的な種類については第7章を参照してください。

◆デフォルト

ページタイトルや任意のブロックでEnterキーを押したり、ブロック左側にある「+」マークをクリックすると、その下に新しい空のブロックが作成されます。そのブロックのタイプは、デフォルトでテキストブロックになっているので、以下に解説する方法のいずれかを用いて変更します。

◉デフォルトブロック

◆スラッシュコマンド

/(半角スラッシュ)を入力すると、作成できるブロックのメニューが表示されます。なお、言語設定が日本語の場合は/(全角スラッシュ)や;(全角セミコロン)でも同様のメニューの呼び出しが可能です。表示されたメニューから使用したいブロックタイプを選択すれば、ブロックの種別が変更されます。スラッシュコマンドのキーワードは短縮することも可能です。

●スラッシュコマンド(「/」)

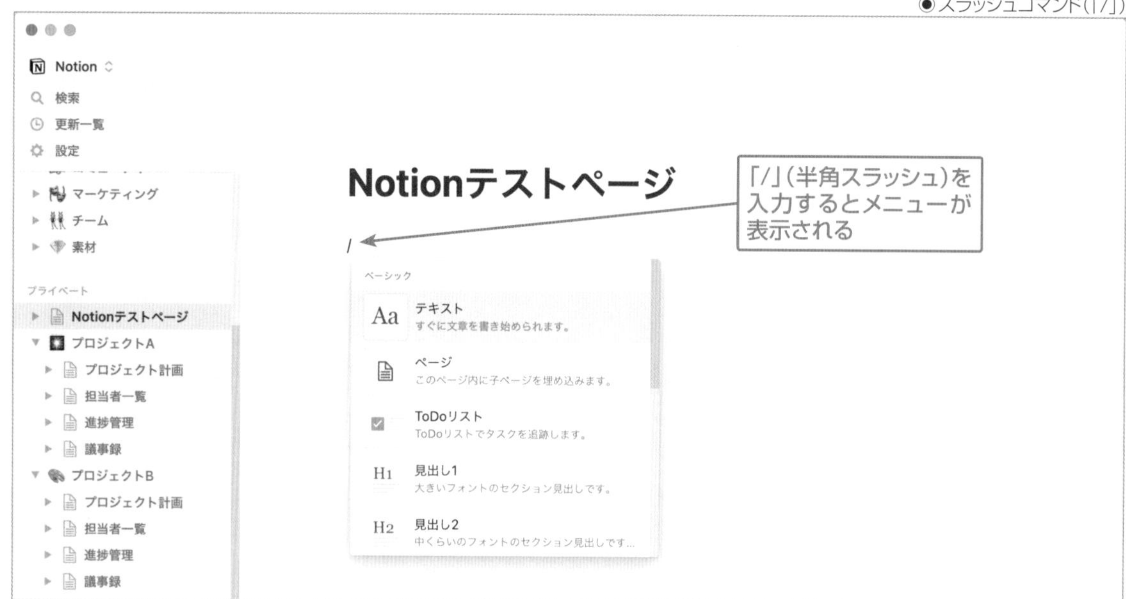

●スラッシュコマンド(「／」と「；」)

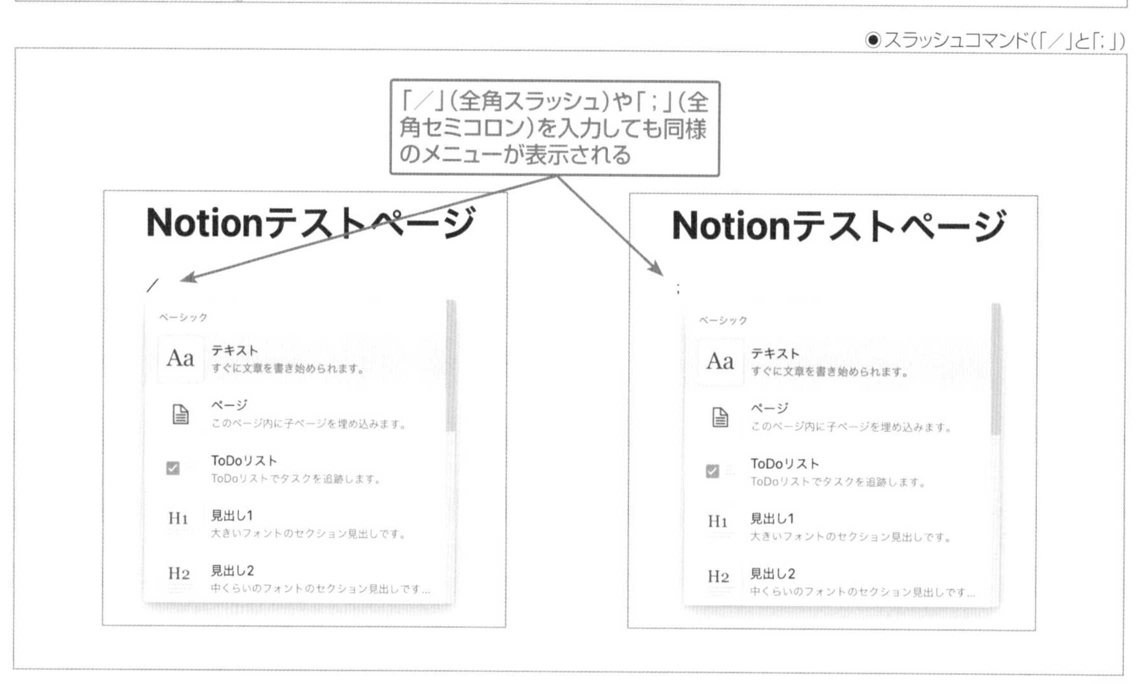

◆ブロック左側の「⁝⁝」メニュー

たとえば、テキスト形式で入力していたものを、途中から箇条書きに切り替えたくなったとしましょう。その場合は、対象のブロックの左側にある「⁝⁝」のマークをクリックし、「ブロックタイプの変換」から「箇条書きリスト」を選択すれば変更完了です。

◉「⁝⁝」メニュー

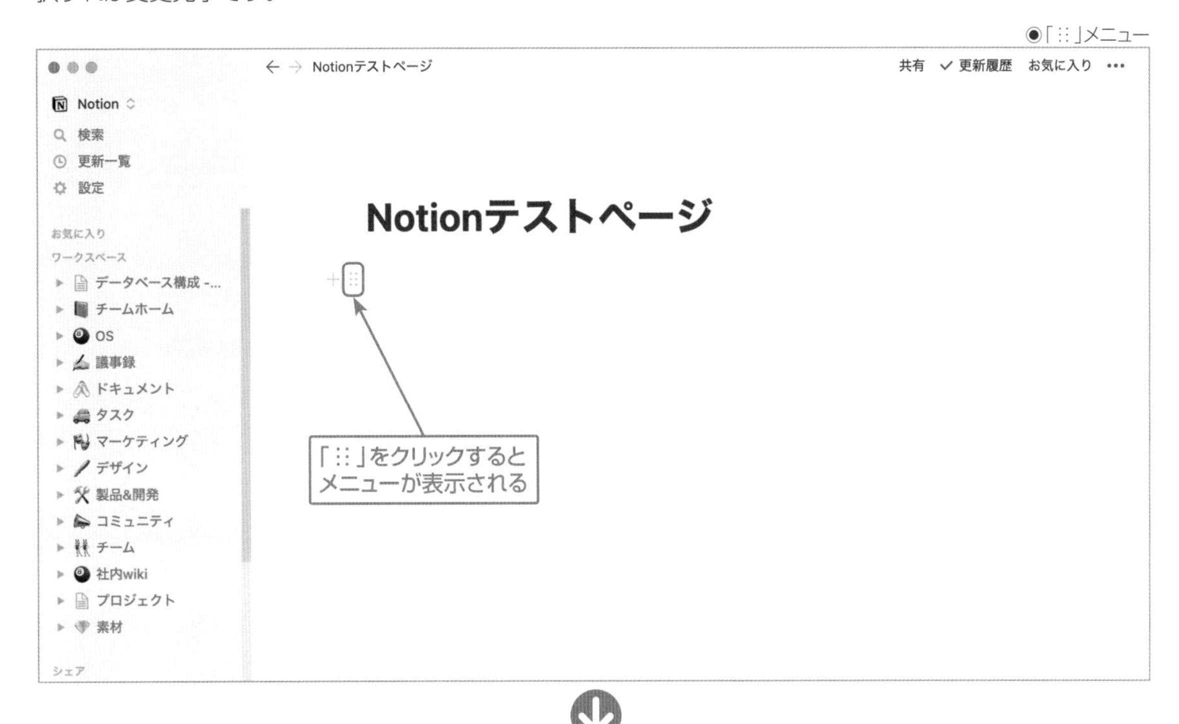

この「ブロックタイプの変換」メニューが利用可能なタイプのブロックであれば、複数種類を一度に選択し、一斉に変換をかけることも可能です。

◉ブロックタイプの一斉変換例

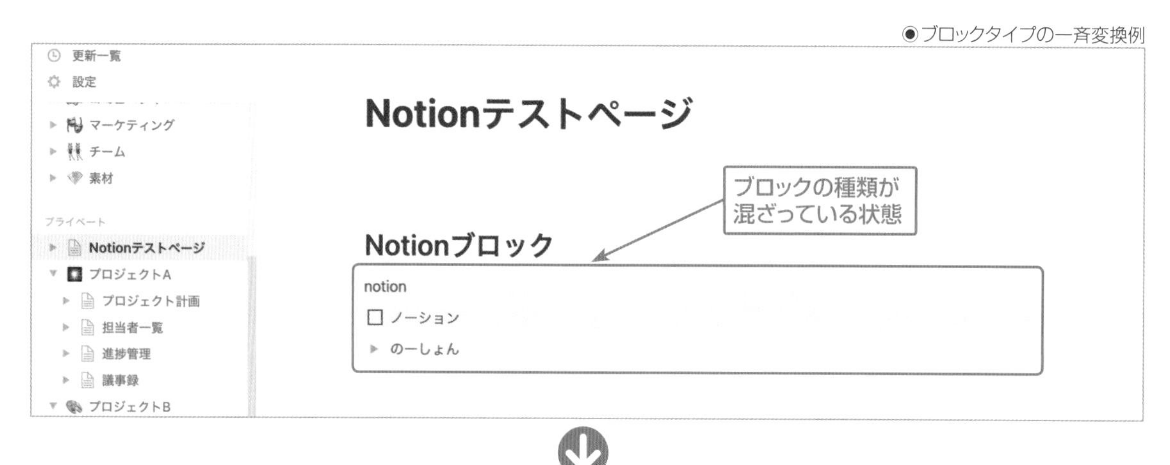

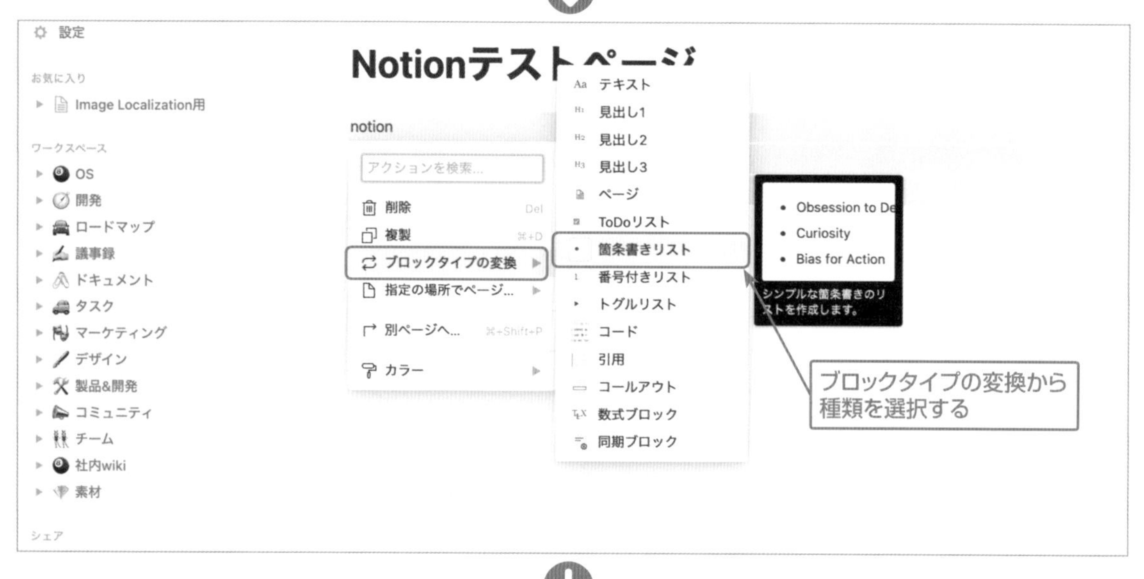

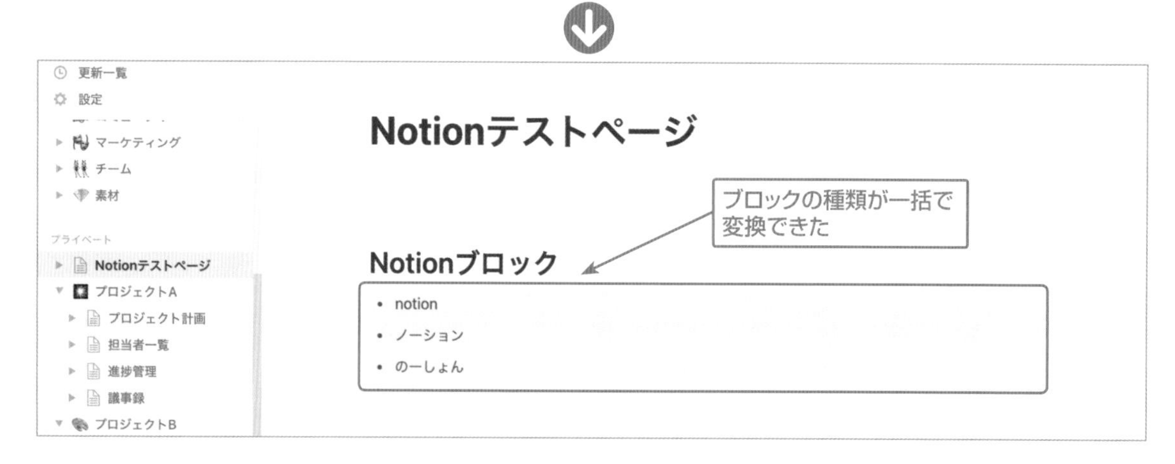

◆ ブロック内操作

ブロック内で入力操作をしている最中に、キーボードから手を離すことなく瞬時にブロックタイプを変換するには、対象ブロック内の任意の場所で「;変換【ブロック種別】」(/turn【ブロック種別】)と入力します。

たとえば、会議の議題を走り書きしていて、箇条書きにしたくなったら;変換箇条まで入力すればブロックタイプの候補に「箇条書きリスト」が表示されます。;変換まで入力すれば自動的にブロックタイプ種別の一覧が表示されるため、そこから選択しても構いません。

カーソルがあるブロック単一での変換しかできませんが、操作に瞬発力がほしい場合に有効な方法です。

◉ブロック内操作イメージ

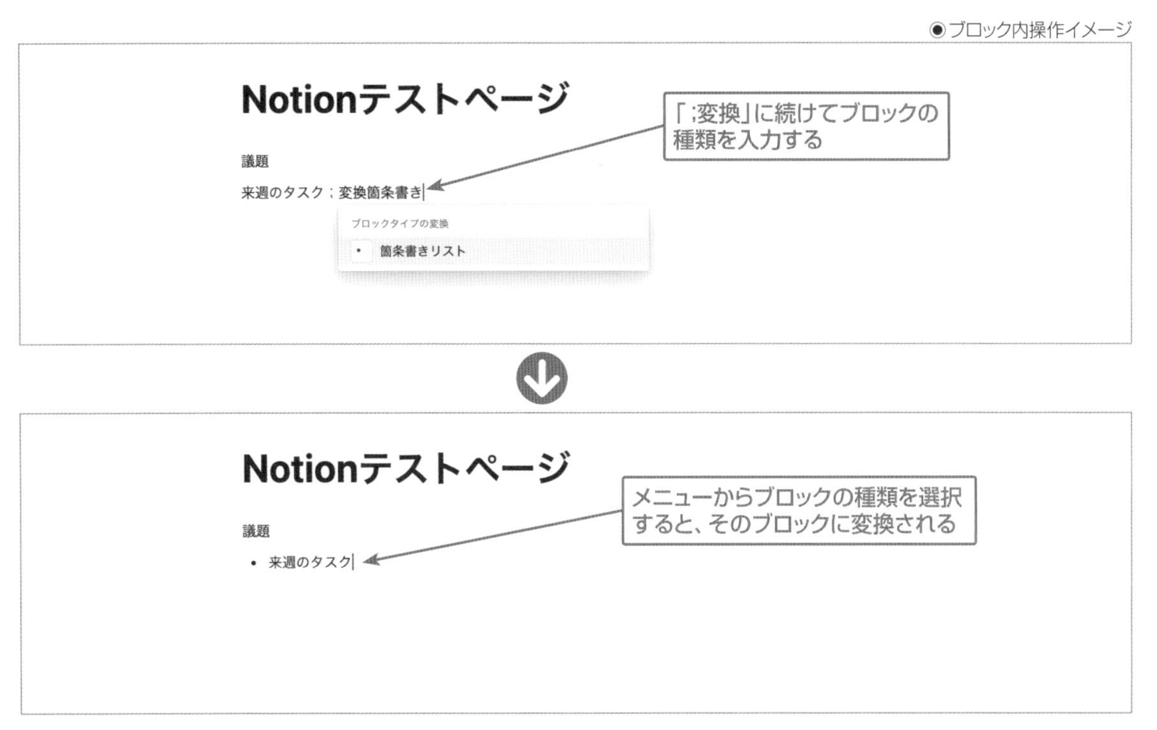

◉ブロックタイプ変換メニュー

ブロックに対する操作

次に、ブロックそのものを削除、複製、移動などする場合の方法を見ていきましょう。

左側の「⠿」

対象のブロックの左側で「⠿」マークをクリックすると、そのブロックに対して実行できる操作のメニューが表示されます。ブロック種別や実行者の権限などによりメニューが異なりますが、通常はブロックそのものの削除・複製・移動、ブロックタイプの変換、リンクコピー、ブロックに対するコメント、ブロック全体の文字色や背景色の変更が可能です。

メニュー名の右側に薄いグレーで書かれているのはショートカットキーで、対象のブロックにカーソルがある状態で使用できます。

●「⠿」メニュー

ドラッグ&ドロップ

上記の「⠿」にある「別ページへ移動」というメニューは、その名の通りページ外部にコンテンツを移動する際に使用しますが、同じページ内でコンテンツの配置場所を移動させたい場合は、「⠿」をハンドルとしてドラッグ&ドロップします。複数ブロックを同時に移動する場合、対象を選択した状態でいずれか1つのブロックの「⠿」を掴めば、まとめてドラッグ&ドロップ可能です。

ブロックを移動できる場所は、ドラッグ中に表示される青い線で示されています。これを活用し、コンテンツを複数の列に分けて配置することも可能です。

◉ドラッグ&ドロップ(カラム作成)

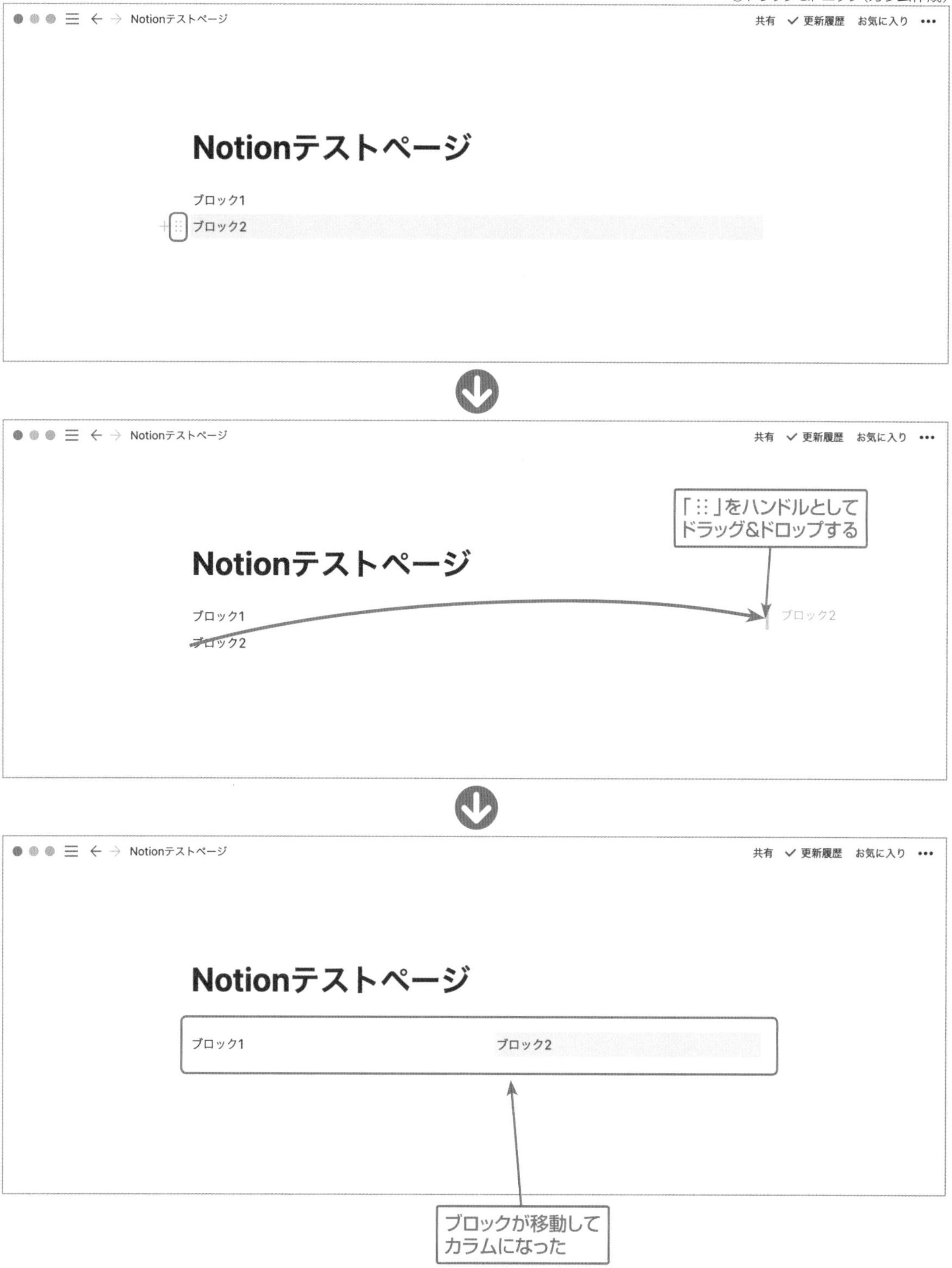
Notionテストページ
共有
更新履歴
お気に入り
Notionテストページ
ブロック1
ブロック2
「⠿」をハンドルとして
ドラッグ&ドロップする
Notionテストページ
ブロック1
ブロック2
ブロック2
Notionテストページ
ブロック1
ブロック2
ブロックが移動して
カラムになった

◆特定の文字列の書式

文字形式のブロックの場合、ブロック中の特定の文字列ハイライトした際に浮かび上がるツールバーから、文字色や太字、ハイパーリンクなどの設定を行うことが可能です。全メニューの解説は割愛しますが、文書作成ソフトの書式設定メニューと、Notionならではのブロック操作メニューがコンパクトにまとまったツールバーです。

なお、文字形式のブロックとは、「テキスト」「ToDoリスト」「見出し1～3」「箇条書きリスト」「番号付きリスト」「トグルリスト」「引用」「コールアウト」「コード」を指します。

◉テキスト編集ツールバー

▶ページ

前述のワークスペースの解説の中で、「ワークスペース」が本棚であれば**ページ**は1冊の自由帳と表現しましたが、Notionにおけるページの性質を考えると、いささか不正確な表現であることは否めません。というのも、ページの中にはさまざまなコンテンツと並列に無限に子ページを階層化していくことができるからです。自由帳というよりはサイズを自在に変えられる箱、という表現のほうが正確かもしれません。「ワークスペース」という棚に、「ページ」という箱を配置し、好きな「ブロック」を箱に入れ、さらにその箱の中にさらに「子ページ」という小箱を入れて整理することもできるわけです。

◉ページの考え方

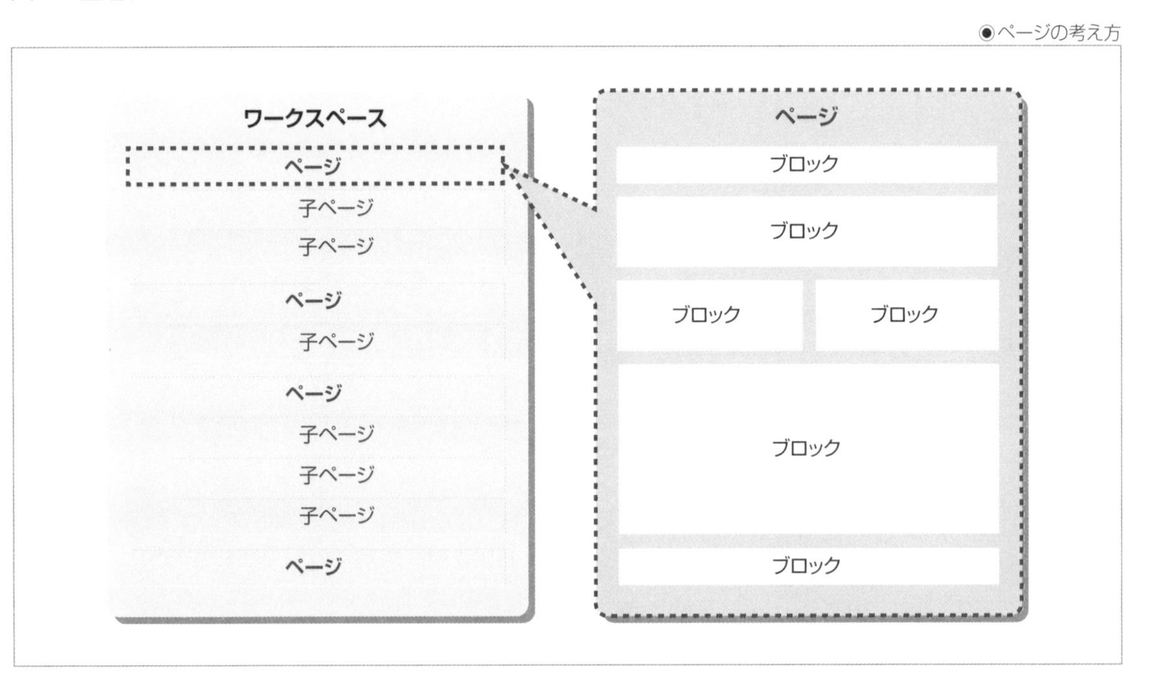

Notionにおけるページとは、従来的な感覚でいえばフォルダに近いですが、その中にコンテンツ（従来でいうファイル）と並べて文字情報を配置できるというのが、フォルダとの決定的な違いです。

Notionのページに格納できる情報量には制限がありません。Notionの1ページには、1ブロックでも1万ブロックでも、必要なだけのコンテンツを配置することが可能です。

ページの配置方法

Notion上でいくつかページを作成していくと、サイドバーの項目が増えていくことに気付くかと思います。この、サイドバーに表示されている1つひとつが「ページ」であり、階層の深さにかかわらず、トグルを開いていけばすべてのページをサイドバー内で確認することができます。

◉ページ構成例

Notionページの階層化には制限というものがないため、事実上どこまでも際限なくレイヤーを重ねることが可能です。ただし、階層構造を深くしすぎたり、プライベート用のページに仕事のメモを入れてしまったりすると、どこに何があるのかわからなくなってしまいます。

とはいえ、はじめからどのようなルールで情報を整理するかを決められるわけではありませんし、ましてや気軽に個人で使っている場合などはなおさらです。情報というものは使い続けるうちに必ずどこかでその構造を見直す必要があるもので、Notionも例外ではありません。

Notion内の情報量にかかわらず、ページ構成の見直しをする際に取るべき対応には大きく分けて次の2つがあります。

- 構造の変更が可能　　　→ ページを再編する
- 構造の変更が困難・不可 → リンクを活用する

◆構造の変更が可能な場合

情報の種類が増えてくると、ある程度ひとまとめに親ページの配下に格納したり、ページ内での配置を試行錯誤したりということが多々あります。このように、ページ構成の大幅な変更や親子関係の大々的な改編は、個人利用なら気兼ねなく行えますが、チームで利用している場合は周囲の反対や混乱は避けられません。それでも、関係者の合意がとれているのであれば、将来的な利便性を鑑みても思い切ってページの再編を行ってしまうのも手です。

ページの移動自体は非常に簡単な操作で行えます。

ページもそれ自体がブロックであるため、ページ内では他のブロックタイプと同様、「⁝⁝」マークでドラッグ&ドロップして移動させることが可能です。また、ページ外に移動したい場合は、下記の例①のようにサイドバーの移動先のページに向かってドラッグし、対象ページが青くハイライトされたところでドロップすれば、移動先のページのコンテンツ最下部に配置されます。

また、サイドバーを用いたページ移動では移動先を別のページにするほかにも次ページの例②のように、「ワークスペース」セクションと「プライベート」セクションに限っては移動するページをトップレベルページとして配置することができます。

ただし、意図せず誤操作をしたときに移動先ページがわからなくなることがあるため、ページ構成が複雑なほど慎重に行いたい操作です(チーム利用の場合には「ワークスペース」セクションへの誤配置を防ぐ管理者設定が可能です)。

●サイドバーを用いたページ移動例①

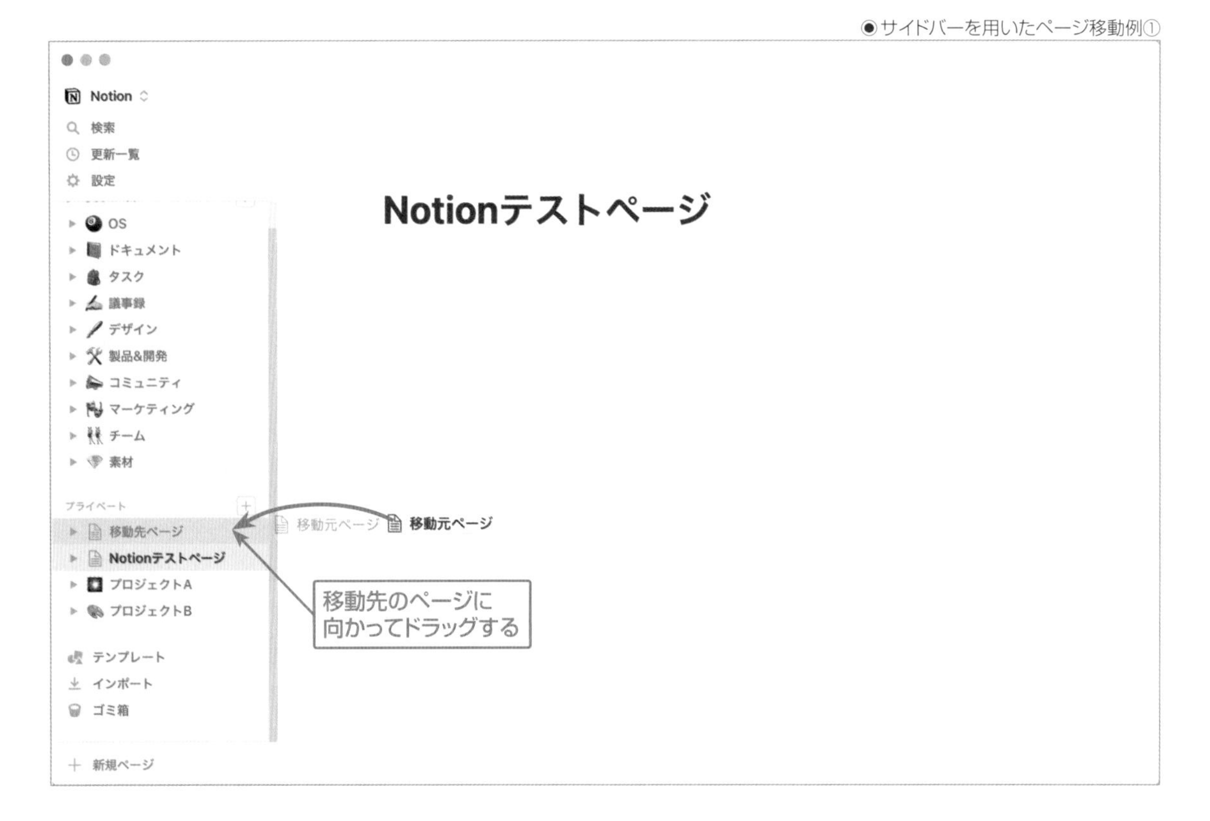

◉サイドバーを用いたページ移動例②

また、ドラッグ&ドロップよりは使用頻度は少ないとは思いますが、移動対象ページが少なく、かつ移動先のページ名が明確にわかっている場合は、ブロック左端の「∷」メニューにある「別ページへ移動」を使うことも可能です。移動先ページを指定する欄で、明確にページ名をタイピングする必要があるため、ページ名がうろ覚えの場合には使いにくい方法になりますが、移動先を明示的に入力する行為により、ドラッグ&ドロップに比べれば誤操作の危険性はやや下がります。

◉別ページへ移動

◆構造の変更が困難・不可な場合

会社など、関係者が多い環境でNotionを利用している場合だと、ページ構成の変更に対する合意が得られない場合や、そもそも移動したいと思ったページの構成変更権限を持たないという場合もよくあるでしょう。そのような場合でもページリンクを活用すれば、自身で構成を決定できる範囲内で情報の構造を整理することができます。

リンクしたいページのURLをコピーし、リンクを持たせたい箇所で貼り付けると、次の3種類の選択肢が表示されます。

- URLをそのまま貼り付ける
- ページをメンションする
- ページにリンクする

◉ページリンクの種類

リンク集として整理する場合は、3つ目の「ページにリンクする」でフルブロックのリンクを作成することが多いかと思いますが、状況に応じて使い分けましょう。

◉ページリンク作成例

このように、既存のページ構成に影響を与えることなく自分の編集できるページ内で情報を整理したい場合、リンクは非常に有効な手段です。

▶ データベース

前章でも触れた通り、Notionの大きな功績の1つは間違いなく**データベース**を多くの方々の身近な存在にしたことにあります。データベースといえば、従来ならばIT業界の一部の方しか触れることのなかったツールですが、表計算ソフトやカレンダー、タスク管理アプリなど、その背景にデータベースの概念が存在するツールが増えています。そのようなツールに当たり前に触れることができる人が大半を占める現在だからこそ、Notionはこれほどまでに世間に受け入れられているといえるでしょう。

そもそも、箇条書きであれチェックリストであれ、文字情報の羅列だけで事足りるのであれば、必ずしもNotionでなくても無料で使える優良ツールはごまんとあります。ではなぜNotionで、なぜあえてデータベースを使うのでしょうか。並べ替えや絞り込みなど、表計算ソフトでも実現できることを、なぜNotionのデータベースで行うのでしょうか。その背景には、多様なツールを使いこなす現代人にとって、その要件を100%満たすようなツールに出会うことがあまりにも困難、ということがあるように思います。だからこそ、そのプロパティやレイアウトに至るまで、管理したいものを管理したいように自在に表現できるデータベースで、納得のいくツールを自分で作り上げることができるNotionに価値を見出すのではないでしょうか。

第3章以降の具体例をご覧いただければ一目瞭然かと思いますが、データベースの活用例はいずれも、他のツールで実現できそうでいて、かゆいところまでしっかり手が届くツールを探し出すのはなかなか困難なものばかりです。従来のツールに独自のプロパティを持たせたい。独自の絞り込みをかけたい。独自のビューを作りたい。そんな要望を、Notionデータベースなら叶えることができます。

◉データベース特有のメニュー

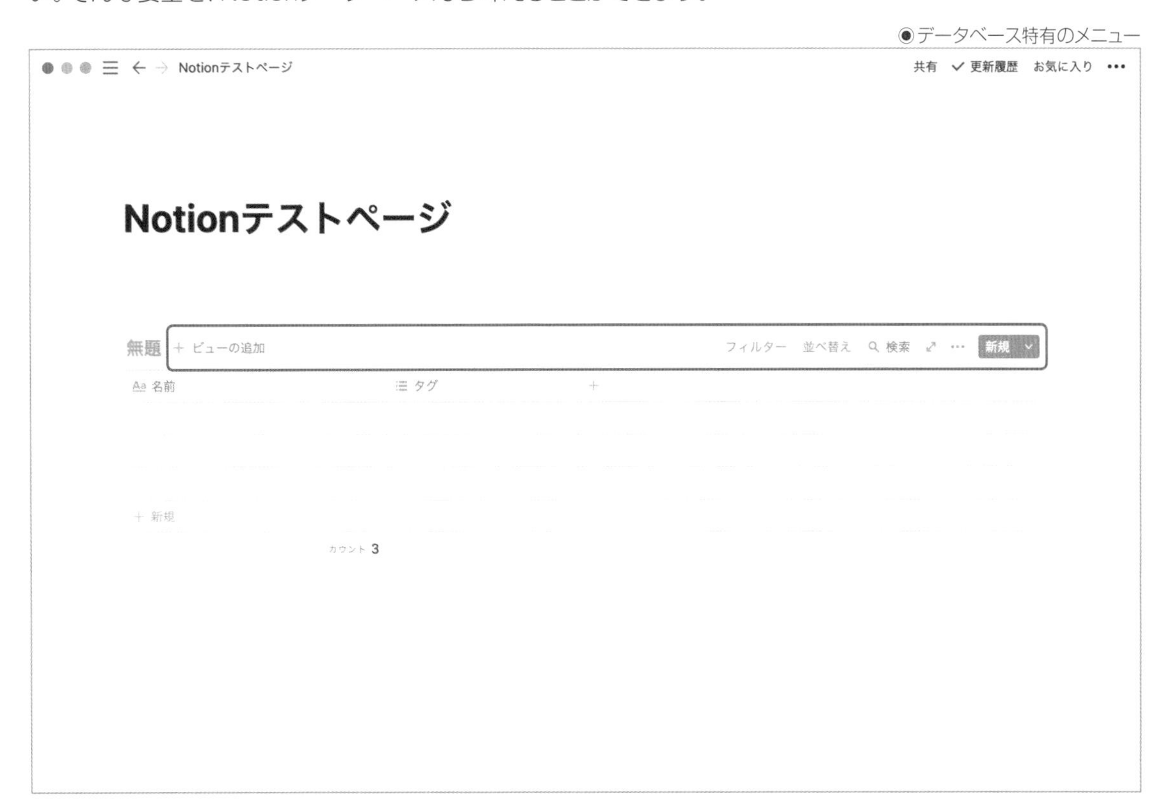

2 Notionの使い方

ページではなくデータベースを使う理由

Notionでコンテンツを作成する際、ページへの直接入力ではなくデータベースを選ぶべきポイントには、次のようなものが挙げられます。

◆データの並べ替え･絞り込みができる

平文や箇条書きなど、テキストベースのブロックタイプで情報を羅列すると、並べ替えこそ手動で「⁝⁝」ハンドルを用いてできますが、絞り込みというのはできません。データベースであれば、従来の表計算ソフトに近い感覚で並べ替えや絞り込みを実行することができます。

●絞り込み

●並べ替え

◆ビューを活用してデータを複数のレイアウトで整理できる

表計算ソフトにはなかった概念として、Notionデータベースには「ビュー」という機能があります。表計算ソフトでいうところのピボットが近しいイメージではありますが、ピボットがあくまでも表（またはグラフ）でしか表現ができないのに対し、Notionデータベースのビューであれば、たとえば表形式で作成した情報をカレンダーやボードなど、まったく異なるレイアウトで整理し直すことが可能です。

レイアウトだけでなく、ビューには特定の並べ替えや絞り込みを適用することができるため、たとえばチームで利用しているタスク管理ボードを閲覧者自身にアサインされているタスクのみで絞り込めるビューを作っておけば、各メンバーは毎回面倒な並べ替えや絞り込みの設定をせずともたった2クリックで自身のタスクが確認できます。

◉ビューの作成メニュー

◆データベース内の情報だけを検索できる

サイドバーの検索メニューではデータベース内のタイトル列以外の情報は検索にヒットしません。また、ページ内で Cmd + F キー、または Ctrl + F キーで呼び出す検索窓では、データベースのタイトル列以外も検索こそできますが、データベースのように該当情報だけを絞り込んで表示することはできません。その点、データベースの右上にある検索欄なら、データベース内の情報に対象を絞ってタイトル列以外の情報も網羅的に検索でき、かつ検索キーワードにマッチする項目だけが絞り込まれた状態で検索結果を閲覧することが可能です。

◉データベースの検索欄

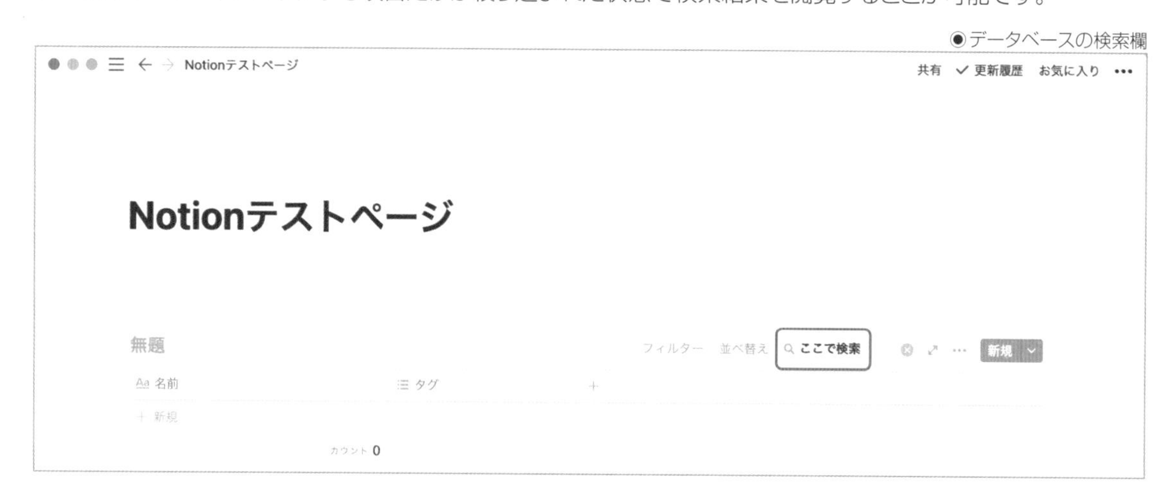

◆データベース項目の1つひとつがページである

データベースとして各項目に対して与えられる固定の情報に加え、Notionのデータベースにおいては、さらに各項目をページとして開き、自由に中身を追加することが可能です。これは従来の表計算ソフトの感覚でいえば、表の1行1行に対してさらにメモ帳やスプレッドシートが付いているようなもので、Notionデータベースの自由度が非常に高いことがわかります。

◉データベース項目をページとして開く

インラインとフルページの違い

Notionデータベースには、**インライン**と**フルページ**という2つの作成方法があります。

●インライン

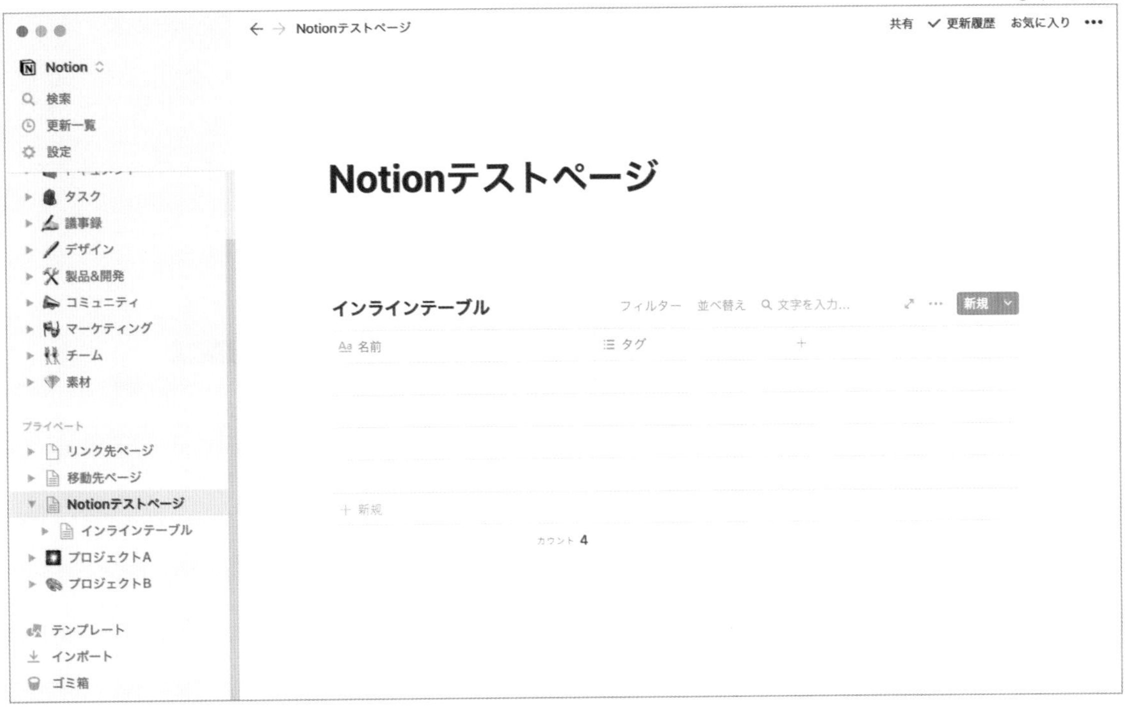

← → Notionテストページ　共有　✓ 更新履歴　お気に入り　•••

Notion
検索
更新一覧
設定
タスク
議事録
デザイン
製品&開発
コミュニティ
マーケティング
チーム
素材
プライベート
リンク先ページ
移動先ページ
Notionテストページ
インラインテーブル
プロジェクトA
プロジェクトB
テンプレート
インポート
ゴミ箱

Notionテストページ

インラインテーブル　フィルター　並べ替え　文字を入力...　•••　新規

Aa 名前　タグ　+

+ 新規

カウント 4

●フルページ

← → Notionテストページの... / フルページテーブル　共有　更新履歴　お気に入り　•••

Notion
検索
更新一覧
設定
デザイン
製品&開発
コミュニティ
チーム
社内wiki
プロジェクト
素材
シェア
検証中
プライベート
Notionテストページの...
フルページテーブル
リンク先
リンク元
フルページテーブル
Notionテストページ
Movies
ロードマップ

フルページテーブル

+ ビューの追加　プロパティ　フィルター　並べ替え　検索　•••　新規

Aa 名前　タグ　+

+ 新規

カウント 3

「インライン」はページ内で他のタイプのブロックと並べて配置することができる一方、「フルページ」は上図のように、一目見ただけではただの子ページのように見えます。フルページデータベースのページを開いた中には、データベース以外の他のブロックを共存させることができません。インライン、フルページいずれもサイドバーでは同じように表示され、トグルを開けば各データベースに持たせているビューの名前まで表示されます。

◉データベース自体をページとして開く

ちなみに、インラインデータベースは右上の斜めの矢印マークをクリックするとページとして開くことも可能で、その際のページ構成はフルページデータベースと同様になります。

データベースの種類

Notionで利用可能なデータベースは6種類あります。

◆テーブル

いわゆる表形式のデータベースになります。表計算ソフトを使い慣れた方には、最も抵抗なく使い始めていただける形式でしょう。

◉テーブル

◆リスト

表よりもさらにシンプルになった一覧です。タイトルプロパティが左端、それ以外のプロパティは右端に固まって表示されます。

◉リスト

無題

無題

ページ1
ページ2
ページ3
＋ 新規

◆ボード

いわゆるKanbanと呼ばれる種類のデータベースで、情報を列でグループ化してカード表示させる形式で、ステータスや担当者などでグループ化し、タスクの進捗管理などに使用されることが多い形式です。

◉ボード

無題　共有　更新履歴　お気に入り

無題

無題

未着手 3　進行中 0　完了 0　非表示の列
カード1　＋ 新規　＋ 新規　ステータスなし 0
カード2
カード3
＋ 新規

◆ギャラリー

こちらもボードと同様に、データベース項目がカードとして表示されますが、ボードとは異なり、すべてのカードのサイズが統一されています。そのため、写真やデザインなど画像メインの情報を整理したい場合に有用な形式です。

◉ギャラリー

無題

無題 ＋ ビューの追加 検索 新規

ToDo
完了したToDo

ページ1 ページ2 ページ3

＋ 新規

◆カレンダー

データベース項目に持たせた日付プロパティを基準に、カレンダーにカードをマッピングしてくれる形式のデータベースです。カレンダーの表示単位はインラインの場合で1カ月、フルページであれば閲覧日の属する月から先が下スクロールで無限に表示できます。残念ながら、本書執筆時点では週単位や日単位などに表示単位を変更することはできません。

◉カレンダー

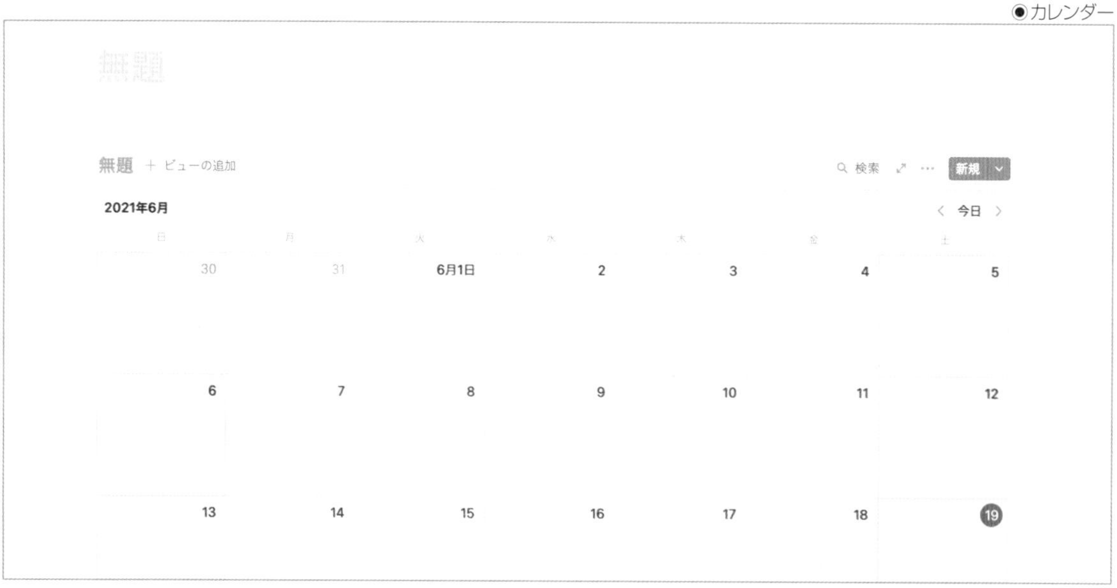

無題

無題 ＋ ビューの追加 検索 新規

2021年6月 ＜ 今日 ＞

日	月	火	水	木	金	土
30	31	6月1日	2	3	4	5
6	7	8	9	10	11	12
13	14	15	16	17	18	19

◆ タイムライン

いわゆるガントチャートと呼ばれる種類のデータベースで、テーブルと線表を並べて表示させることができる形式です。プロジェクトマネジメントなど、大量のタスクの実行時期を視覚的に管理したいような場合によく利用されます。左側のテーブル部分と右側の線表部分で表示させるプロパティを別々に設定することができます。表部分を表示させず、線表のみにすることも可能です。

1行1行がデータベースの項目となっているため、線表の部分はカレンダーとは異なり週で改行されることはなく、横に一直線に伸びていきます。こちらの表示単位は1時間単位～ 1年単位まで、変更することが可能です。

◉タイムライン

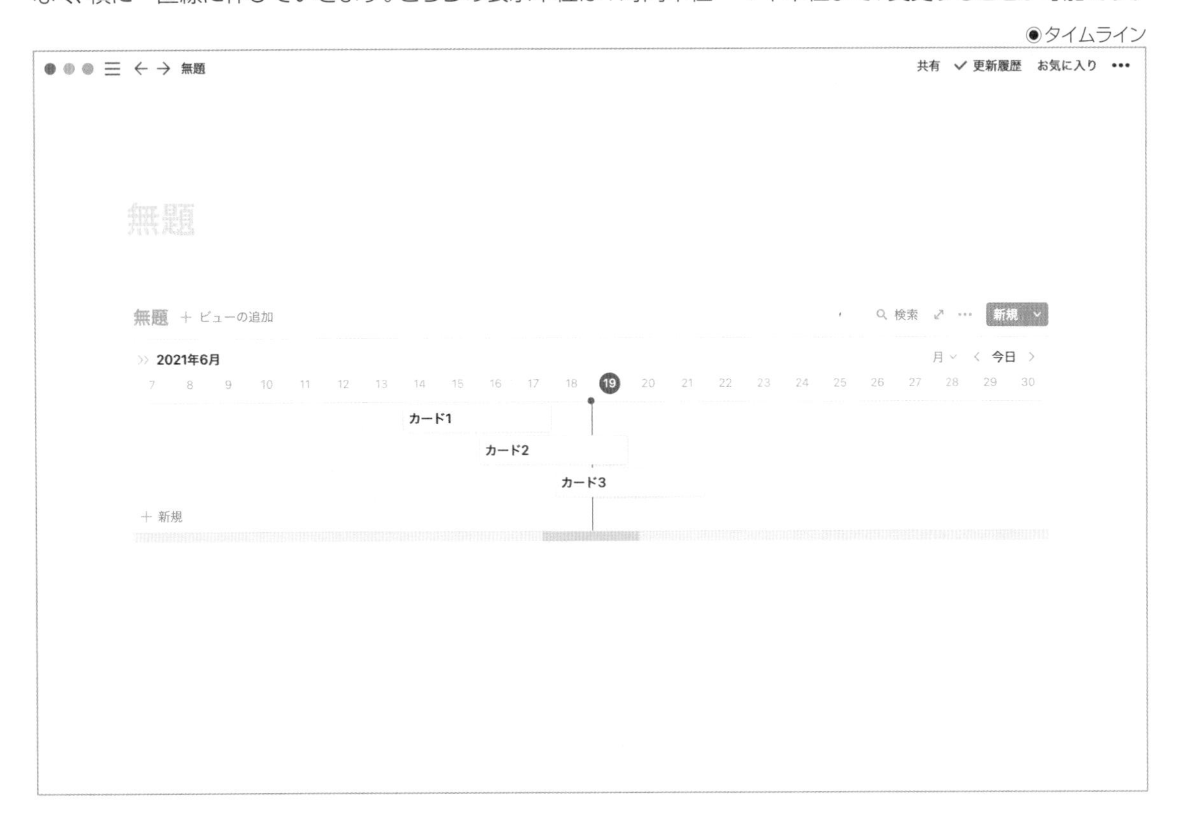

なお、データベースのプロパティ種別については、すでに公式ヘルプや各種Webコンテンツで幅広く取り扱われていることもあり、本書では割愛します。

データベースの共通化(リンクドデータベースの活用)

Notionのデータベースは共通化することに意味があります。たとえば議事録のデータベースであれば、部署ごとに細分化されたデータベースを作るのではなく、全部署で共通化されたデータベースを作り、プロパティでフィルタリングして共通データベースを利用するようなイメージです。下記の例でいえば、マーケティング部では「マーケティング週次」とタグのついたアイテムのみを絞り込んで利用する、といった具合になります。

●データベースの共通化イメージ

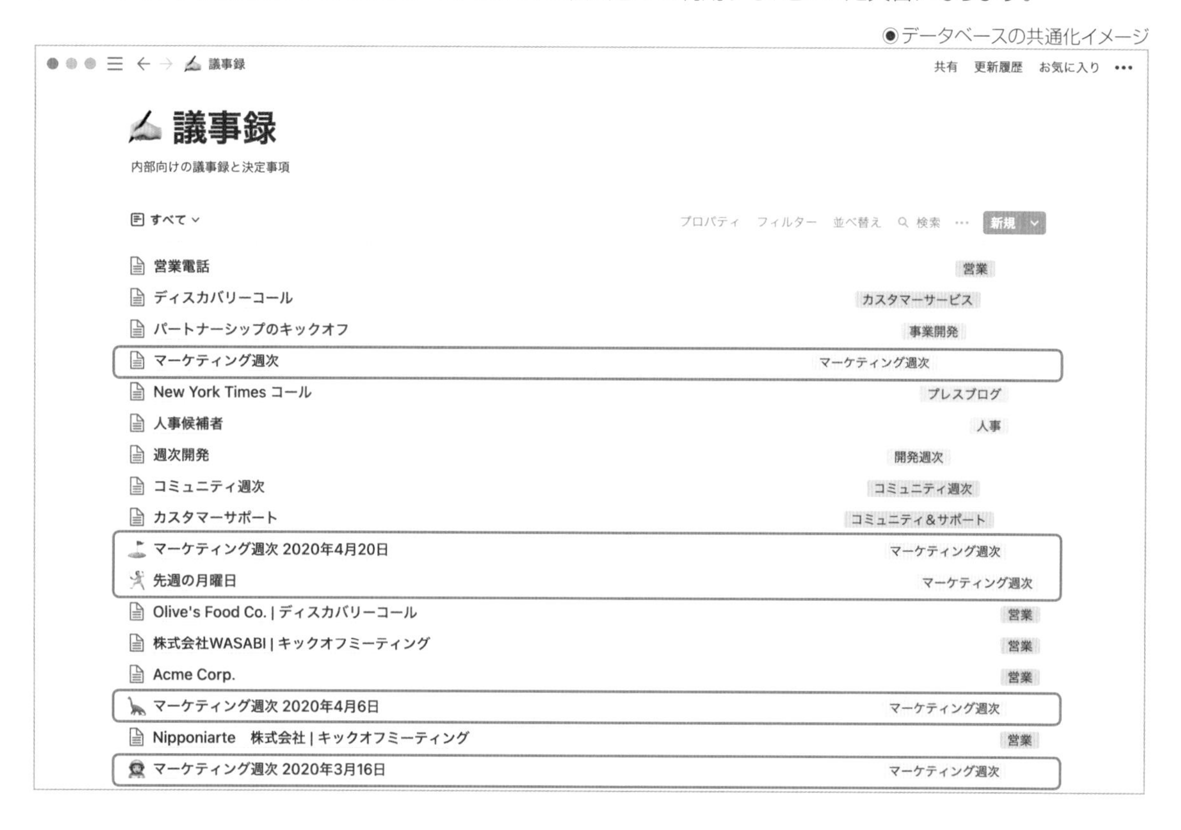

しかし、単に共通化すればいいわけでもありません。共通化すると、データベースの読み込みは重くなりますし、プロパティの変更がすべてに影響します。

共通化する必要があるか否かは、あとで全体を見返す必要があるかどうかを基準に判断しましょう。たとえば「今週のすべての会議を一覧で見たい」など、管理しているデータを横断的に違った切り口で見る必要があるときなどに活用するのがおすすめです。反対に、たとえば漫画と文庫を同じデータベースで管理しようとしてみても、それぞれのプロパティは違うし、両方のカテゴリーを横断的に検索したりというニーズがないこともあり、うまくいかないことは想像に難くないのではないでしょうか。

では共通化したデータベ　スをそのまま使うかというと、答えはNoです。確かに部署別にビューを設けたりすることでも共通化の恩恵は受けられますが、それだと必ずそのデータベースがあるページを訪れなければ閲覧できません。各チームがいかにページ遷移を少なく議事録の追加・参照ができるようにするかを考慮すると、ここで活用したいのが**リンクドデータベース**です。

たとえば各チームが別々のNotionページをホームとして使っていて、共通の議事録データベースは全社共通ページにあったとしましょう。チームで絞ったビューを全社共通ページで設けた場合、各チームは会議のたびに議事録データベースのページを開かなくてはならず、少々手間です。こういった場合、各チームのページで ;リンクド（ /linked ）というコマンドから、議事録データベースへのリンクドデータベースを作成した上で絞り込みを適用すれば、チームのページにいながらにして全社共通の議事録データベースの参照や編集ができるようになります。

リレーションの活用

リレーションを活用すると、データベース同士を連携させることができます。

たとえば、議事録のデータベースとプロジェクト一覧のデータベースがそれぞれ存在したとします。このとき、議事録とプロジェクトを紐付けてあげることでそれぞれのデータがつながり、別々だったデータベース間で簡単にデータを参照できるようになります。

リレーションを利用するときには、タイトルプロパティが検索キーとなるため、タイトルのネーミングが重要となってきます。

たとえば、議事録データベースで対象のプロジェクトをリレーションを用いて入力したい場合、リレーション列に表示できるのは連携先のデータベースのタイトルプロパティのみです。そのため、プロジェクト一覧ではタイトルプロパティにプロジェクト名を入力する必要があります。リレーションではデータが相互に連携されるのでその逆もまた然りで、次の図の例のように曖昧な会議名ばかり付けてしまうと、プロジェクト一覧側にリレーションで反映されていく議事録がいつ何を協議した会議のものなのか、釈然としなくなってしまいます。たとえば「週次定例」を「yyyy/mm/dd 週次定例」といった表記にするなど工夫が必要です。

◉リレーションの活用例

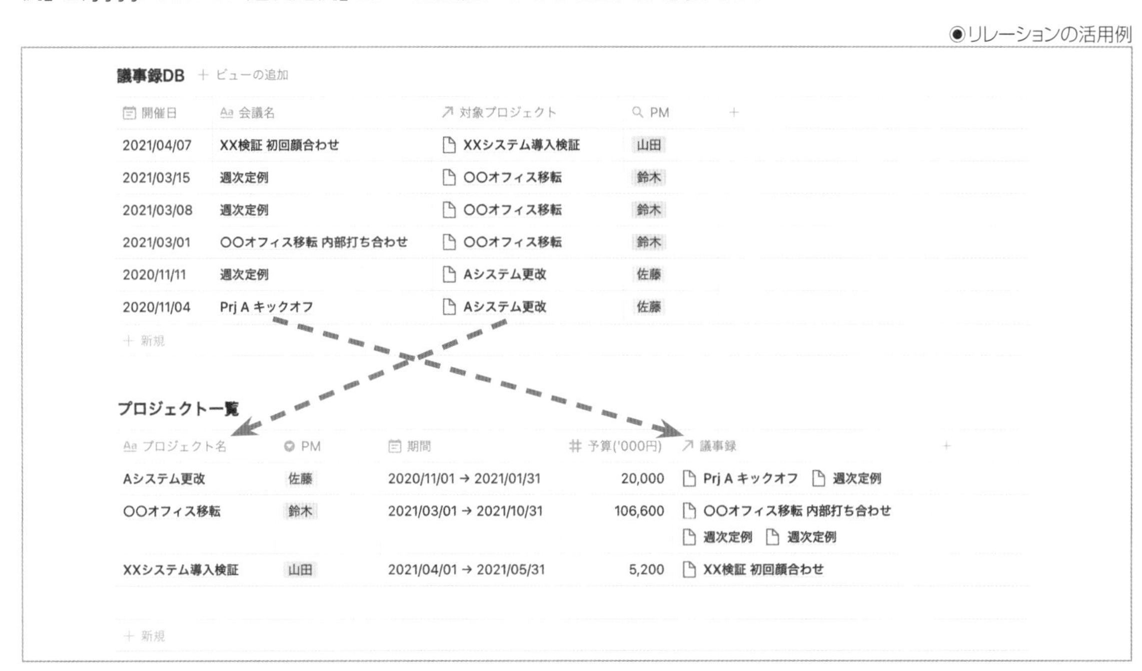

議事録DB　＋ ビューの追加

開催日	会議名	対象プロジェクト	PM
2021/04/07	XX検証 初回顔合わせ	XXシステム導入検証	山田
2021/03/15	週次定例	○○オフィス移転	鈴木
2021/03/08	週次定例	○○オフィス移転	鈴木
2021/03/01	○○オフィス移転 内部打ち合わせ	○○オフィス移転	鈴木
2020/11/11	週次定例	Aシステム更改	佐藤
2020/11/04	Prj A キックオフ	Aシステム更改	佐藤
＋ 新規			

プロジェクト一覧

プロジェクト名	PM	期間	予算('000円)	議事録
Aシステム更改	佐藤	2020/11/01 → 2021/01/31	20,000	Prj A キックオフ　週次定例
○○オフィス移転	鈴木	2021/03/01 → 2021/10/31	106,600	○○オフィス移転 内部打ち合わせ　週次定例　週次定例
XXシステム導入検証	山田	2021/04/01 → 2021/05/31	5,200	XX検証 初回顔合わせ
＋ 新規				

また、設定済みのリレーションをベースにしたロールアップ機能を使用すれば、連携先のデータベースからタイトルプロパティ以外のデータを取り込むことも可能です。上記の例では、プロジェクト一覧から議事録データベースに、対象プロジェクトのマネージャー（PM）をロールアップ機能で反映するようにしています。

▶権限

Notionにはページごとに特定のユーザのみが編集できるよう制限したり、閲覧のみに制限したりする**権限**という機能があります。権限は何もしなければ親ページから子ページへ継承されますが、個別に親・子ページそれぞれの権限を設定することも可能です。権限には4種類ありますが、編集権限とコメント権限、この2つをよく使います。Notionには、削除を禁止する権限はありません。

●Notionのアクセス権限

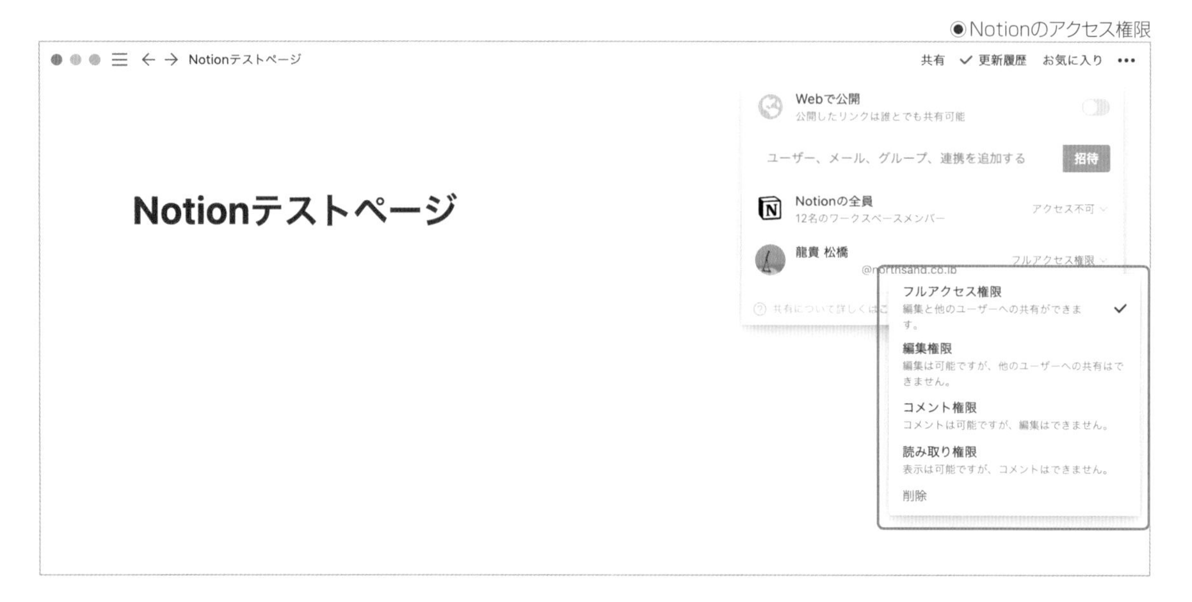

⚙フルアクセス権限

他ユーザーの権限の変更、ページの編集、ページ内のコメント、閲覧すべてが利用可能な一番強い権限です。他ユーザーの権限を変更できることから、信頼されたユーザーにのみ付与し、あまり多用はしません。

⚙編集権限

ページの編集、ページ内のコメント、閲覧が利用可能な権限です。他ユーザーの権限変更はできません。ページをシェアするときにはこの権限で共有することが多いでしょう。この権限であれば、不用意にページへのアクセス権を変更されることも、ページをWebに公開されることも、ゲストを勝手に追加されることも防ぐことができます。

⚙コメント権限

ページ内でのコメント、閲覧が利用可能な権限です。相手に編集権限を渡さずに閲覧してほしいときのみによく利用します。ページ内で相手との意思疎通や、誤字脱字の修正依頼を受け付けたり、足りない文脈を補足したりといったコミュニケーションであれば、コメント権限が適しています。

⚙読み取り権限

閲覧のみしかできない権限です。相手にコメントもさせたくない場合などに利用します。規定、規則など比較的静的なドキュメントかつ、相手からのコメントをドキュメントに付けたくない場合に利用します。

▶テンプレート

テンプレートという単語で一般的に連想されるのは、申請書や報告書など、固定の様式を用いて提出する書類ではないでしょうか。それを提出したら何らかの手続きが行われたり、上長に承認されたりといった展開が想定されますが、テンプレートがそれ以上の役割を果たすという印象を持たれる方は少ないと思います。

その点、Notionにおけるテンプレートの役割は、単なる固定様式による情報の提示に留まりません。たとえば申請書の提出から承認・保管まで、情報の流れや管理・活用されていくその様までを含めたデザインをもって、Notionのテンプレートは Notionの使い方そのものを提唱するものになっています。

Notionで「テンプレート」といったとき、その意味するところは3種類あります。1つずつ見ていきましょう。

Notion純正テンプレート

サイドバー下部には、Notionが無料で全ユーザーに提供している純正テンプレートがあります。クリックするとテンプレートを選択するウィンドウが立ち上がり、カテゴリ別に分かれたテンプレートを閲覧することができます。用途に合ったものを見つけたら右上のボタンをクリックすれば自分のワークスペースにコピーが作られる仕組みです。

●Notion純正テンプレート

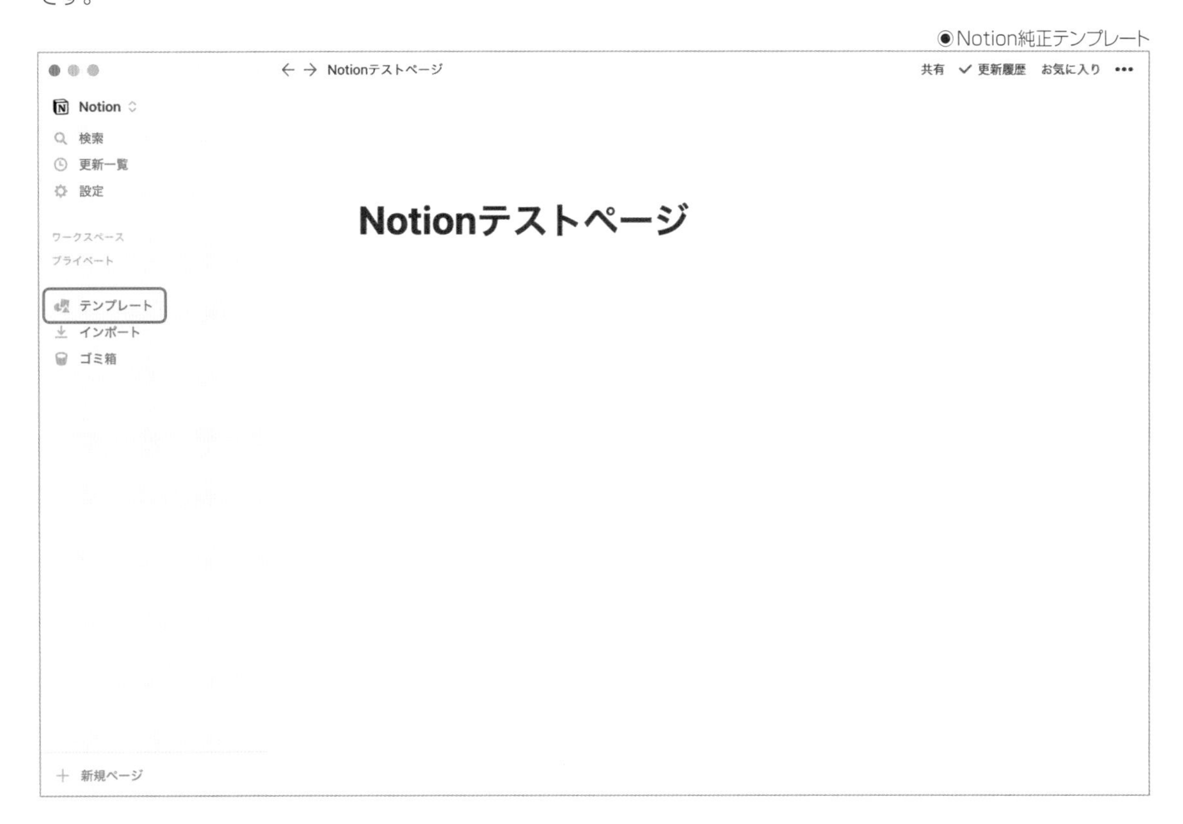

Notion純正テンプレートには、業務領域に応じたタスク管理ボードやWiki、営業CRMや応募者選定などの業務や業界特有の管理ツールなど、実際の利用者を想定してきめ細やかに作り込まれたテンプレートが豊富に用意されています。以降で紹介する「テンプレートボタン」「データベーステンプレート」を合わせてみても、Notionの使い方の提唱という意味においてはこのNotion純正テンプレートの右に出るものはないでしょう。

✿ブロックの一種(テンプレートボタン)

ブロックタイプの1つに**テンプレートボタン**というものがあります。 ;テンプレート (/template)で呼び出し、名前とテンプレート化したいコンテンツを入れると、薄グレーの文字に左側に「+」マークの付いたブロックができます。そのブロックをクリックするたびに、テンプレートとして入れたコンテンツの複製が作成されるという具合です。

◉テンプレートボタン編集画面

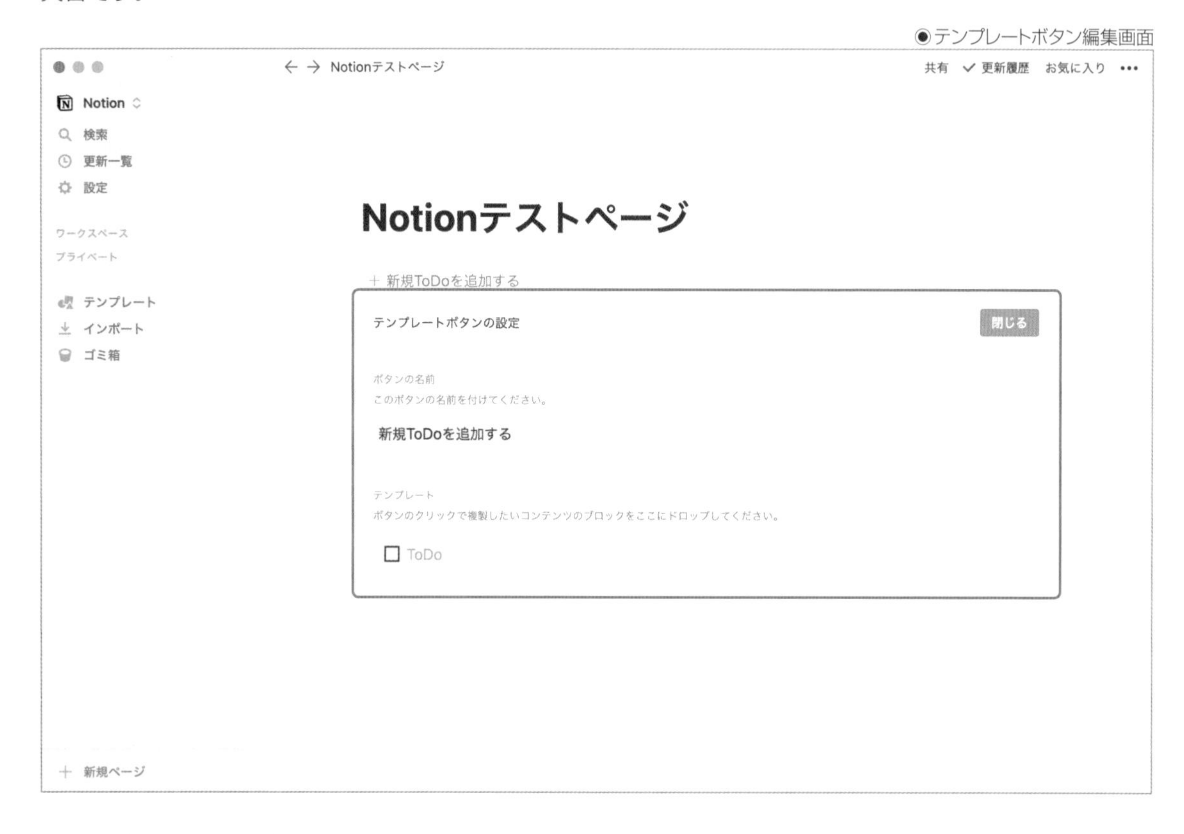

テンプレートとして仕込むコンテンツ量に制限はないため、Notion純正テンプレートのようにリッチな内容を盛り込むことは可能です。しかしながら、ボタンをクリックするたびにその場所に同じ内容を複製するという特性上、議事録や申請書類など、その後の複雑な管理や変更が想定されていない比較的シンプルな用途で利用されることが多いものになります。

データベースの機能の一種（データベーステンプレート）

前述のテンプレートボタンと同様のことを、データベース項目を開いたページに対して実施することができる機能が**データベーステンプレート**です。データベース右上にある青い「新規」ボタンの右端に下向きの三角があり、そこに「+新規テンプレート」というメニューがあります。クリックすると次の図のようなウィンドウがポップアップしますが、通常のデータベース項目を開いた際とは異なり、上部に「<データベース名>のテンプレートを編集しています」という薄グレーのバナーが表示されるのが特徴です。この画面に設定したページタイトルが、以後そのデータベーステンプレートの名称として使われます。このテンプレートには、ページコンテンツ部分だけではなく、データベースのプロパティも設定することが可能です。

◉データベーステンプレート起動メニュー

◉データベーステンプレート編集画面

作成したテンプレートは、「新規」ボタンの右端の下向きの三角や、新規データベース項目をページとして開いた際に選択・適用することができます。

●データベーステンプレートの選択①

●データベーステンプレートの選択②

Notionテストページ
共有 更新履歴 お気に入り
ページとして開く
共有 更新履歴 お気に入り
無題
タグ 未入力
プロパティを追加...
コメントを追加...
「Enter」キーを押して空白ページから始めるか、テンプレートを選択してください
（上下↑↓キーで選択）
データベーステンプレート
空のページ
新規テンプレート

データベース項目に対するテンプレートであるという特質を活かせば、たとえば「タスク管理」という単一の目的を持つデータベースであっても、ページコンテンツとして様式を定めた定期的なレポーティングテンプレートや、タスク種別のプロパティで事前に「障害」タグを設定した上でページコンテンツに必須確認事項のチェックリストを入れ込んだ障害対応テンプレート、果ては特定のチームメンバーを担当者プロパティに事前に入力したチーム専用テンプレートまで、自在にやりたいことを実現できる可能性を秘めています。

▶ Webクリッパー

Webクリッパーとは、簡潔にいうとブックマークと大差ない操作感でNotion上にWebページを保存できる機能のことをいいます。ChromeやFirefoxなどのブラウザの拡張機能としてインストールしておき、ブラウザ上で操作します。モバイルの場合は、コンテンツ共有メニューの中からNotionを選択することで使用できます。

ブラウザのブックマークと比較した場合、WebクリップであればNotion内の検索結果にヒットすることと、Web上のコンテンツがなくなったり変更されたりしても、Notionに保管したWebクリップの内容はそのまま残せることの2点が、Notion Webクリッパーを利用する大きな利点です。

入手方法

ChromeであればChrome Web Store、FirefoxであればADD-ONS（アドオン検索）で、「Notion Web Clipper」の拡張機能を入手できます。ちなみに市場にはNotion社純正のWebクリッパー以外にもいくつか出回っていますが、本書ではNotion純正のChrome版を例に説明します。

基本的な使い方

基本的な使い方は次のようになります。

❶ ブラウザにWebクリッパーの拡張機能をインストールすると、ツールバー部分にアイコンが表示できるようになります。頻繁に使用したい場合は常に表示するよう設定しておくとよいでしょう。
❷ ブラウザでWebクリッパーを使用するにはまず、ブラウザからNotionにログインします。
❸ Webクリッパーのアイコンをクリックし、保存先のワークスペースとページ（Add to）を指定して「Save page」ボタンをクリックします。ちなみにこのとき、保存先としてページだけではなくデータベースを指定することも可能です。また、一度設定した保管先は次回Webクリッパーを起動した際には自動で設定されています。

◉Webクリッパーの利用

❹ 保存先のNotionページに行くと、Webで見ていたページの名前が付いた子ページが1つできています。

◉保存先の確認

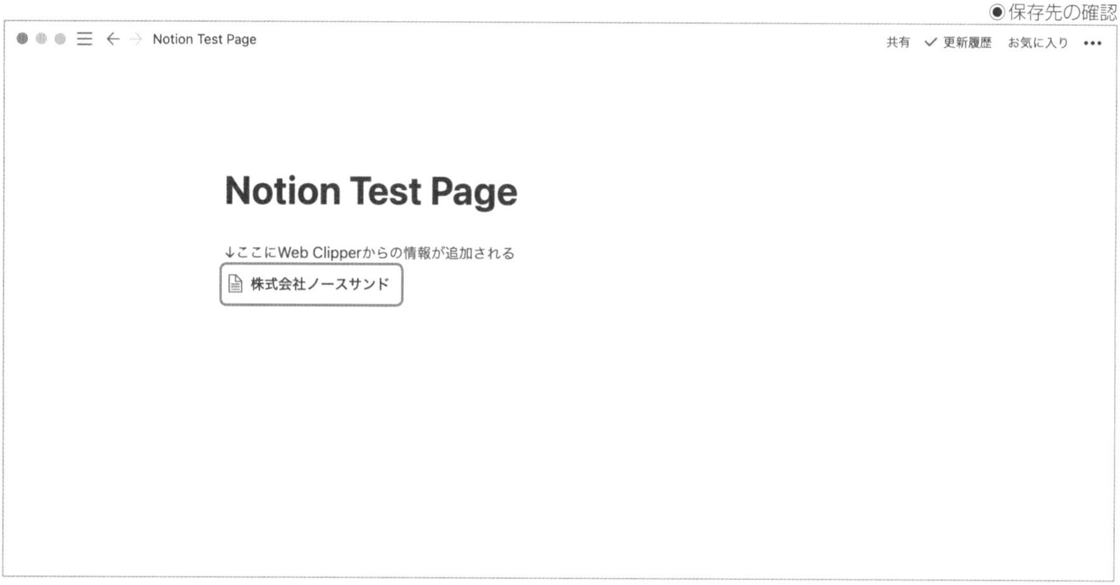

Notion Test Page　　共有　✓ 更新履歴　お気に入り　•••

Notion Test Page

↓ここにWeb Clipperからの情報が追加される

株式会社ノースサンド

❺ 保存先にしたNotionページを開くと、最上部にWebページのURL、その下にWebページのコンテンツをコピーしたものが入っています。

◉保存したページ

Notion Test Page / 株式会社ノースサンド　　共有　✓ 更新履歴　お気に入り　•••

株式会社ノースサンド

https://northsand.co.jp/

ノースサンドはテクノロジーの力を活用してクライアントの課題を解決する
コンサルティングサービスを提供しています。

我々が取り扱うテーマはIoT、AI、Fintech、ビックデータ等に代表される
先端デジタルテクノロジー、基幹系システムで使われているようなレガシーなテクノロジー、
システム全体のグランドデザインやオペレーション改善など多岐に渡ります。

我々は様々な業界やテーマに知見を持ち、
お客様の新しい価値の創造およびビジネス変革のご支援をするコンサルタント集団です。

保存した情報の活用例

Webクリッパーから保存したコンテンツは、若干の体裁の崩れこそ否めなませんが、文字だけなら何の問題もなく読めますし、もとのWebページへのURLもついているのでいつでもオリジナルを参照できます。では保存した情報にどのような活用方法があるのか、簡単に紹介します。

◆ためて読む

これが一番シンプルな利用方法でしょう。後で参照したいと思ったWebページをNotionにため、時間ができたら読む。使える情報はそのまま残しておき、不要と判断したら削除する。たったこれだけですが、わざわざブラウザのブックマークを見に行かずとも、普段自分がよく見るNotionページをWebクリッパーの保存先に指定しておけば、情報の鮮度が高いうちに選別できます。

◆整理して保管する

Webクリップが多くなってきたら、カテゴリーやステータスなどで分けて整理したいところです。この場合は、Webクリッパーからの保存先にデータベースを設定しておけば、Notion上ですぐに整理を開始できて便利です。

◆情報を付加して管理する

後述のメディアログなどに近しい利用方法ですが、保存したWebクリップに対し、自分なりの切り口で評価を加えたり、コメントを付記したりすることも可能です。また、カテゴリーで分けたWebクリップデータベースを起点に、Notion上の他のページからリンクドデータベースで情報を参照できるようにしたりといった応用もできます。

COLUMN オフラインは弱め

あまり知られていないかもしれませんが、Notionはオフラインでも使用することができます。オンラインの状態で事前に読み込まれている情報であれば、オフラインでも表示することが可能です。読み込み済みのコンテンツ以外は表示できません。

オフライン中に新たな編集を加えることも可能ですが、これは次にオンラインになった際に同期されるため、たとえばオフラインのPCで編集した内容を、同じタイミングでオンライン状態のPCで閲覧しようとした場合、オフライン編集の内容は反映されていません。

また、サイドバーに表示される内容程度には限られてしまいますが、簡単な検索程度ならオフラインでも実行できます。ページのお気に入り設定もオフラインで可能です。

「Notionはオフラインでは使い物にならない」といった印象を持たれることも多いですが、結局のところは物は使いようです。即時同期が必要な重要なコンテンツの作成・更新はオンライン時に限り、閲覧や簡単なメモだけならオフラインでもOK、といったように、自分なりのルールを決めて運用されるのがおすすめです。

COLUMN Notion自体も進化する

昨今のアプリというものには不定期な更新がつきものですが、Notionも例外ではありません。Notionはその中でも特に更新頻度が高く、2～3週間に一度という高頻度でどんどんアップデートされています。

使い込んでいないと気づかないようなニッチな機能から、一目でわかるようなUIの変更まで、その更新内容はさまざまですが、本書執筆時点(2021年6月)とこのコラムを書いている時点(2021年9月)の間にも、実に6回ものアップデートがありました。出版時点(2021年10月)にはさらなる更新がされているかもしれません。

実際、本書の大部分を書き上げていたころのUIでは、トップバー右端のメニューは文字で書かれていましたが、2021年9月21日付の「What's New」で発表があったように、アイコンを用いてメニューを表現するように大幅にUIが変更されました。また、新たに設けられた右側のサイドバーでコメントを含む更新情報などがまとめて確認できる仕様に変わっています。

●トップバー右側のメニュー

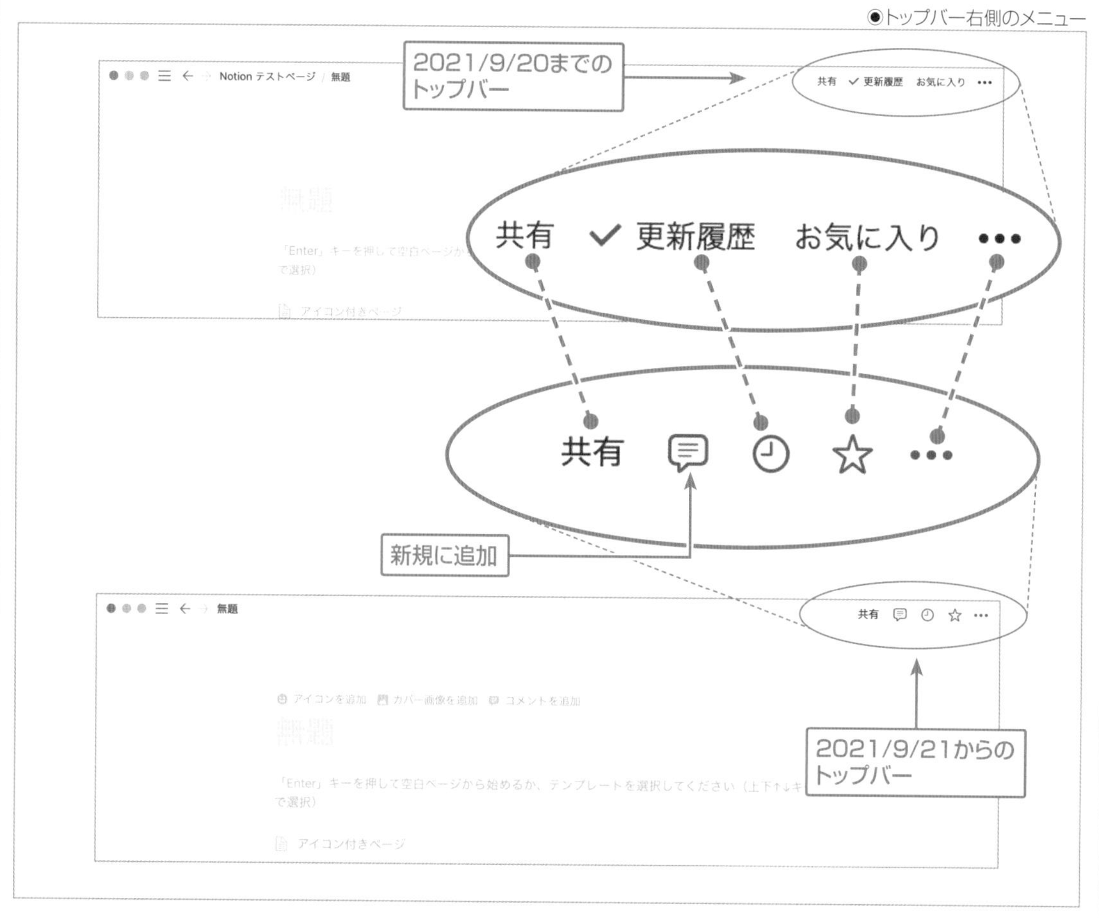

このように、膨大な数のユーザーを抱えていてもスピード感をもってアップデートがなされていくのも、Notionの大きな特徴の1つです。

CHAPTER

3

Notionと過ごす生活

Notionとは何か、操作方法を習得したら、次はNotionを何に使うかです。Notionは多機能で、大概のことはできてしまうのですが、目的がないと多くの機能を無駄にしてしまいます。本章では、さまざまなシーン・シチュエーションでどのようにNotionを活用するのかを紹介します。あくまで一例ですが、参考になるような自分なりのNoitonが見つかるといいなと思います。

生活のクオリティを上げるために

仕事やプライベートで、どんなシーンでもNotionは活躍します。できることなら、日々のやらなければならないことは最小限に、自分の好きなことを最大限にしたいのではないでしょうか。

やらなければいけないことにNotionを活用すると、最小の労力で無駄なく済ますことができます。好きなことにNotionを活用すると、さらに楽しく、より没頭できてしまうかもしれません。

▶ Notionと過ごす1日

たとえば、Notionとともに1日を過ごすとしたら、どんな利用方法があるのでしょうか。

仕事でやることをリストアップしたり、打ち合わせのメモを書いたりする他にもさまざまな活用方法があります。すべての情報をNotionに集約することで、Notionを起点にさまざまな行動を効率よく実行することができます。

何気なく時間が過ぎてしまう、やること・頼まれたことを忘れていた、といったことが、Notionを使うことで減らすことができます。また、自分の時間をさらに有効活用できるそんな1日を紹介します。

◉Notionと過ごす1日

朝起きる
- 朝の日課(ex. 散歩、ランニング、筋トレ)

朝ごはんを食べながら
- Webクリップで記事のチェックや気になるニュースをクリップ
- **仕事**
  - •スケジュール／タスク確認
  - •ミーティングのメモを作成
  - •ToDoの整理
  - •タスクをこなす
  - •…etc.
- 休憩しながらネットサーフィンで気になる記事をWebクリップ
- 昼ごはんのお弁当屋さんをShopリストで探す
- 晩ごはんをレシピDBから決める
- 買い物リストを確認しながらもれなく買い物

晩ごはんのあとは…
- 好きな映画や本を見てギャラリーに記録
- 自学自習で資格の勉強にNotionを活用

✿ デイリータスクはチェックボックスで管理

朝起きて、ストレッチやランニング、筋トレなど日々続けたいタスクはあっても、継続するとなると難しいのではないでしょうか。そんな状況をNotionが少しお手伝いしてくれます。簡単なチェックボックスを用意して、日課にしたいことをリストアップ。日課を達成した日には、チェックを付ける。単純ですが、そんな仕組みをNotionは提供してくれます。

日本語テンプレートの「習慣管理/デイリートラッカー」などのシンプルなTODOリストを利用すると、自分でイチから作る必要もありません。朝のラジオ体操やスタンプリーのように、継続してチェックを付けることが病みつきになる方もいるかもしれません。

◉習慣管理/デイリートラッカー

習慣管理 / デイリートラッカー　　共有　✓ 更新履歴　お気に入り　•••

習慣管理 / デイリートラッカー

テーブル ⌄　　プロパティ　フィルター　並べ替え　検索　•••　新規 ⌄

日付	ラン...	料理	読書	勉強	禁酒	睡眠	Σ 達成率	Aa _
2020年6月17日	☐	☐	☐	☐	☐	☐	0%	
2020年6月16日	☐	☐	☐	☐	☐	☐	0%	
2020年6月15日	☑	☑	☑	☑	☑	☑	100%	
2020年6月14日	☐	☐	☐	☐	☐	☑	16.6666666667%	
2020年6月13日	☑	☑	☑	☑	☑	☑	100%	
2020年6月12日	☑	☑	☑	☑	☑	☑	100%	
2020年6月11日	☐	☑	☑	☑	☑	☐	66.6666666667%	
2020年6月10日	☐	☐	☐	☐	☐	☐	0%	
2020年6月09日	☑	☑	☑	☑	☑	☑	100%	
＋ 新規								
カウント 9	✓あり 44.444%	✓あり 55.556%	✓あり 55.556%	✓あり 55.556%	✓あり 55.556%	✓あり 55.556%	平均 53.704%	カウント 9

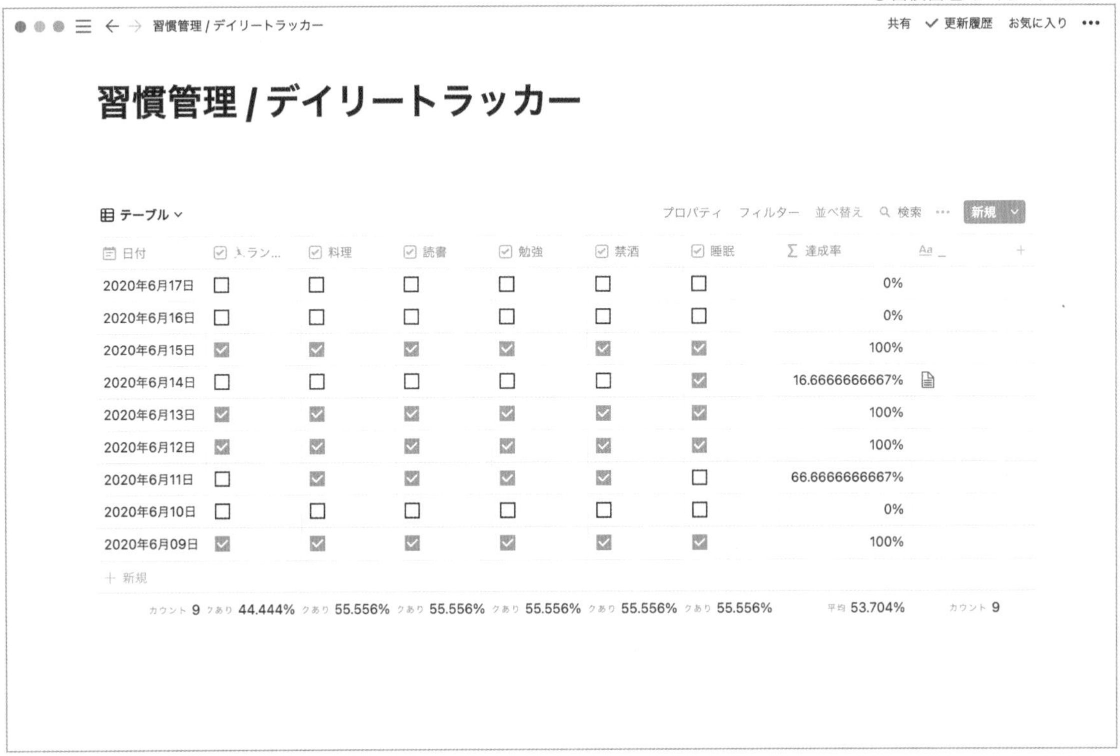

Webクリップで情報整理

ネットのニュース記事を日ごろからストックするには、Notionは最適です。Notion純正のWebクリッパーをお使いのブラウザにインストールしておけば、気になる/読みたいページ・記事を気軽にNotionに保存することができます。ブラウザで「Notion Web clipper」と検索すれば利用可能です。

ちょっとした仕事の合間にネットサーフィンで見つけた記事を後から読みたいときは、その場でWebクリップでNotionに保存する。時間ができたら、NotionのWebクリップを保存しているページを確認すれば、わざわざ検索し直す必要もなく、読みたかった記事をすぐ見つけることができます。

読んだ後に残しておく場合は、自分なりの分類でタグを追加したり、感想やサマリを追加したりしておくと、読み返すときに便利かもしれません。

●Notion Web Clipper

●Notionに保管したWebクリップ集

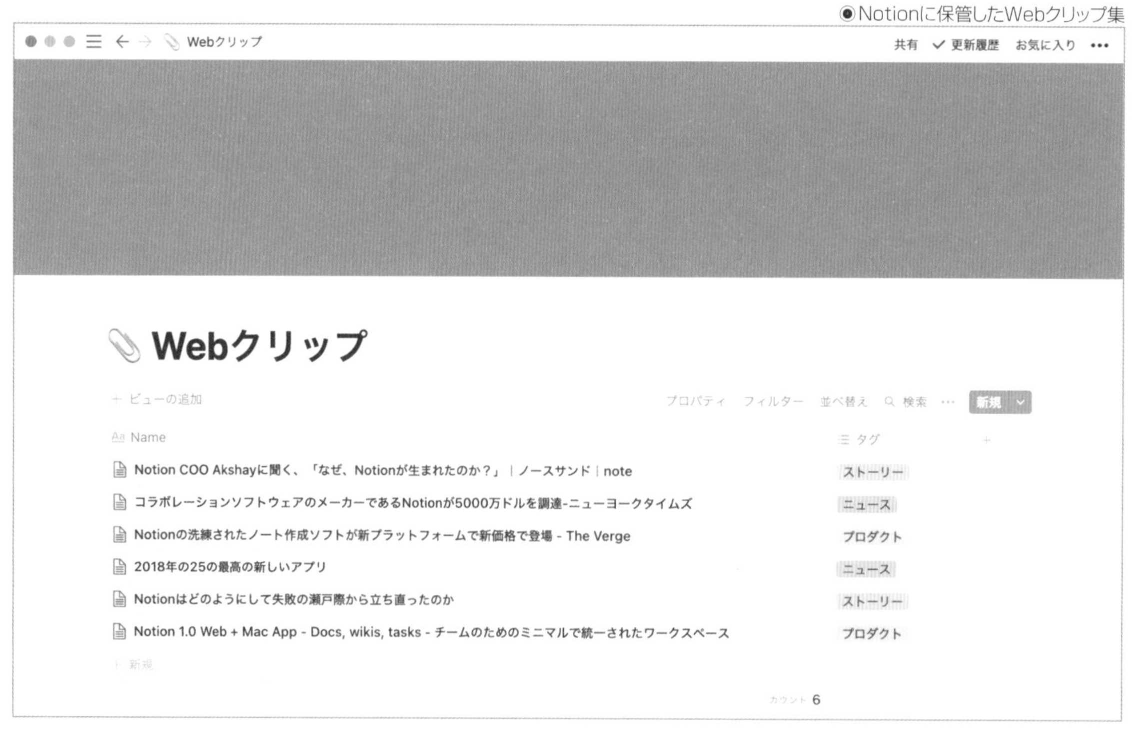

ToDoリストは頻度や対応内容で使い分け

日課などの単純な作業は、チェックボックスでシンプルに管理するのがおすすめですが、企画や検討、データの整理が必要なもの、その過程や結果を残しておきたいものは、Notionデータベースでの ToDo管理が最適です。

Notionデータベースでなくとも、ToDoを管理するNotionページを用意し、そのページにすべてのToDoを集約すると、さまざまなページを行き来することなく、仕事を完結させることができます。

◉ ToDoリストのデータベース（テーブル）

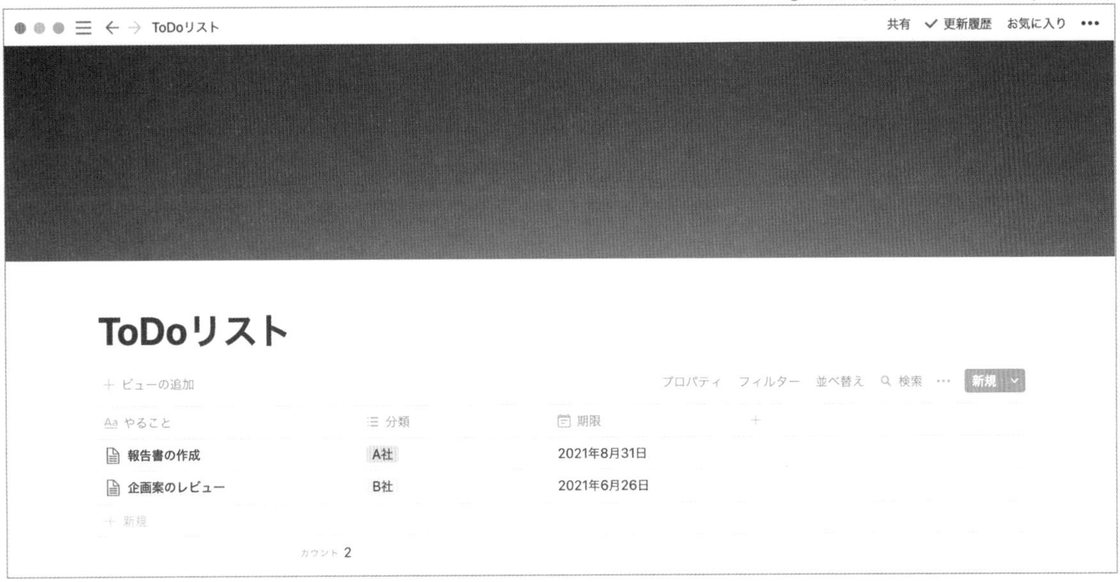

ToDoリスト　共有　更新履歴　お気に入り

ToDoリスト

＋ ビューの追加　プロパティ　フィルター　並べ替え　検索　新規

やること	分類	期限
報告書の作成	A社	2021年8月31日
企画案のレビュー	B社	2021年6月26日

＋ 新規

カウント 2

◉ ToDoリストの1アイテム

ToDoリスト / 報告書の作成　共有　更新履歴　お気に入り

報告書の作成

分類　A社

期限　2021年8月31日

＋ プロパティを追加...

コメントを追加...

報告の素案を検討する

報告サマリ

x x x x

詳細

- y y y y y
- z z z z z

仕事を例に挙げましたが、その他の用途でも、さまざまなシーンで利用可能です。たとえば、買い物リストを用意しておき、日用品が不足していることに気付いたタイミングで、必要なものをリストに追加し、外出の際にそのリストを確認しながら買い物をすれば、忘れることもありません。

◉買い物リストのデータベース(ボード)

◉買い物リストの1アイテム

データベースは用途別に作成する

また、料理が得意な方は、得意料理や挑戦してみたいレシピをデータベースに保管して、献立を考えるのに使うことができます。

読書や映画などが趣味の方は、自分なりに点数を付けたり感想を記録したり、ジャンル別に整理して、自分なりのお気に入りデータベースを作成することができます。

◉美味しいものレシピのデータベース(リスト)

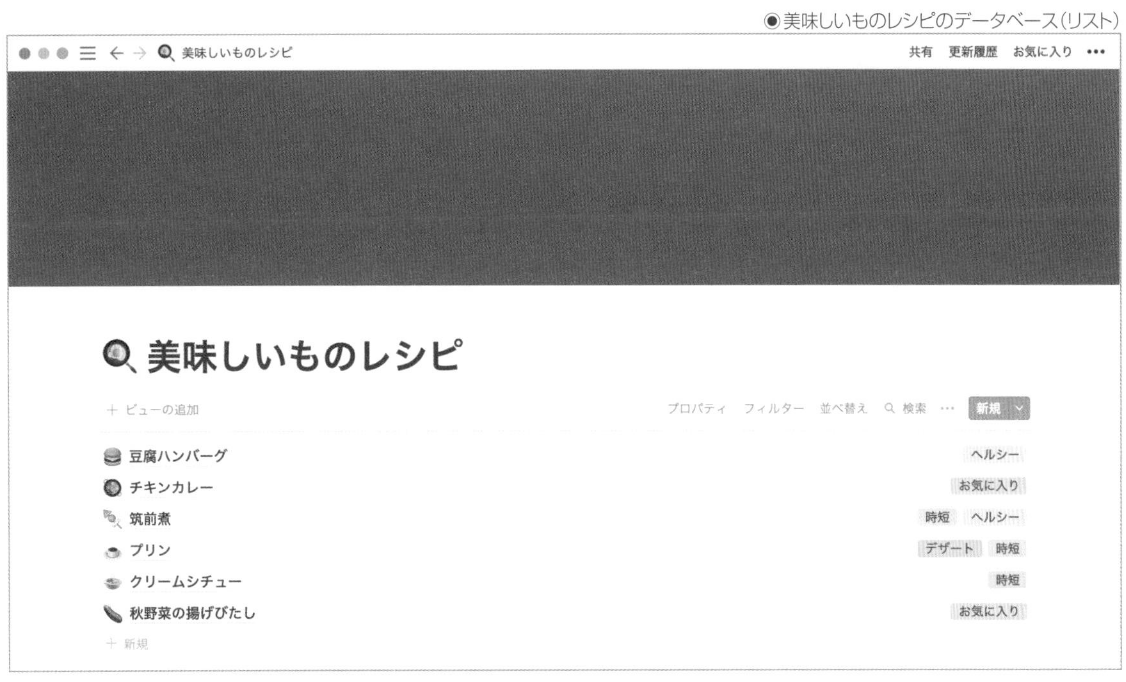

◉読書リストのデータベース(ギャラリー)

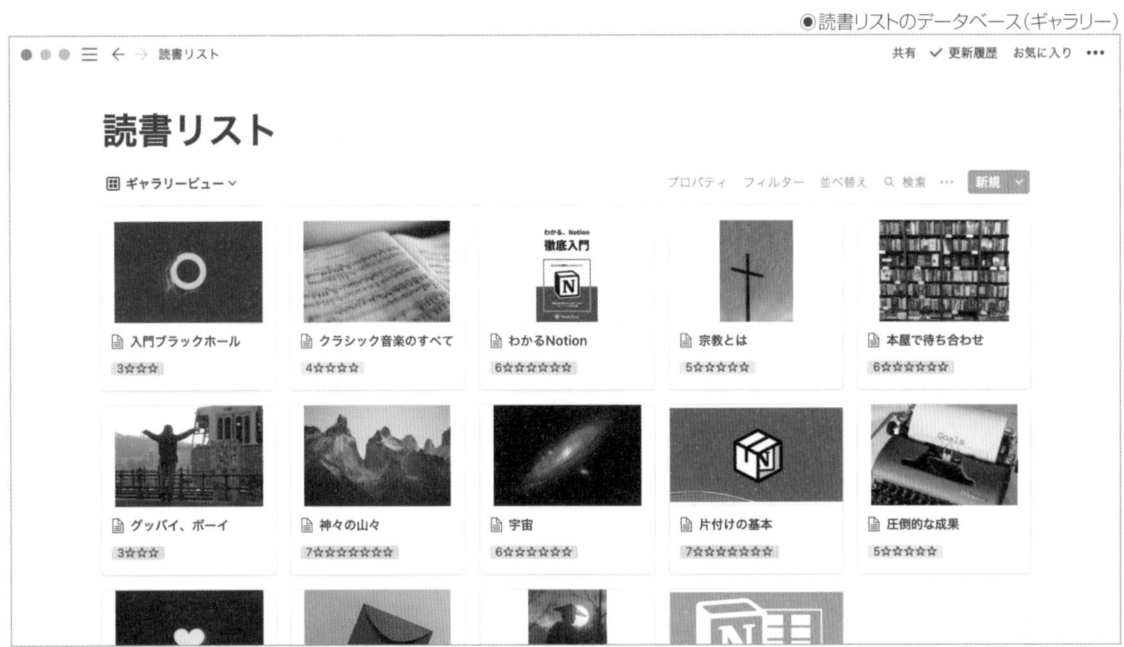

●自学自習のデータベース（テーブル）

ふじさんの勉強部屋　　共有　更新履歴　お気に入り　•••

ふじさんの勉強部屋

まとめ

- ▶ 導入：試験ガイドとオンライン受験申請ガイド
- ▶ プロジェクトマネジメント序論
- ▶ 組織の影響とプロジェクト・ライフサイクル
- ▶ プロジェクト・マネジャーの役割
- ▶ プロジェクト統合マネジメントプロセス
- ▶ プロジェクト・スコープ・マネジメント
- ▶ プロジェクト・スケジュール・マネジメント
- ▶ 調達マネジメント
- ▶ ステークホルダーマネジメント
- ▶ 最後のアドバイス

試験結果

努力の軌跡

Name	てすと	はじめおわり	正答率	とくてん	まんてん
1回目～	Eラーニング	2020年3月30日 → 2020年3月30日	0		200
2回目	問題集①	2020年12月12日	69.5	139	200
3回目	有料Eラーニング	2020年12月13日	57	57	100
4回目	対策テキスト	2020年12月20日	70	140	200

カウント 6

▶ 生活のメモの紹介

毎日や1週間のうちに何度も確認しない情報でも、Notionにまとめておくと便利なものもあります。

しかし、いつ使うかわからないのに、事前にNotionに情報をまとめておくのは、ちょっと手間がかかるなと思う方も多いのではないでしょうか。そんな場合には、無理して事前に用意する必要はありません。対応が必要になったときに一緒にNotionに記録するようしましょう。次回以降、また同じような対応が発生した場合に、再利用できて便利です。

役所手続きの方法などのタスクリストやブックマーク集

引っ越しの際の各種手続きや緊急時の連絡先やハザードマップ、避難場所など、頻繁に必要にはなりませんが、あると便利なものは意外にあります。

仕事の都合や、ある日思い立って急に引っ越しするなどということもあるかと思います。期限が迫り、対応しないといけないことや業者への連絡など、盛りだくさんです。平日しか対応できないものや時間帯が制限されているものもあるため、効率良く引っ越しを進めたい、そんな方にはNotionタイムラインで整理すると引っ越しまでの期限や作業の前後関係も視覚化できるので、ひと安心です。

引っ越しが発生するたびに、自分なりのカスタマイズをしていけば、自分だけの引っ越しの手順書が出来上がります。

◉引っ越しタスクのデータベース（タイムライン）

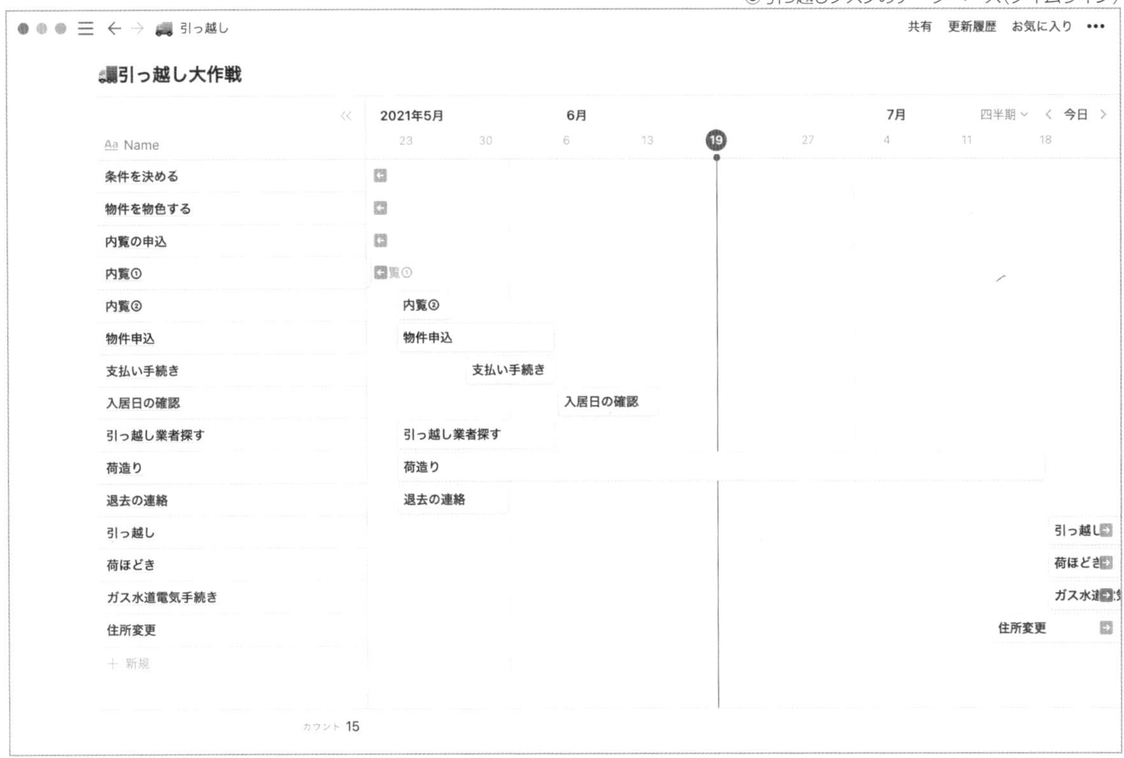

非常時のための防災グッズを常備されている方は、非常食の購入時に賞味期限をリストアップしておくといいかもしれません。期限の1カ月前などに通知を設定しておくと、賞味期限切れで非常食が無駄になることもありません。また、非常食の購入時に、購入先のURLや商品名をNotionに記録しておくと、再度、同じものを購入する際に迷うこともありません。

◉防犯グッズのデータベース（リスト）

非常時の備え

＋ ビューの追加　　プロパティ　フィルター　並べ替え　検索　…　新規

お肉の缶詰	食品	@2026年5月5日	2026年6月05日
缶詰のぱん	食品	@2027年5月30日	2027年6月30日
そのまま食べられるごはん	食品	@2026年2月1日	2026年3月01日
非常用ラジオ	道具	前回チェック：2021/6/1	
ブランケット	道具	前回チェック：2021/6/1	
懐中電灯	道具	前回チェック：2021/6/1	

＋ 新規

●防犯グッズの1アイテム

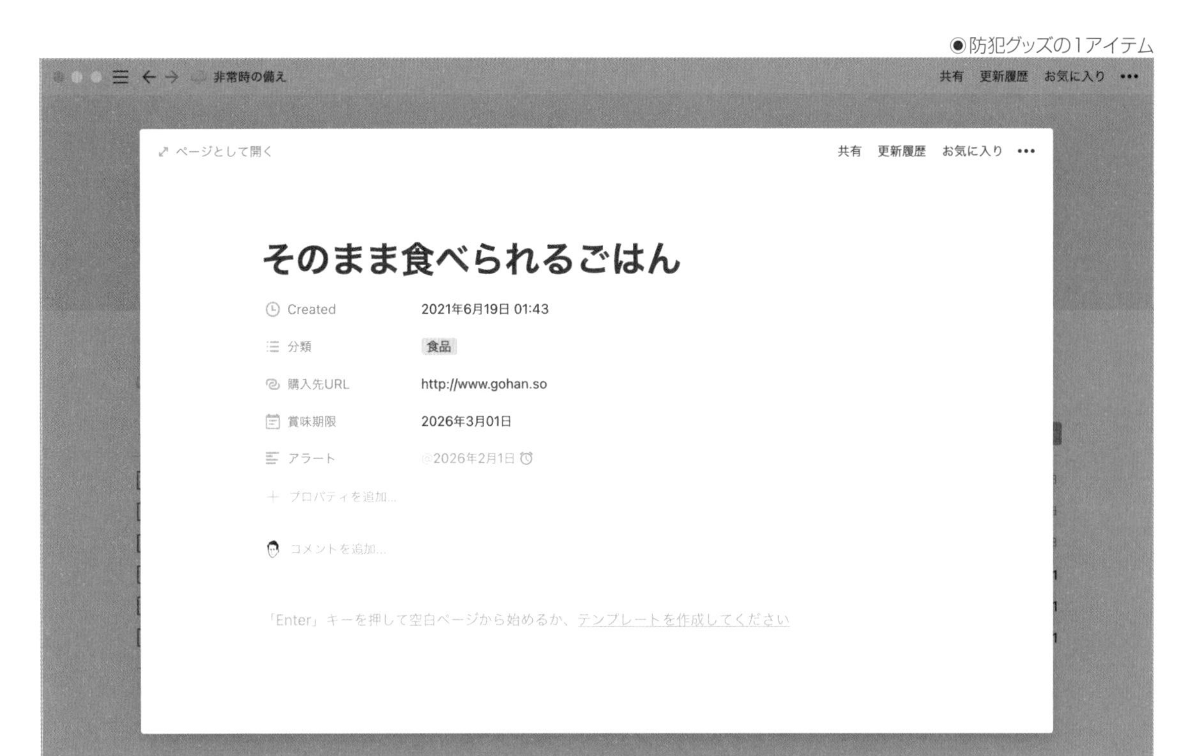

✿ IDやPWのサービス一覧、サブスクリプションのリスト

Webメールのメールアドレスを複数お持ちの方や、通販サイトや各種サービスの利用のためにさまざまなサイトで登録しているIDやパスワードなど、ネットでできることが増えていく現代では、覚えておかないといけない情報もどんどん増えていきます。サイトによっては、IDがメールアドレスの場合や、ランダムに設定されたIDなど、さらにどのサイトに何の情報を登録したかまで、覚えておくのはさすがに限界があります。ここでも、登録するたびにNotionのIDリストにURLと登録情報を簡単にメモしておけば、困ることもありません。ですが、ページは外部に公開しないように注意しましょう。

●ID管理のデータベース（テーブル）

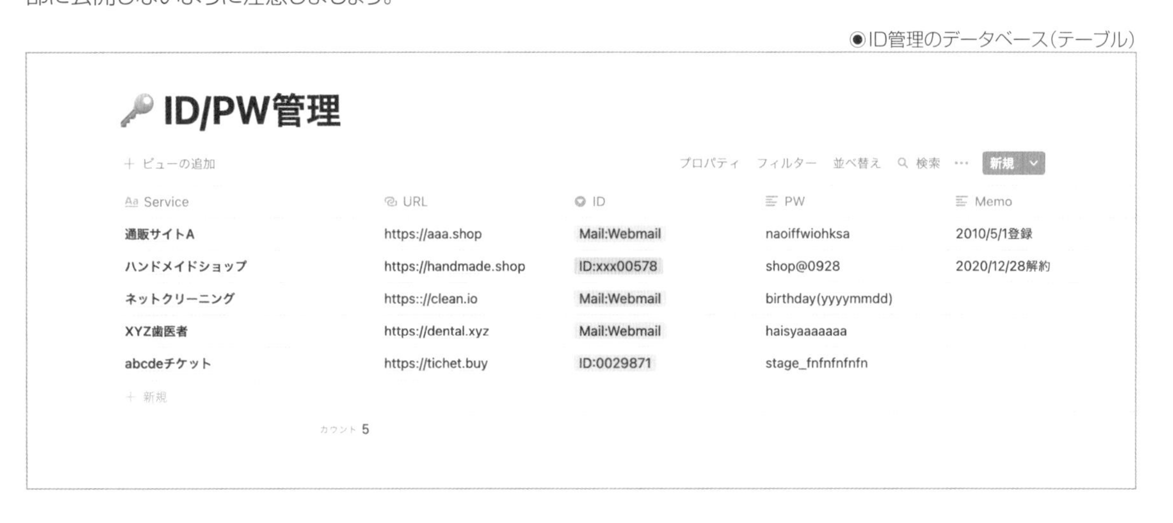

Service	URL	ID	PW	Memo
通販サイトA	https://aaa.shop	Mail:Webmail	naoiffwiohksa	2010/5/1登録
ハンドメイドショップ	https://handmade.shop	ID:xxx00578	shop@0928	2020/12/28解約
ネットクリーニング	https:://clean.io	Mail:Webmail	birthday(yyyymmdd)	
XYZ歯医者	https://dental.xyz	Mail:Webmail	haisyaaaaaaa	
abcdeチケット	https://tichet.buy	ID:0029871	stage_fnfnfnfnfn	

サブスクリプションのサービスも増えています。年間での支払い、自動更新、支払い方法、更新時期など、こちらも同様に覚えられませんよね。

Notionの日本語テンプレートに「サブスクリプション管理」があるので、活用して効率的に管理のリストを作成することができます。

◉サブスクリプション管理

サブスクリプション管理

ALL　　プロパティ　フィルター　並べ替え　検索　…　新規

サービス名	月額費用	ステータス	概要	契約日	解約日
Money管	¥480	契約予定	家計簿		
クラウド Drive	¥130	契約中	クラウドストレージ		
MusiCCC	¥1,480	解約済み	音楽	2019/12/04	2019年12月24日
netTVV		契約予定	動画ストリーミング		
＋ 新規					
カウント 4	合計 ¥2,090				

▶ Notionとともに夢を現実に

Notion表現方法は多彩で、ToDoやタスク、目標に至るまでさまざまな方法で管理することが可能です。簡単なToDoについては、Notionのチェックボックスで十分かもしれませんが、達成までに準備時間がかかる目標や難易度の高い資格試験などの管理には、チェックボックスだけでは継続して努力することは難しいかもしれません。

◉複雑な目標管理の難しさ

ゴールの日付を意識した目標管理

資格試験などのゴールの日程が決定された目標は、Notionデータベースのカレンダーやタイムラインの表現方式などを活用して管理しましょう。

日々の努力の成果とゴールを常に意識できる仕組みを作ることで、努力を継続するモチベーションを維持します。1カ月以内に達成する目標はカレンダー、2カ月以上の目標ならタイムラインといったように表現を分けることが可能です。また、リンクドデータベースを活用すると、複数の表現方法で見ることも可能です。

たとえば、タイムライン形式のデータベースを参照するリンクドデータベースを、カレンダーで表示していると、同じデータベースのため、いずれかのデータを更新すると両方に反映されます。

●目標管理のデータベース(タイムライン)

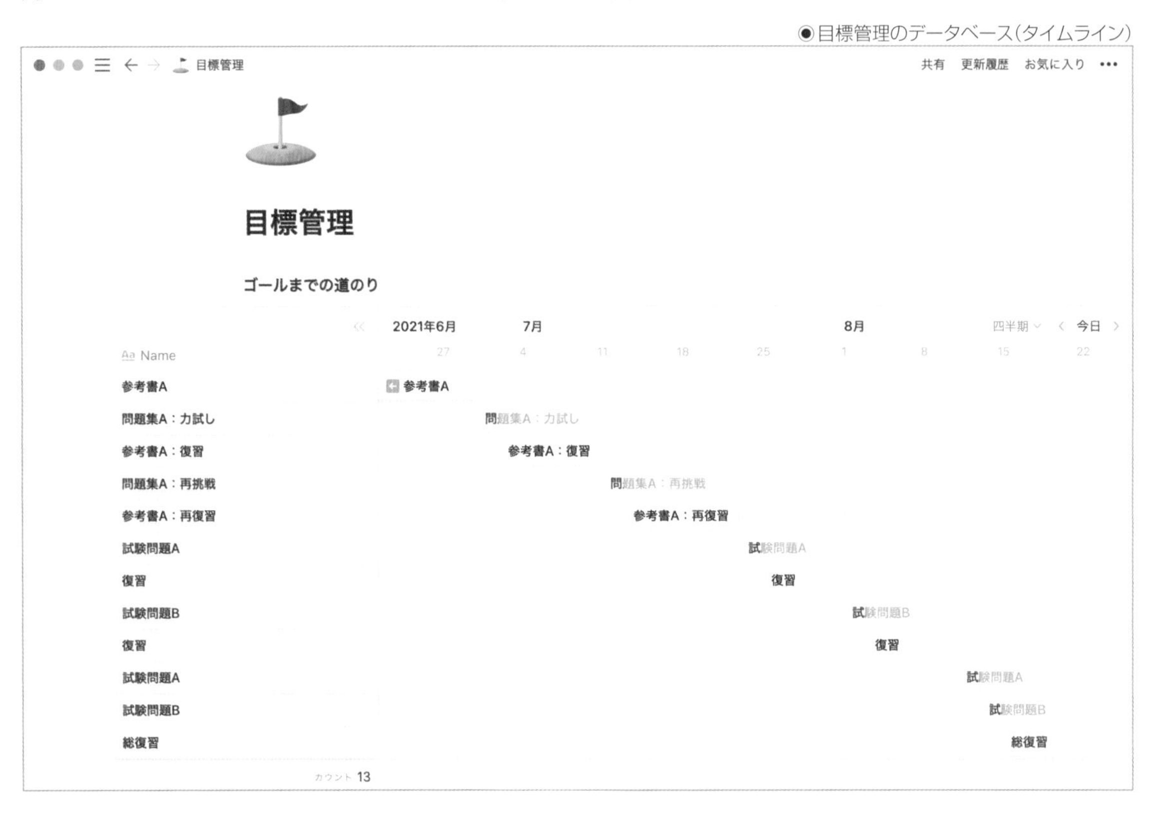

◉目標管理のリンクドデータベース（カレンダー）

複数の目標やステップごとに分けた目標管理

遠い先の日程に大きな1つの目標を立てるより、1〜2週間の期間で細かくブレイクダウンされた目標を達成するほうが得意な人は、ステップごとにボードで目標を管理するのもよいかもしれません。

また、明確に期限が決まっていない目標でも、ステップごとにカードだけを作成しておき、後から期限を設定することもできます。

この場合であれば、すべての期限を設定せずとも、目標に向かって努力をはじめることが可能です。タイムラインやカレンダーと違って、期限を設定していないことが気になることもありません。

先の予定が立てられないまま、いつまでも始めないより、まずやり始めてみるのも決して悪いことではありません。

◉ステップごとの目標管理のデータベース（ボード）

また、複数の目標をまとめて1つのデータベースで管理することも可能です。目標ごとにビューを作成し、フィルターを設定すれば、それぞれの目標に対する状況を確認することができます。フィルターはビューそれぞれに設定でき、かつ保存されます。

◉絞り込み前の表示

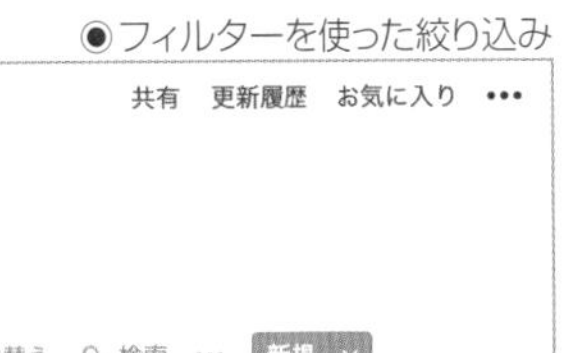

◉フィルターを使った絞り込み

◉ビューを使った絞り込み

データベースのリレーションを駆使した管理方法

日本語テンプレートの「就職活動」は、表現方法を複数に分けているだけでなく、複数のデータベースをリレーションで参照しています。

●就職活動ページ①

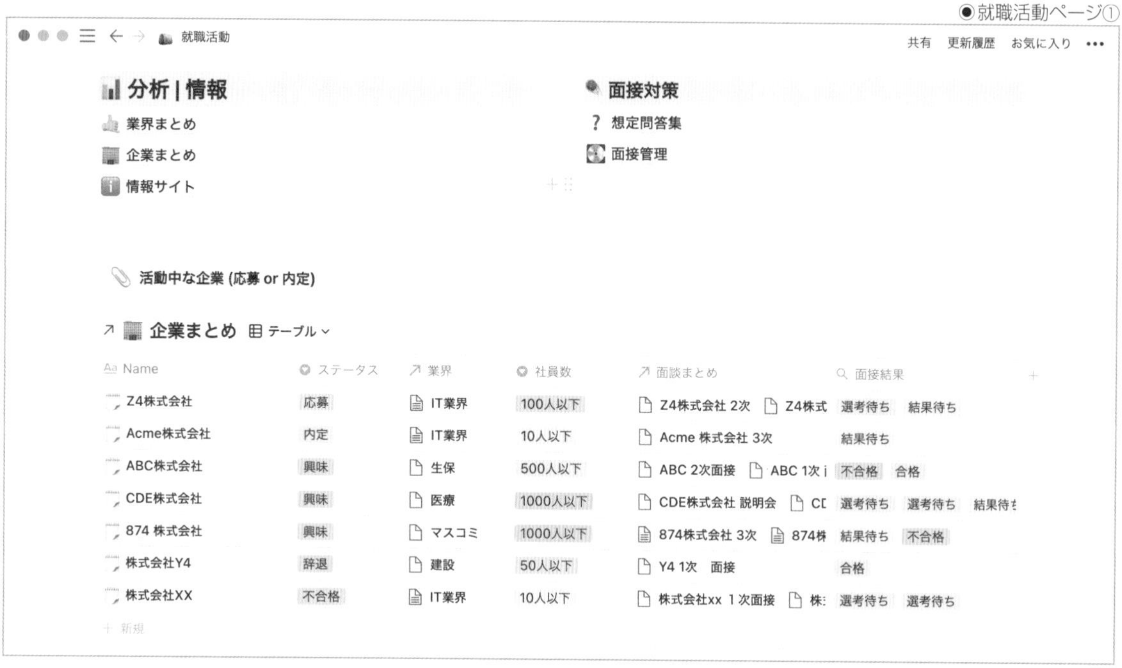

就職活動　共有　更新履歴　お気に入り　•••

分析 | 情報
業界まとめ
企業まとめ
情報サイト

面接対策
想定問答集
面接管理

活動中な企業 (応募 or 内定)

企業まとめ　テーブル

Name	ステータス	業界	社員数	面談まとめ	面接結果
Z4株式会社	応募	IT業界	100人以下	Z4株式会社 2次　Z4株式	選考待ち　結果待ち
Acme株式会社	内定	IT業界	10人以下	Acme 株式会社 3次	結果待ち
ABC株式会社	興味	生保	500人以下	ABC 2次面接　ABC 1次 i	不合格　合格
CDE株式会社	興味	医療	1000人以下	CDE株式会社 説明会　CI	選考待ち　選考待ち　結果待ち
874 株式会社	興味	マスコミ	1000人以下	874株式会社 3次　874株	結果待ち　不合格
株式会社Y4	辞退	建設	50人以下	Y4 1次　面接	合格
株式会社XX	不合格	IT業界	10人以下	株式会社xx 1次面接　株:	選考待ち　選考待ち

＋ 新規

●就職活動ページ②

就職活動　共有　更新履歴　お気に入り　•••

アクティビティ

直近20日の予定

面接管理

＋ 新規

結果待ち

面接管理

874株式会社 3次　2021/02/...
cde株式会社 3次　2021/02/...
Z4株式会社 最終　2021/02/...
Acme 株式会社 3次　2021/02/...

＋ 新規

面接管理

2021年6月　〈 今日 〉

日	月	火	水	木	金	土
30	31	6月1日	2	3	4	5
6	7	8	9	10	11	12
13	14	15	16	17	18	19
20	21	22	23	24	25	26

◉就職活動ページ③

◉就職活動ページ④

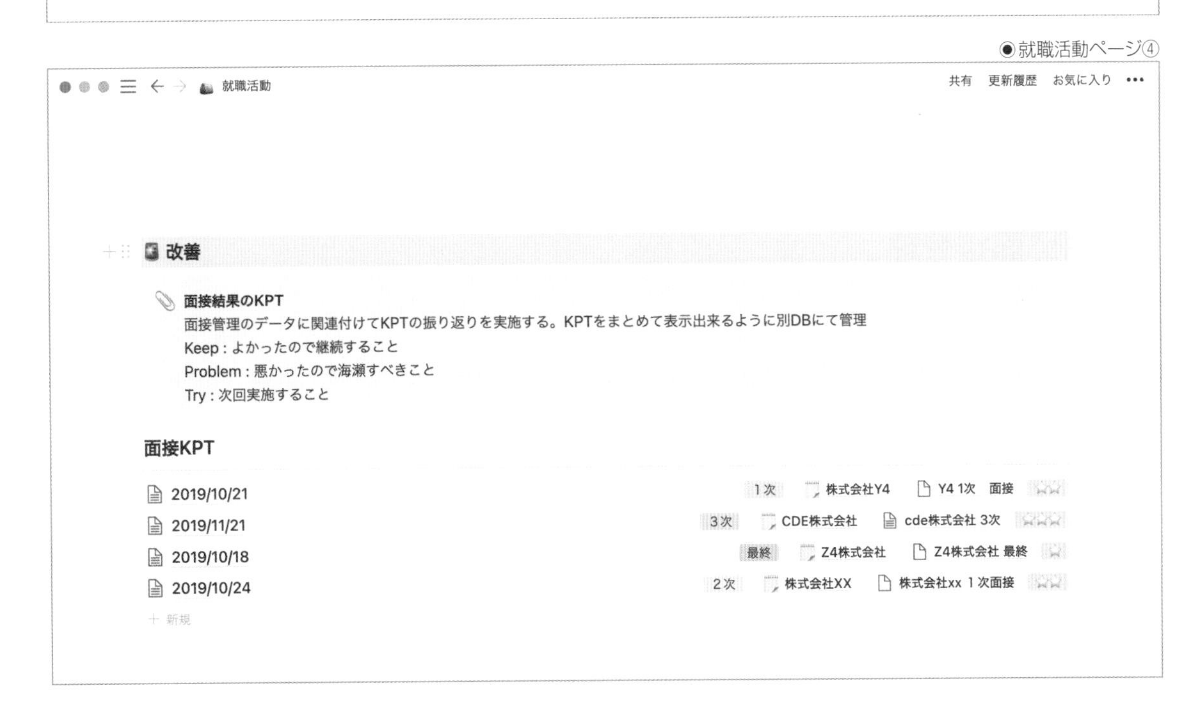

就職活動の場合、選考を受ける企業ごとに進捗を管理する必要があり、ビューとフィルターを駆使して表現しようとすると企業分のビューができてしまうため、煩雑になってしまいます。

そのため、企業と面接管理のデータベースを分けて作成し、面接管理から企業データベースをリレーションで参照することで、企業データベース側にロールアップで面接の状況をまとめて確認できるよう設定しています。

●企業まとめのデータベースに設定したロールアップ

就職活動 / 企業まとめ　　共有　更新履歴　お気に入り ･･･

企業まとめ

テーブル　　プロパティ　フィルター　並べ替え　検索 ･･･ 新規

Name	ステータス	社員数	日系外資	業界	面談まとめ	面談ステー...	面接結果
株式会社XX	不合格	10人以下	日系	IT業界	株式会社xx 1次面接 株式会社XX 1次面接	2次 1次	選考待ち 選考待ち
株式会社Y4	辞退	50人以下	日系	建設	Y4 1次　面接	1次	合格
Z4株式会社	応募	100人以下	日系	IT業界	Z4株式会社 2次 Z4株式会社 最終	2次 最終	選考待ち 結果待ち
ABC株式会社	興味	500人以下	日系	生保	ABC 2次面接 ABC 1次 面接	2次 1次	不合格 合格
CDE株式会社	興味	1000人以下	日系	医療	CDE株式会社 説明会 CDE株式会社 最終 cde株式会社 3次	説明会 最終 3次	選考待ち 選考待ち 結果待ち
874 株式会社	興味	1000人以下	外資	マスコミ	874株式会社 3次 874株式会社 1次	3次 1次	結果待ち 不合格
263 株式会社	興味	1000人以上	日系	官公庁・公社・団体			
Acme株式会社	内定	10人以下	日系	IT業界	Acme 株式会社 3	3次	結果待ち

カウント 8

●面接管理のデータベースに設定したリレーション

就職活動 / 面接管理　　共有　更新履歴　お気に入り ･･･

面接管理

＋ ビューの追加　　プロパティ　フィルター　並べ替え　検索 ･･･ 新規

Name	面接日	場所	企業まとめ	ステータス	結果	開始まで	振り返り
株式会社xx 1次面接	2021/02/17 00:00	新橋	株式会社XX	2次	選考待ち	-122	2019/10/24
Y4 1次　面接	2021/02/25 00:00	浜松町	株式会社Y4	1次	合格	-114	2019/10/21
株式会社XX 1次面接	2021/02/10 00:00	浜松町	株式会社XX	1次	選考待ち	-129	
874株式会社 1次	2021/02/03 00:00	道玄坂	874 株式会社	1次	不合格	-136	
874株式会社 3次	2021/02/04 00:00	新宿	874 株式会社	3次	結果待ち	-135	
Acme 株式会社 3次	2021/02/05 00:00	道玄坂	Acme株式会社	3次	結果待ち	-134	
cde株式会社 3次	2021/02/01 00:00	新宿	CDE株式会社	3次	結果待ち	-138	2019/11/21
CDE株式会社 最終	2021/02/12 00:00	浜松町	CDE株式会社	最終	選考待ち	-127	
CDE株式会社 説明会	2021/02/15 00:00	新宿	CDE株式会社	説明会	選考待ち	-124	
Z4株式会社 最終	2021/02/22 00:00	新橋	Z4株式会社	最終	結果待ち	-117	2019/10/18
Z4株式会社 2次	2021/02/08 00:00	浜松町	Z4株式会社	2次	選考待ち	-131	
ABC 1次 面接	2021/02/02 00:00	赤坂	ABC株式会社	1次	合格	-137	
ABC 2次面接	2021/02/19 00:00	道玄坂	ABC株式会社	2次	不合格	-120	

＋ 新規

カウント 13

一見すると、どのような関係性で構成されているかがわかりにくいですが、以下がデータベース構成イメージです。データベースをイチから複雑に組み込むのは、時間がかかるのでさまざまなテンプレートを活用し、使いやすいようにカスタマイズするのがおすすめです。

◉日本語テンプレート「就職活動」の構成

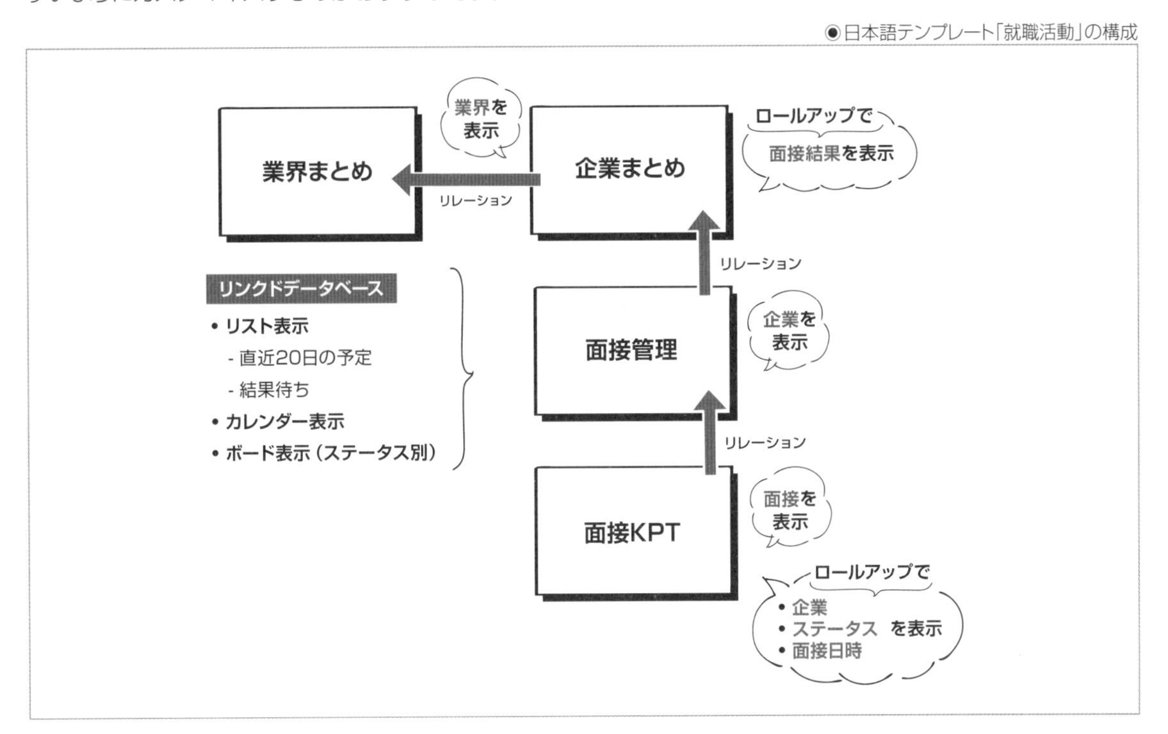

▶ 情報を切り取り自分の知識へ

SNSのトレンドやさまざまなニュース記事、スマートフォンに送られてくるプッシュ通知など、私たちは日々多くの情報に晒されています。多くの情報に目は通すものの、何も残らず時間を浪費してしまっているような不安に苛まれている方もいるのではないでしょうか。また、すべてが無駄になっているわけではないものの、情報が散在して整理できておらず、どこにも何も残せていない方もいるかと思います。

Notion Webクリッパーとデータベースを駆使することで、簡単に必要な情報を自分の知識として蓄積できる環境を作ることが可能です。

◉Webクリッパーがないとき／あるとき

多くの情報の散らかりから作る自分だけのナレッジ集

お使いのブラウザやスマートフォンにNotion Webクリッパーをインストールしていれば、ほとんどの準備は完了しています。あとは、Webクリップを貯めるデータベースを作成し、Webクリッパーからの保存先に設定すれば完了です。日々気になる記事や残しておきたい情報をWebクリッパーで保存すれば、自分だけのナレッジ集がすくすくと育ちます。

◉自分だけのWebクリップ集

ただの情報を自分の知識とするには、インプットだけではなく、アウトプットすることが非常に大事だといわれています。データベースに保管するだけでなく、定期的に整理するようにしましょう。自分なりにタグ付けで分類したり、理解した内容や自分なりの見解やポイントなどを要約として記載したりするために、データベースにはカラムを追加しておくだけです。大きな労力は必要になりません。ただ情報をためるだけではなく、Notionはアウトプットする場所としても機能し、知識を蓄積する第二の脳となります。

❶ 気になる/残しておきたい記事をNotion WebクリッパーでNotionに貯める
❷ 後から見やすいように分類分けや要約などの必要な情報を付与して整理する
❸ 保存したものは、後から必要なときに参照する

◉情報から知識へ

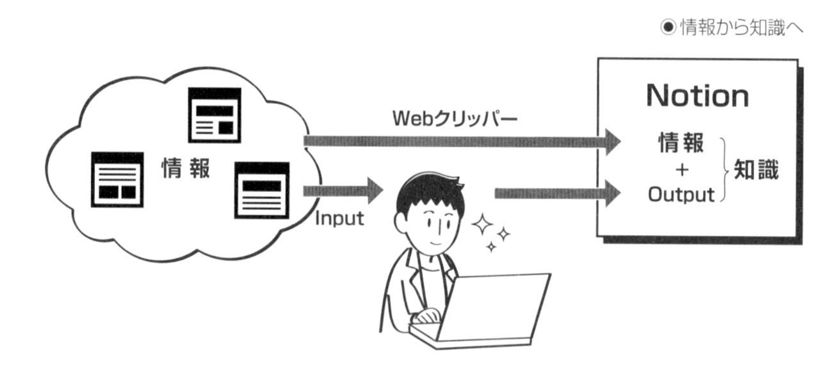

ただのWebクリップ集が、自分なりのナレッジ集になり、ついには自分の第二の脳へ。どんどん壮大になってしまいましたが、Notionを利用する人次第です。シンプルで単純な仕組みを簡単に作る環境をNotionは提供してくれます。

SECTION 08

チームのコミュニケーションをスムーズにする

これまでNotionを1人で利用する場合にフォーカスしてきましたが、複数人のチームでNotionを利用する際にも、Notionは威力を発揮します。複雑で時間のかかっていたプロセスが、単純に短時間で完了し、新たな価値を生み出せるようになります。Notion1つですべての仕事を完結させることも可能です。

▶Notionと過ごすチームの1日

まず、仕事をはじめるのに、Notionを開く。複数人のチームの場合でもそれは同じです。

1人の場合と大きな違いはありませんが、さまざまなコミュニケーションがNotionによって効率化され、スピーディに仕事が進むことが実感できるでしょう。

これまで利用してきたメールやチャットツールなどのコミュニケーションがNotionでは不要になるかもしれません。

◉チームで過ごすNotionの1日

仕事を始める

チームのタスク・予定を確認する
- 今日やることを決める

ミーティング
- ToDoの担当・期限を決める
- 議事録を作成する
- レビューする

資料を作成する
- 骨子を検討する
- データを収集・整理する
- レビューする

わからないことを調べる・聞く

チームと仲良くなる

新しいことに挑戦する

共通のタスクDBで、誰が何をやっているのかが一目瞭然

チーム全体のタスクをNotionデータベースで集約して管理すれば、誰がいつ何をするのかをわざわざ確認する必要ありません。誰かをサポートすることも、誰かにサポートされることも、チームメンバーが各自で判断し、チームのタスクが円滑に進むよう、誰もが行動できるようになります。

データベースを中心としたチームのタスク管理を共有したページでは、チーム全員のすべてのタスクが単一のデータベースに集約されており、日付やステータス・担当者ごとにそれぞれリンクドデータベースが用意されています。チーム全体の進捗状況を見る場合、日付をベースとしたタスク管理ページを確認し、自分が担当となっているタスクを確認する場合は、ToDoリストやボードのページをお気に入りに登録しておけば、即座に仕事をはじめることが可能です。

◉チームでのタスク管理

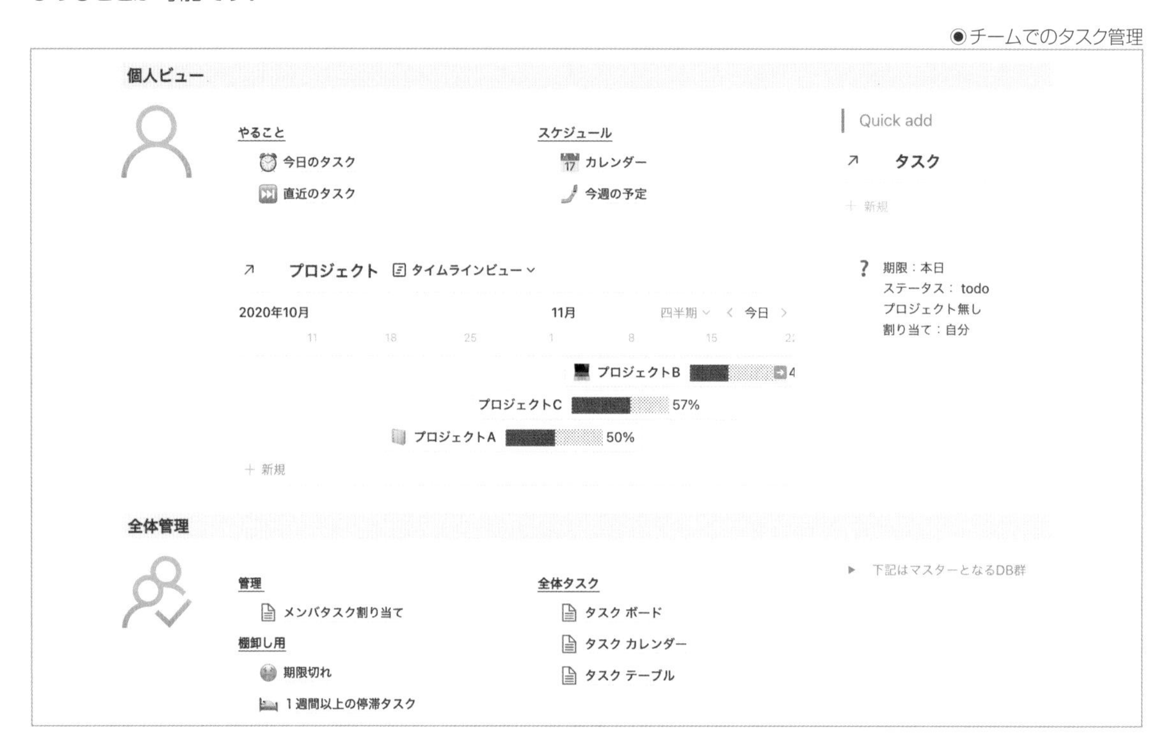

通知機能を使い、コミュニケーションを完結

Notionを複数人で利用している場合、好きなページをフォローすることで他の誰かが編集すると通知が届くようになります。フォローは自分で設定することもできますし、一度、編集すれば自動でフォロー対象になります。編集したことのないページであっても、サイドバーの**更新一覧**や該当ページの右上のドットメニューから**ページ履歴**を確認すると、誰がどのような編集を行ったかの履歴が残っています。

また、コメント機能を使ってメンションでNotionに参加しているチームのメンバーを指定すると、相手に通知を送ることができるので、わざわざメールやチャットツールなどの別のツールを使って連絡する必要がありません。通常、チャットやメールを使うと、「この資料のXXXの部分について～」のように相手にコミュニケーションを取る必要がありますが、Notionはブロックや文字列単位にコメントを付けることが可能なため、説明を省略でき、端的なコミュニケーションをとることができるようになります。

これまで多くのアプリケーションを使ってやってきたことが、Notionただ1つで完結します。

◉オールインワンなNotion

▶ チームの仕事場をNotionにする

Notionは、バーチャルなオフィスに必要なすべての機能を持っているため、チームの仕事場をNotionにすることができれば、効果は絶大です。とはいえ、これまでのプロセスやルールを変更しなければならないこともあるため、急にすべてを切り替えることは難しいのが現実かもしれません。そもそも、複数人の利用においては、チームのメンバー全員が最低限、Notionの機能や使い方を理解している必要があるため、完全な導入までにある程度の時間が必要になる場合もあるでしょう。しかし、その労力を惜しまず投入すれば、圧倒的な生産性の向上が見込めます。

ミーティングの生産性が増大するNotionの仕組み

これまでのミーティングで行われてきた作業をNotionで実現した場合、どのようなことが起こるでしょうか。

仮に下記のようなミーティングのステップを想定した場合、すべてのステップをNotion上で対応可能です。また、同時編集も可能なため、そもそも1人で議事録を作成する必要がありません。

ステップ	これまでのミーティングの場合	Notionを活用したミーティングの場合
①	ミーティングを設定する	チームの予定を管理するデータベースにミーティングページを作成し、参加を設定する（参加者に通知が届く）
②	事前にミーティングの目的・ゴールを連絡する	①で作成したミーティングページに記載する（参加者に通知が届く）
③	ミーティング前までに資料を連携する	①で作成したミーティングページに記載する（参加者に通知が届く）
④	③の資料を見ながら、ミーティングを実施する	ミーティングページを参照しながら、打ち合わせを実施する
⑤	ミーティングの議事録を作成し、レビューしてもらう	ミーティングを実施しながら、議事録を作成し、参加者がその場で確認する（レビュー不要）
⑥	議事録を展開し、認識齟齬がないかを確認する	ミーティングの中で対応済
⑦	ミーティングで発生したToDoを対応する	担当者をメンションし、期限を設定する

ミーティングを実施しながら、記載内容を確認したり、ToDoの担当や期限の設定が可能なため、参加者同士の認識の齟齬もなくなります。事前にページとして準備しておけば、ミーティングのゴールを達成したことを参加者全員で確認しながら、ミーティングを進めることができます。

その結果、ミーティングの中ですべて完結するため、ミーティング後に発生する議事録の確認や指摘のやり取りもなく、ToDoや次のタスクをこなす時間を新たに創出できるのです。

◉ミーティングデータベース(カレンダー)

◉各ミーティングのページ

カレンダーに登録する際の必要事項をデータベースのカラムやテンプレートとして事前に用意しておけば、チームメンバーに依存することなく、生産性の高いミーテイングを誰もが実施できるようになるのです。

レビュー依頼はすぐにコメントで実施

前述のミーティングに限らず、他のシチュエーションでもNotionは大活躍です。たとえば、報告書などの資料を作成するタスクがある場合、Notion上で資料の骨子を作成し、レビューの依頼はメンションでメンバーへ依頼します。レビューを依頼されたメンバーはコメント機能を使って指摘事項やコメントを記載します。レビュー者がNotionのページを参照している場合、ページ上にアイコンがリアルタイムに表示されるため、作成者もレビューされていることを認識することができます。

資料の作成がゴールとして、完成に至るまでのレビューなどの各プロセスでこれまではメールやチャットなど、異なるツールを利用してきました。仕事のための仕事が多くあったことに気付かされます。Notionを使えば、Notionひとつで事足りるのです。本来の仕事のみに集中できる環境をNotionは提供してくれています。

◉複数人でNotionを利用する場合はコメント機能を活用する

▶データベースでため、つなげ、構造化し、活用する

データベースの最大のメリットは、ただの情報を自分なりの基準で整理して格納し、再利用できる点だと思います。複数人でNotionを利用する場合も同様ですが、インプットとアウトプットの量が利用者に準じて増加します。チームのインプットとアウトプットを1つのデータベースにまとめることで、チームの共通言語や知識を共有化することができます。

Notionは巨大なナレッジ倉庫

1名での利用時に紹介した読書リストもチームで共有すると推薦図書リストになります。仕事で参考したホームページがあったなら、Webクリップでチーム共有のデータベースに保存しておけば、わざわざリンクを共有する必要もありません。データベースを用意し、そのデータベースに貯めることだけをルールにすれば、あとは自然にチームとって大事な知識・知恵・情報となるナレッジがデータベースに溜まっていきます。

会社全体で、Notionを利用している場合であれば、社員一覧をデータベースに集約するのもよいかと思います。社員の経歴や経験分野や持っているスキルを紐付けて、情報として格納しておけば、仕事で困った際に相談できる有識者一覧になります。利用する人数が増えれば増えるほど、チームの財産である人をNotionを通して視覚化することができるのです。

◉社内のナレッジをNoitonに集約する例

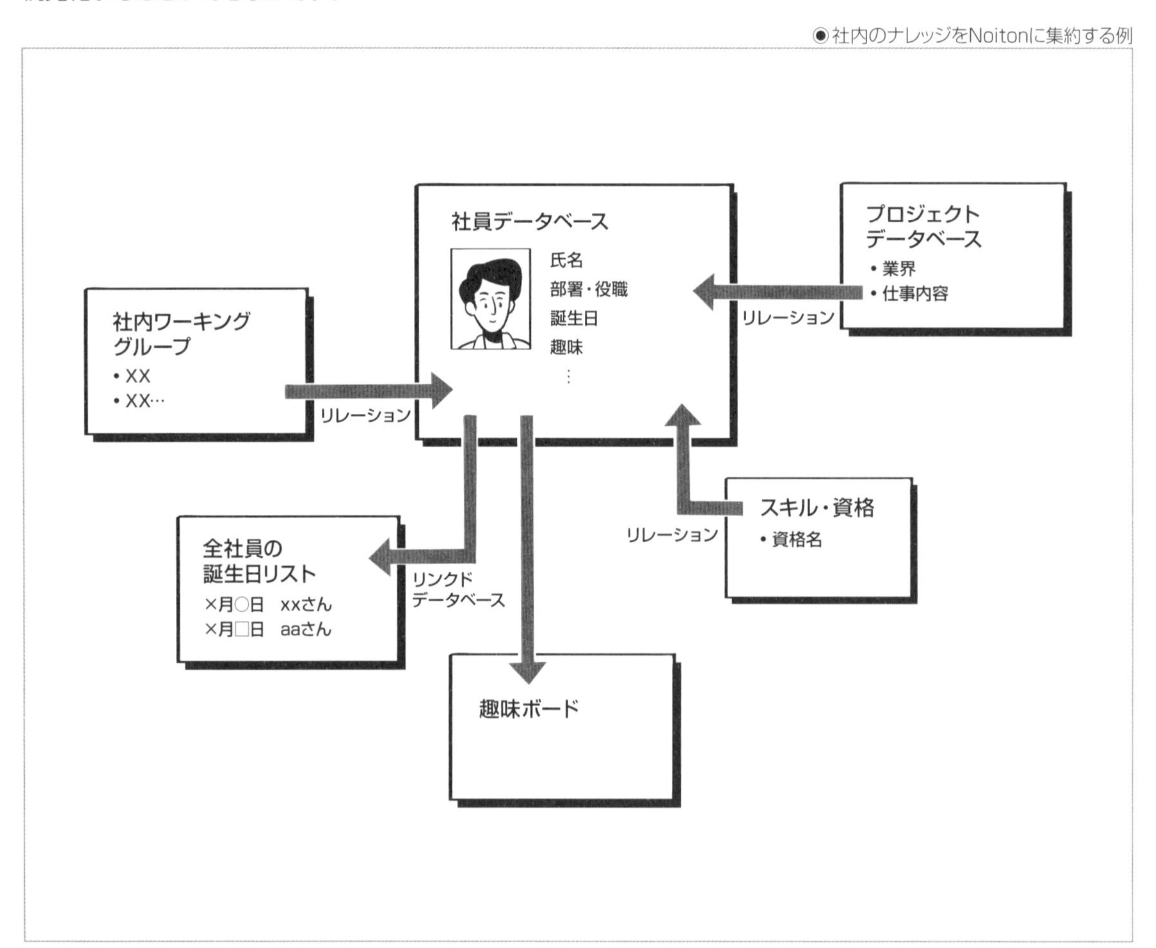

チーム意識の醸成

チームメンバーの自己紹介ページに、あえて仕事に関係のない趣味のページを設けると、その人となりを理解する手助けになります。趣味に関連した雑談などのコミュニケーションが促進されるでしょう。

また、会社周辺のランチリストやメンバー同士での休日のイベントの写真を格納するページなど、チームの趣向に合わせてさまざまなページを用意し、各メンバーが参加しやすい環境をNotion上に用意することができます。

◉ランチデータベース

お店の名前	Category	星	場所	URL
ハンバーグ一郎	和食	★★★	北南駅の東口から100m、坂道銀行ATMの2階	https://ichiro,berg.com
花子ラーメン	ラーメン 塩	★★	シルバージムの向かい	https://flowermen.co,jp
割烹 友	和食	★★★	ノースホテルの1階	https://tomotomo.so
リストランテ グラッチェ	パスタ	★★★★	○×コンビニの隣	http://thxthx.food.co.jp
トラック野郎	お弁当	★★★	シルバースクエアの駐車場	

◉イベント管理データベース

新たなことに挑戦する仕組み

チーム内や会社全体において、新しいプロジェクトの募集や新たに発足された勉強会など、何かやりたいなと思ったときに、Notionでページを用意するだけです。

そういったページが増えてくると、挑戦することを歓迎するチームとしての雰囲気が徐々に醸成されていき、将来的には成熟した組織となっていけるのではないでしょうか。

◉Kanbanを使ったタスクフォースの管理

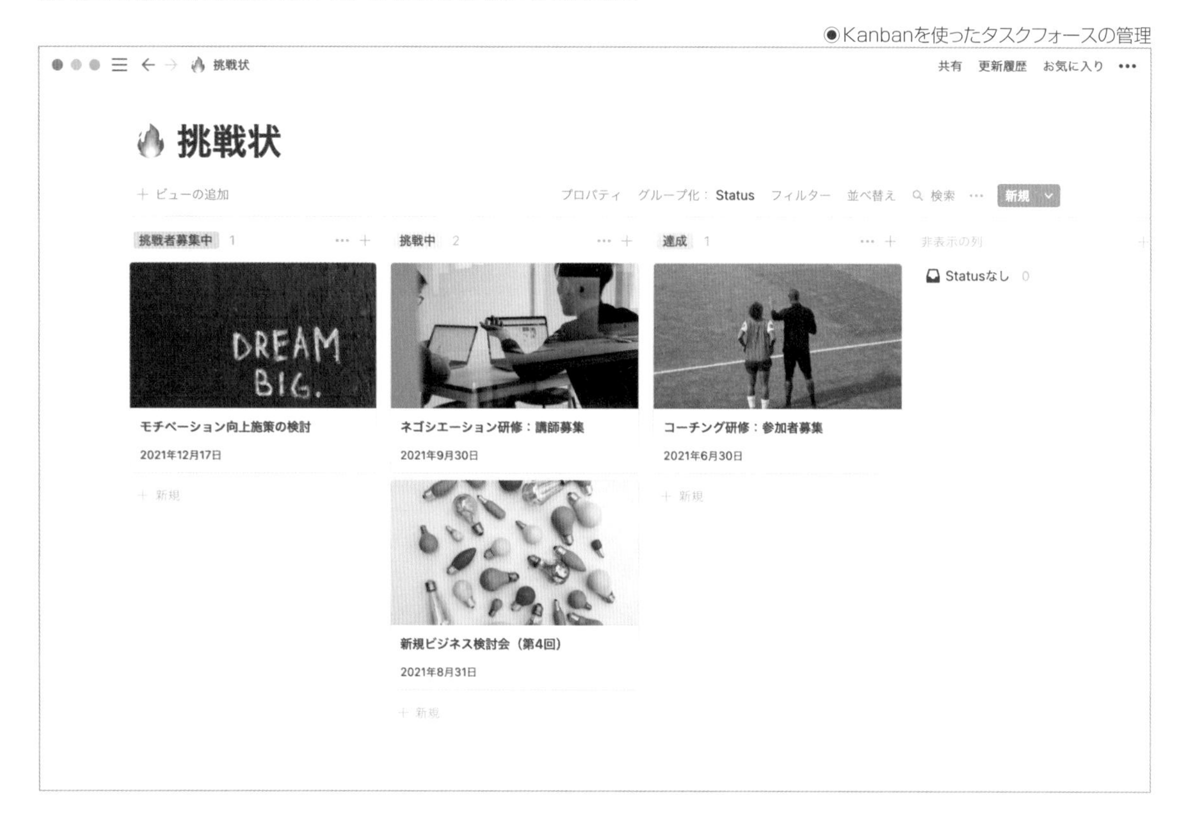

▶ 企業のデザインシンキング

Notionを利用する全メンバーが気軽にNotionを編集できる環境が整うと、加速度的にNoitonは進化します。会社の至るところで、トライ&エラーでさまざまな仕組みや施策が生まれます。まずやってみようを各メンバーが自由に実行に移すことができるのです。

とあるテーマの勉強をしたいけど、1人だと続けられないかもしれないという方は、勉強会ページで自分のやりたいテーマページを作成し、参加者を募集してもいいかもしれません。仕事のプロセスを改善したい、会社にこんな制度を提案したい場合は、発案・企画ページを作って、他の人の意見を聞いてみてもいいかもしれない。

はじめから完璧なものを目指すのではなく、やってみて、いろんな人の意見を取り入れて、どんどん変えていく。Notionは、変化の激しいこの現代において、変化し続けるプラットフォームを提供してくれています。

◉企業も個人もチームもNoitonによって加速度に進化する

COLUMN Notionでわかる相手の仕事っぷり

誰が、いつ、どのくらい、どの程度のスピードで働いているのか。Notionの編集履歴を見ると、そんなことも実は垣間見えます。Notionには、コミュニケーションツールとしての側面と、仕事のアウトプットを出す場として側面が同居しているため、さまざまな要素から仕事相手の人となりをうかがい知ることができるのです。

まったく一緒に働いたことのない相手とリモートで働いていても、はじめてな気がしない。その人のNotionの使い方に、性格や働き方のスタイルが透けて見える。たとえばコメントには必ず即返信してくれるなど、相手の新しい一面を知ることができるのも、Notionがもたらすうれしい効果の1つではないでしょうか。

COLUMN Notionはデジタルオフィス

リモートワークが世界的に普及して久しいですが、Notionを仕事の中心に据えていると、思いがけないうれしい効果があります。物理的にオフィスに出社していたころは当たり前だった、「同僚とすれ違う」「朝や帰り際に挨拶を交わす」といったことが、デジタルな環境で疑似体験できるのです。

Notionのユーザーは全員、閲覧箇所にアイコンが表示される仕様になっているので、偶然、同僚が同じページを閲覧していると、「人とすれ違う」ような感覚を抱くのです。たとえば、場所もタイムゾーンすらも異なるグローバルな職場であったとしても、とあるページで同僚をメンションして意見を求めたら数秒後にその人のアイコンが現れ、そこからコメント欄で盛り上がるということが日常的にあります。

Notionは、離れて働いているとつい希薄になりがちな人との繋がりや帰属意識を、デジタルで補うという役割も担ってくれるのです。

COLUMN Notion掃除人は必要?

Notionは直観的に操作できるが故に、意図せずして誤操作したり余分な「無題」のページが多数生まれてしまったりということが頻発しやすいのも事実です。特に利用開始直後や、操作に不慣れな人が多い状況では、気づいたらしっかり作り込んだデータベースに不思議な項目が増えていたり(はたまた考えたくないですが消えていたり)といったことは十分に起こり得ることです。

そのような状況では、Notion利用頻度とNotion習熟度がどちらも高いユーザーが、こまめに修正したり周囲の人達に使い方を指南したりすることが多いでしょう。この状況が長く続いてしまうと流石に掃除人・指南役の疲れがたまってしまいますよね。

でも、人は学習する生き物ですから、いずれは周囲のユーザーが徐々にNotionの使い方に慣れていきます。そうして誤操作の発生頻度は減り、指南役が増えていき、新しいメンバーの参加にも耐えうる体制が出来上がってくれれば、徐々に掃除人は不要になっていくでしょう。

CHAPTER

4

デザインパターン

Notionはその自由さもあり、レイアウトや特性に応じた最適なパターンが存在します。本章ではどんなデザインのパターンが存在するか、そしてそれらの構成の特徴とベストプラクティスを説明します。

ページの設計

ページの設計は、どのように、Notionのページを作成し、ワークスペースの中をどうやって使っていくかということです。Notionのサイドバーには、すべてのNotionページが構造化され配置されています。つまりページ設計とは何をどこに置くかを考えることになります。

Notionのページという概念は、単なるフォルダではありません。フォルダのようにページをまとめると同時にページ内に文字や画像などのブロックも配置できるため、どこにどんな情報を書いていくかが自由に設計できます。それらをある程度形としてルール化することによって使いやすい仕組みを作っていきます。ここでは、よくある構成の大枠を説明していきます。

▶トップレベルページ

サイドバーに表示される、一番親となるトップレベルに配置されるページをどのような単位で区切っていくかはNotionの一番大事な部分です。たとえば、どのような観点でページを区切っていくかのパターンをいくつか紹介します。

◉サイドバー構成例

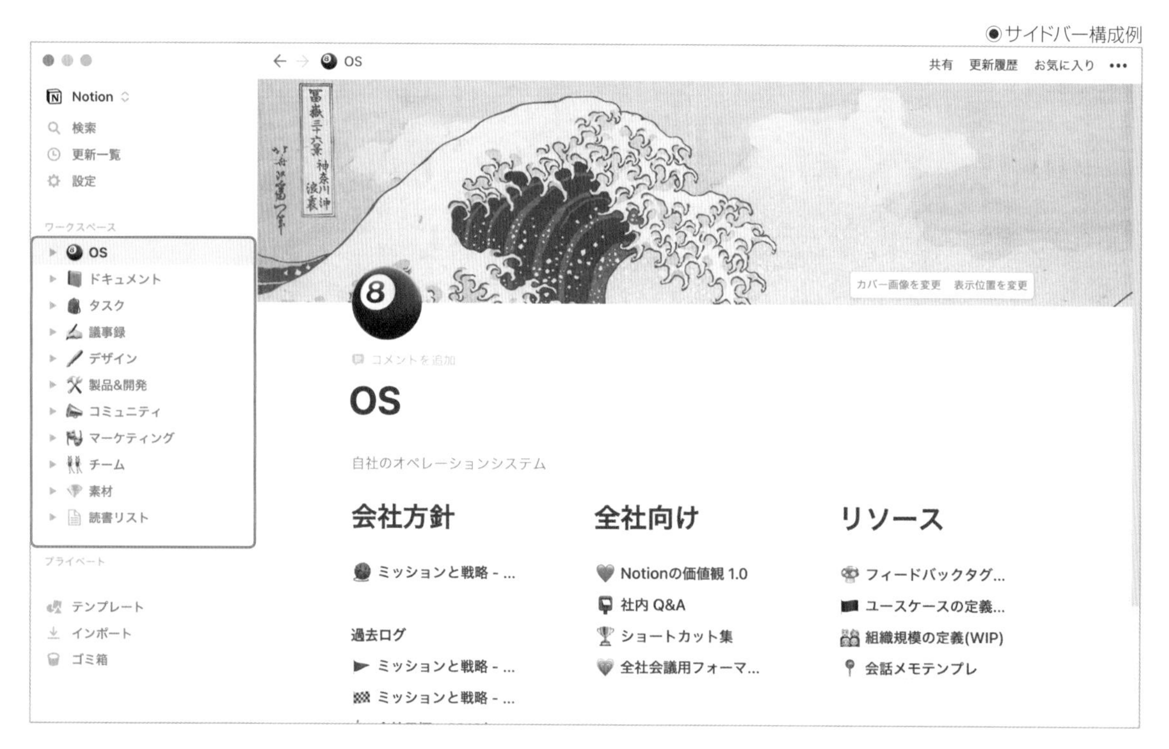

これらに記載する例は、どれか1つに統一する必要はありません。次のように、複数の例を組み合わせて利用することもできます。Notionのページ構成は日々の運用によってどんどん変わって、進化していきます。本書で紹介する例は参考程度に捉えて、実際に運用していきましょう。

- トップレベルページは部署単位でその配下は任意に構成する
- このトップレベルページ配下は特別に全社共通向けとして作る

部署単位

一番よく利用する構成です。クラウドストレージやファイルサーバもこのような単位で区切られることが多いと思います。運用がなじみやすい一方で、全社で共通化されるべき情報も分断される傾向があるため、後述する機能単位の構成で、議事録やドキュメントなど組織全体を通して共通化されるものは別出しとするのがよいでしょう。

●サイドバー構成例（部署単位）

プロダクトやプロジェクトの単位

担当するプロダクトやプロジェクトに応じてトップレベルページを分割していく構成です。個人利用であれば、趣味、料理など目的ごとに配置していく構成になります。

情報がサイロ化されやすい傾向にありますが、それぞれで独自のページ構成を作れるためストレスなく情報が増えやすくなります。まずはこの状態で運用してから使いやすかったことを全体のページでシェアしていくなどコミュニケーションの場を持つのが肝心です。

●サイドバー構成例（プロダクト・プロジェクト単位）

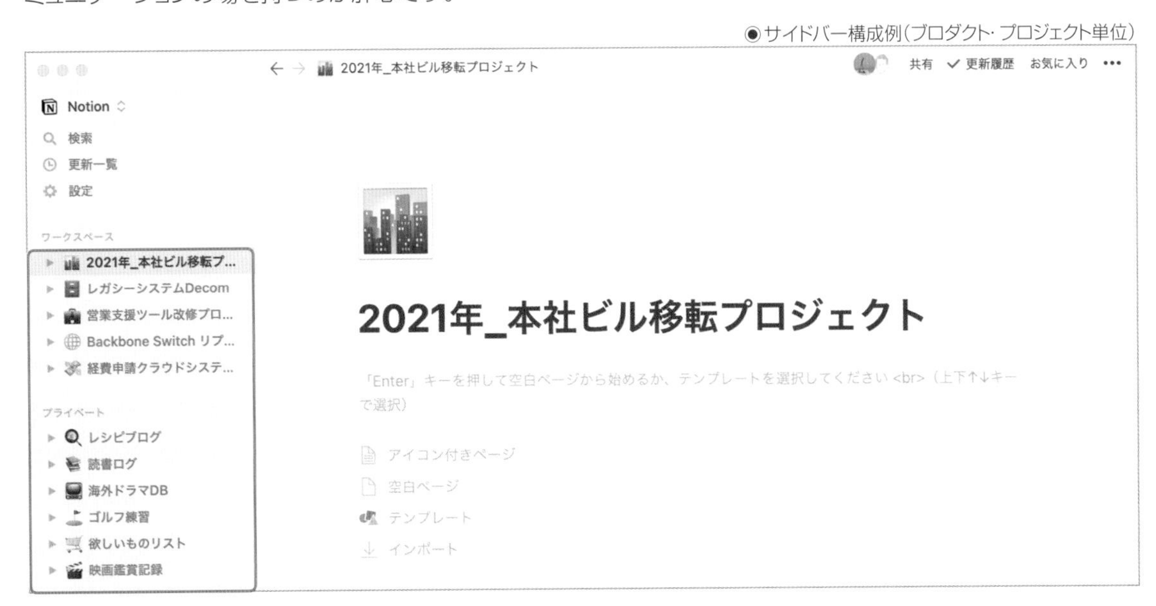

機能単位

　議事録やドキュメントなど、機能単位でトップレベルページを分割します。たとえば、全社的な議事録データベースを作成して、プロパティによって部署を管理し、各部署ではフィルターしたビューを閲覧することによって議事録を全社横断的に管理します。

　データが1つに統一されて使いやすさはあるものの、変更や修正、削除がワークスペースのメンバー全体に影響する状態になるため注意が必要です。それぞれのビューを作成したり、リンクドデータベースを作成する手間も増えてしまいますが、正しく機能すればとても便利な構成になります。

◉サイドバー構成例（機能単位）

▶ページの構成

Notionはブロックタイプを選び、自由に組み立てるレゴブロックです。ブロックを組み合わせると、何にでもなり得ます。その特性もあって、Notionには多くのデザインパターン、つまりブロックの組み合わせ方があります。どの情報をどこに配置するかという大きな部分から、ページにするかデータベースにするか、どういったレイアウトにするか、どんな色にするか、など検討するポイントが多くあります。

ここでは、各ページの中身をどのように作成するのかを紹介します。

ビジュアル構成（右側のページを中心に設計）

右側に表示されるページのUIを中心に画面を構成していくパターンです。Webサイトのような形で画像を差し込んだり、テキストによる解説なども入れて丁寧に作ることができます。

このパターンのメリットは、Notionを知らない人に対してもWebページのようにわかりやすく、導線を作りやすい設計であることです。デメリットは、トップレベルページの配下に子ページをたくさん列挙する構成になるため、サイドバーが構造化されず使いにくい構成になることです。

◉右側のページを中心とした設計例

サイドバー構成（左側のサイドバーを中心に設計）

サイドバーの構造化を中心に構成していきます。サイドバーをフォルダのように構成して対象のページを細かく分割して管理します。

メリットは、類似ツールから移行してきた方などは同じ構成を再現できるため抵抗感が少ない点です。また、サイドバーを直接クリックするとページを開くことができるので、それぞれへのページにアクセスしやすいです。ページの整理がしやすく、主にエンジニアの方に好まれる構成でもあります。

デメリットは、整理がしやすい一方で構造化できないページがある場合にデータ構造を見直す必要があることです。また、きれいに構造化された状態のため、他者からするとデータを入れにくく、情報が増えにくい特性もあります。

◉左側のサイドバーを中心とした設計例

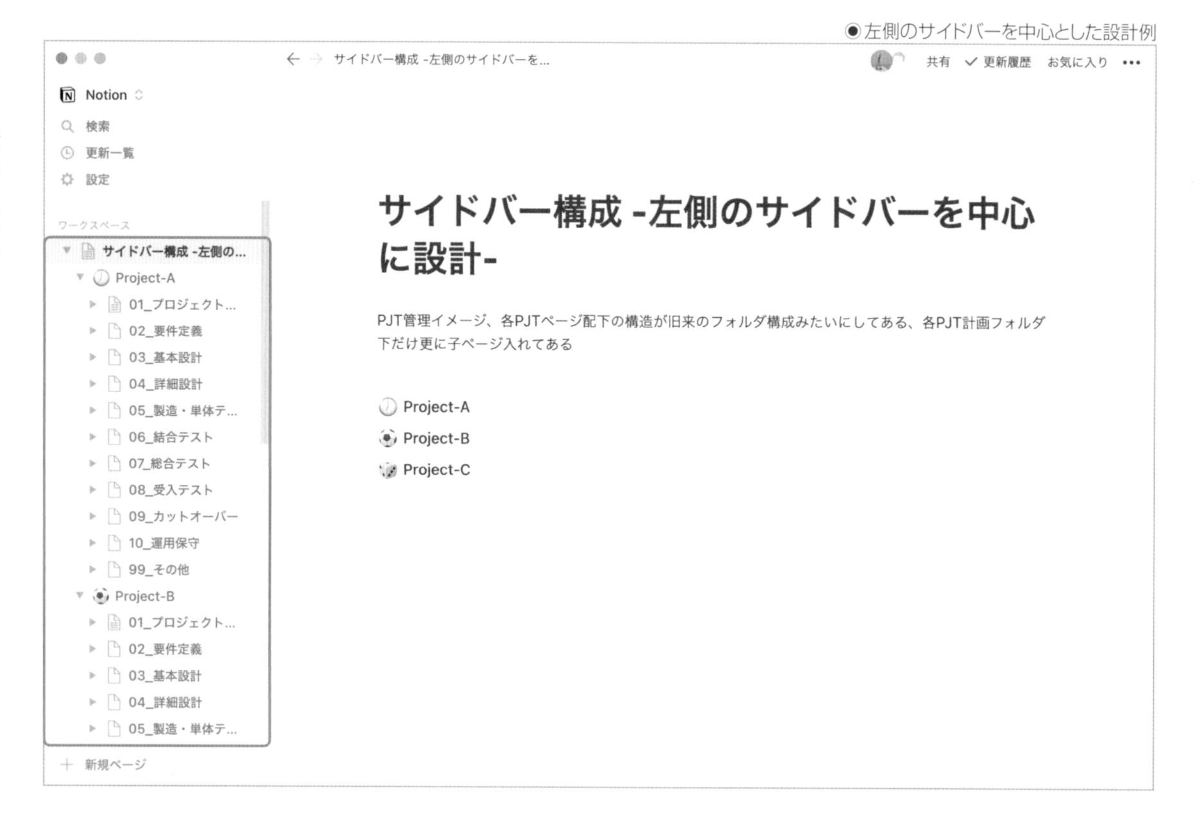

データベース構成(データベースを起点にした構成)

データベースにフラットにデータを配置して、タグで分けていく構成です。データベースにはプロパティを自由に設定できるためビューを活用するとデータの分類がしやすくなります。

データを入れること自体は比較的簡単なので、情報が増えやすく増加が見込まれるデータにも対応できます。その一方で、プロパティの登録が面倒であったり、類似のプロパティが増えたりなどプロパティを管理して全体を統制するのに時間を要します。

この場合は、特定のプロパティをまとめた別ページを作成するなどしてデータベースの視認性を高めます。

●データベースを起点にした構成例

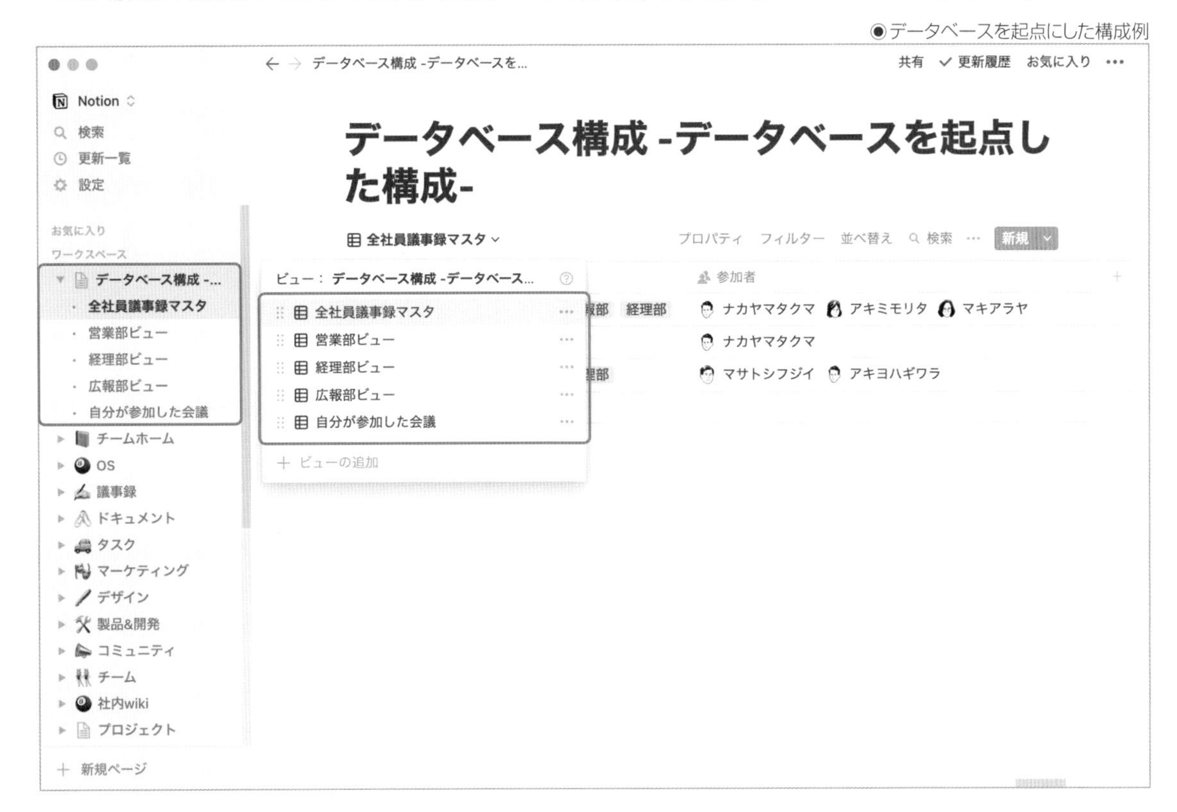

Notionを日々利用していく中でも筆者が良いと思った使い方や、意識する観点などを紹介します。Notionページの使いやすさは生産性に直結し、コミュニケーションを促進します。

▶ページ構成の工夫

ページ内で細かなデザインの技術やさまざまな表現を用いて、見やすく、美しく、使いやすいページを作ることができます。

ブロック分割の活用

Notionのブロックはカラムに分割することができます。通常のエディターのように使っていると縦長にページを作成しがちですが、カラムに分割することによってもさまざまな利用方法があります。

これは、Webサイトのデザインに似ていますが、ブロックのカラム分けを使うと画像を差し込んでグラフィカルにしたり、見やすくしたりとても使いやすくなります。たとえば、ブロック分割を使うとテーブルのような表示もできます。

◉ブロック分割によるテーブル構成

	メリット	デメリット
Notion	• リアルタイムに同期 • 検索ができる	• デバイスが必要 • Notionの慣れが必要
メモ帳	• 自由に書き出せる • 誰でも使える	• 常に所持する必要がある • 検索ができない

◉画像を差し込んだブロック分割

カテゴリで探す

カテゴリ

アカウント	セキュリティ
データベース	外部連携
操作方法	＋ 新規

アイコンやカバー画像で装飾

ページアイコンやカバー画像で積極的に装飾しましょう。特にページアイコンは重要です。一番効果を発揮するのは検索時です。たとえば、「議事録」のような普遍的な言葉は検索すると多くの情報が該当してしまいますが、ページアイコンを設定した場合だと、同じタイトルでも一目で見分けがつきます。

◉アイコンを設定したページの検索画面での表示

議事録

Sort: Best matches　Add filter

議事録テンプレート
memo / 社外向けプロジェクト管理テンプレ / 議事録

Notionの議事録
プロジェクト N

議事録
プロジェクト N / デザインパターン / 事例 / 17130_プロトSideBarのコピー

区切り線の活用

;区切り線（/divider）から利用できる区切り線はとても汎用性が高いです。適度に文字の間隔を取ったり、ページ同士を並べて表示するときに隙間も与えてくれます。この絶妙な余白により、ページやトグルなどのブロック同士が窮屈に見えずに、きれいなページを作ることができます。

◉トグルごとに区切り線を入れた構成

▶ 勤務先はどこになりますか？

▶ リモートで働くことはできますか？

▶ フレックスタイム制はありますか？

▶ 新規事業の実績を知りたいです。

▶ 勤務中の服装について教えてください。

コールアウトの活用

コールアウトは簡単に情報を目立たせることができます。また、オリジナルのアイコンを設定することもできるので、アイコンに意味を持たせることで文字も減らすことができます。たとえば、Slackのチャンネルへのリンクを Notionに貼る場合は、コールアウトを使うとシンプルに表現ができます。ページの説明を記載したい場合にはクエスチョンマークのコールアウトを使うとよいでしょう。カテゴリーの見出しのようにコールアウトを使うこともできます。

●コールアウトの利用例

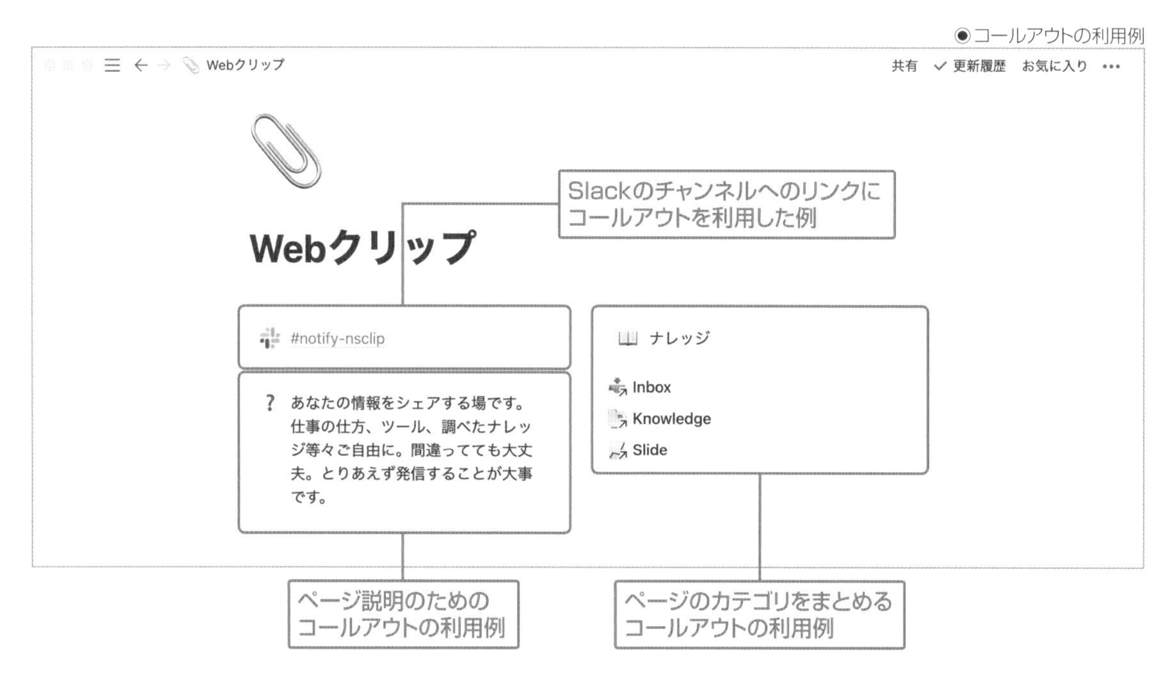

モバイルを意識したデザイン

Notionはモバイルでも利用可能です。基本的には同じUIですが、多少表示が変わります。たとえば、モバイルの場合、PC上でカラム分け表示されるブロック群は、カラムに分かれずに縦に並べて表示されます。また、インラインデータベースなどはモバイルでは横スクロールがしにくく、とても見にくいです。モバイル利用を視野に入れているなら、こういったモバイルの特性も理解した上でページを構築していくことが重要です。

●PCの良い例　　●PCの悪い例

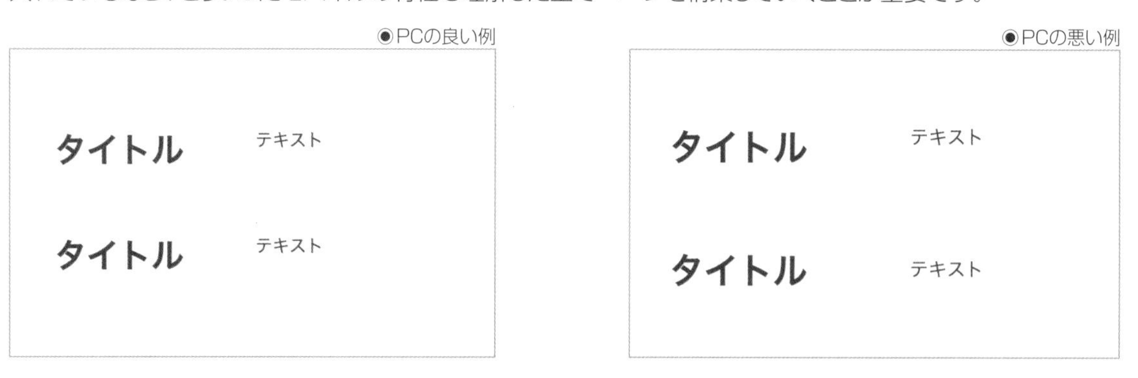

◉モバイルの良い例

タイトル

テキスト

タイトル

テキスト

◉モバイルの悪い例

画像による区切り線

Notionの公式ヘルプでも使われていますが、画像を区切り線として使うことで装飾効果も同時に発揮します。また、画像はコンテンツ表示域を超えて画面の両端まで拡大することで、全幅表示させることも可能です。

◉画像を区切り線として使う例

連携と入出力

- データインポート
- Slack連携
- PDF出力
- マークダウンエクスポ－…
- データベースのCSV出力
- HTMLエクスポート
- ページ印刷

●全幅での区切り画像

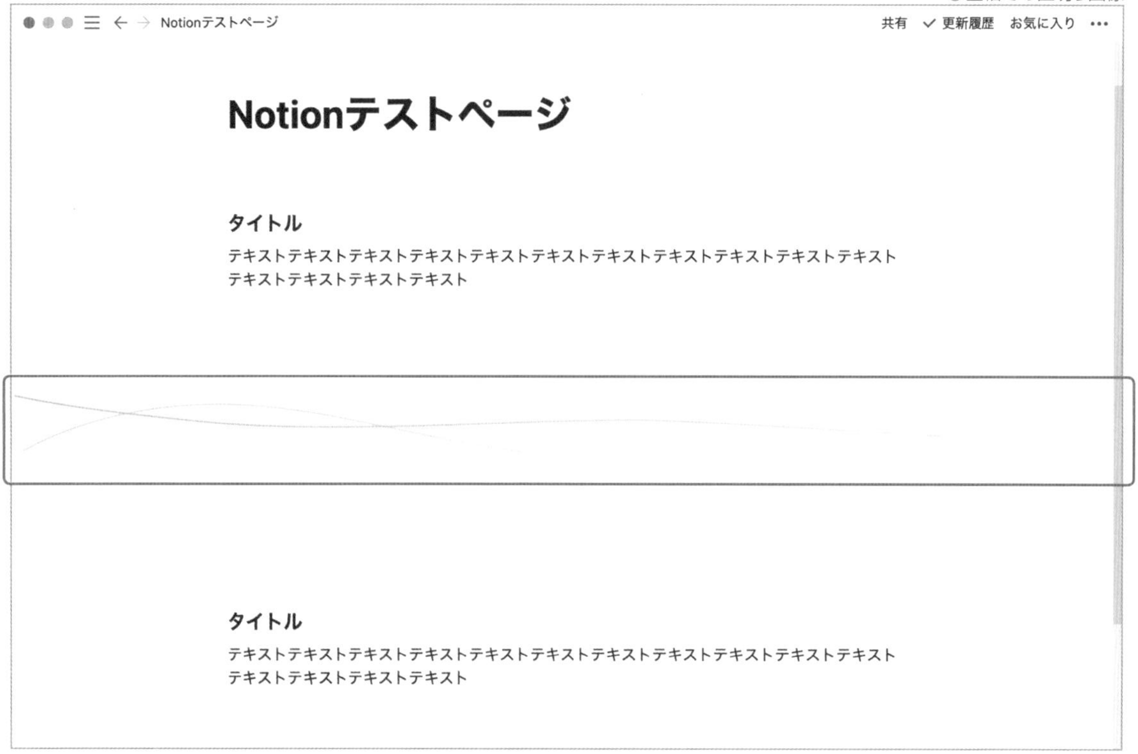

Notionテストページ

共有 ✓ 更新履歴 お気に入り •••

Notionテストページ

タイトル

テキストテキストテキストテキストテキストテキストテキストテキストテキストテキストテキスト
テキストテキストテキストテキスト

タイトル

テキストテキストテキストテキストテキストテキストテキストテキストテキストテキストテキスト
テキストテキストテキストテキスト

引用と背景色

細かな表現テクニックですが、引用と背景色、太字を使うと見出し文字相当に目立たせつつ美しい見出しを作ることができます。見出し文字を利用すると、目次ブロックを作成したときに邪魔になりますが、引用であれば目次に影響することはありません。

●引用と背景色を使った見出し文字

プロジェクト

議事録

メンバー

トグルページ

通常、;ページ（/page）で作成したページはフルブロック（1行丸ごとがそのブロックになる状態）で作成されますが、「[[」と入力すると表示されるメニューの「新規サブページを追加する」を使えば、トグルなどの文字形式のブロック内に子ページを作成することができます。

文字列に対するリンク設定でも同様のことは実現可能ですが、その場合はリンク先とするページを別の場所に用意する必要があります。この方法なら子ページはその場に作成することができ、また子ページに対する説明文をトグル内に格納することも可能です。

◉トグルページ

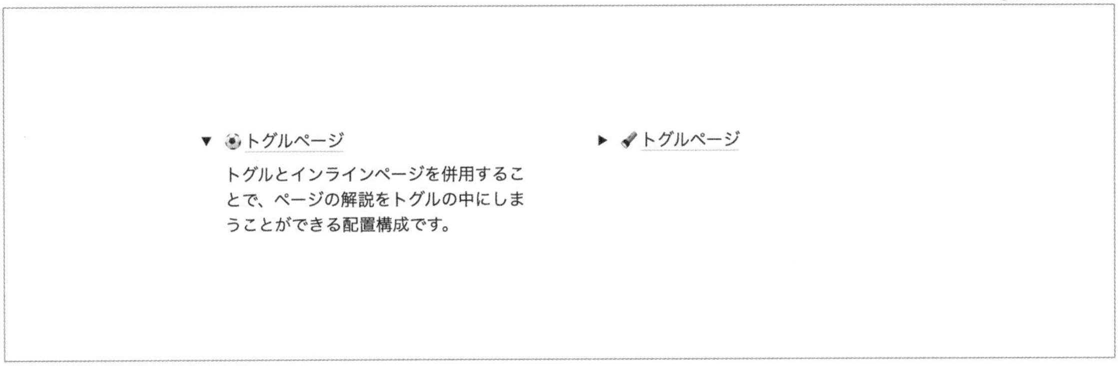

▼ トグルページ
トグルとインラインページを併用することで、ページの解説をトグルの中にしまうことができる配置構成です。

▶ トグルページ

見出しページ

トグルページと同様の方法で、見出しの中にもページを作成することができます。ページブロックとして作成してしまうとフォントサイズを変更することはできませんが、この方法ならH1～3の3段階のサイズで、存在感のあるページを作成することが可能です。

◉見出しページ

見出しページ @今日
このページはH1とインラインページを活用したパターンです。

テンプレートブロック置き場

よく使うブロック構成はテンプレートボタンにして、1カ所に配置しておきます。そうすれば、テンプレート置き場でブロックを複製し、「⁝⁝」メニューの「別ページへ移動」で目的の場所に移動することが可能です。

たとえば、議事録のオリジナルテンプレートを作成しておけば、新しいプロジェクトのページに議事録テンプレートボタンをすぐに配置できます。

◉テンプレートブロック置き場の例

▶ 導線の設計

Notionは相手が使いやすいように、導線を考慮して設計するともっと使いやすくなります。どんなときに使うのか、どんなタイミングで使うのか、モバイルなのかPCなのか、どういった用途で使うかを考慮してデザインを構成します。Notion内での導線をうまく設計するテクニックをご紹介します。

ページリンクで文脈を接続する

Notionのすべてのブロックには、それぞれ固有のURLが存在します。「⁝⁝」メニューからリンクをコピーすれば、文章中にそのブロックへの直リンクを貼り付けることができます。このリンク機能によって、閲覧側としても対象のページだけでなく特定のコンテンツの場所に直接、遷移できるようになります。積極的にリンクを貼り付け、構造化された導線だけでなく、ページ同士の横の移動を作りましょう。

◉文章中にリンクを利用した例

この件の詳細に付いては後述するこちらをご覧ください。

コメントの場所

意見やコメントを求めるときには、Notionのコメントを使います。通常であればページコメントを利用しますが、ページのコメントを使うとページの上部に表示されるため、邪魔になることが多くあります。ページ内の特定の箇所のみにコメントがほしい場合には、ブロックやインラインのコメントを活用するのがよいでしょう。

●インラインコメントを活用してコメントの場所を作成

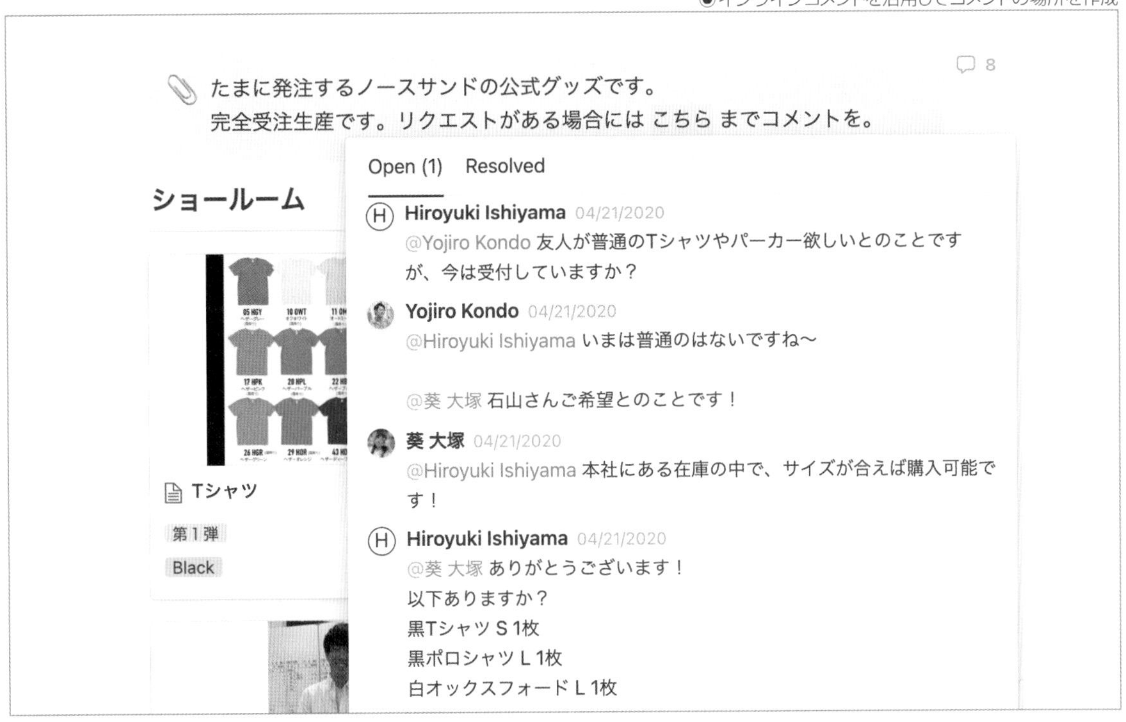

サイトマップ

サイトマップのようなリンク集を、各ページに埋め込みます。これを利用することで各ページがどんな階層のどこにあろうと、よく使う情報にすぐにアクセスすることが可能です。サイドバーのお気に入りセクションでも同様のことはできますが、このリンク集はチームメンバーで共有ができ、お気に入りを無駄に増やしません。

●コールアウトを併用したサイトマップ

徹底入門 | ? ヘルプ | 機能サマリ | QA | テンプレ | メディア

ビューの切り替えリンク

データベースのビューはとても便利ですが、切り替えがやや面倒です。データベースのビューもそれぞれURLがあるので、たとえばデータベースの上部にリンク集を作っておくと、1クリックでビューを切り替えられ、アクセスが楽になります。

●データベースの説明にビューへのリンクを貼った例

複数ビューでダッシュボードを構成

1つのデータベースを多角的に見たいときには、ビューを切り替えるより、すべてリンクドデータベースで1ページに配置するのがおすすめです。これによりビューの切り替えの操作を一切することなく、すべてのデータを一度に確認することが可能です。

●データベース構成

トグルでしまう

たとえば、参照してほしい画像があるけども、文章中にあると邪魔だったり全員が見る必要がない画像がある場合には、トグルの中にしまっておけば邪魔になりません。

●トグルの利用例

空のギャラリーデータベースでラッピング

空のギャラリーを次の例のようにシンプルに作成し、その内部に各カテゴリーの情報をリンクドデータベースで持たせる方法です。マスターのデータベースが別の場所にあるけれども情報量が多い場合などに、カテゴリーで絞り込まれた情報をすぐに参照できるデザインです。

●空のギャラリーの作成例

即時でページを作れるリンクドデータベース

所定のデータベースへすぐに項目を入力したいことが多い場合にも、リンクドデータベースが活用できます。まずはリンクドデータベースを作成し、自身がよく入力するプロパティをフィルターとして設定した状態にしておきます。

たとえば、チームのタスクデータベースがあるとしましょう。自身がよく使うページに、そのタスクデータベーへのリンクドデータベースを作成し、次の例のような条件で絞り込みを設定しておきます。そうすることで、このリンクドデータベースから新規項目を作成すると、初めから指定した条件が各種プロパティにセットされた状態から編集が開始できます。

◉タスク追加用リンクドデータベース

前後へのページ遷移

1ページが縦に長い場合や、ストーリー形式のページなどには、ページリンクやブロックへのリンクを利用して、ページトップへ戻るボタンであったり、前後のページへ移動するリンクを作ることで使いやすいページになります。

◉前後のページ遷移を作成した例

CHAPTER

5

ワークスペースの設計

この章では、チームなどで複数のワークスペースが必要になる際の設計のポイントを説明します。自分ひとりで利用する方は基本的には影響のない章になります。また、後半では個人ユーザであっても複数ワークスペースに参加せざるを得ない場合の対処法も紹介します。

ワークスペースの基本

ワークスペースは、Notionのページが集約された1つの論理的空間です。個人で利用されている方は基本的に1つのワークスペースしか利用しませんが、個人利用であっても副業や、コミュニティなどで複数のワークスペースに参加する場合もあります。

▶ワークスペースの考え方

第2章でも紹介したとおり、ワークスペースとはNotionにおける情報を区切る論理的空間で最上位の概念です。ワークスペースは自分のNotionアカウント、つまりメールアドレスに紐付く構成になっており、複数のワークスペースが1つのメールアドレスに紐付く構成となる場合もあります。

◉アカウントとワークスペースの関係性

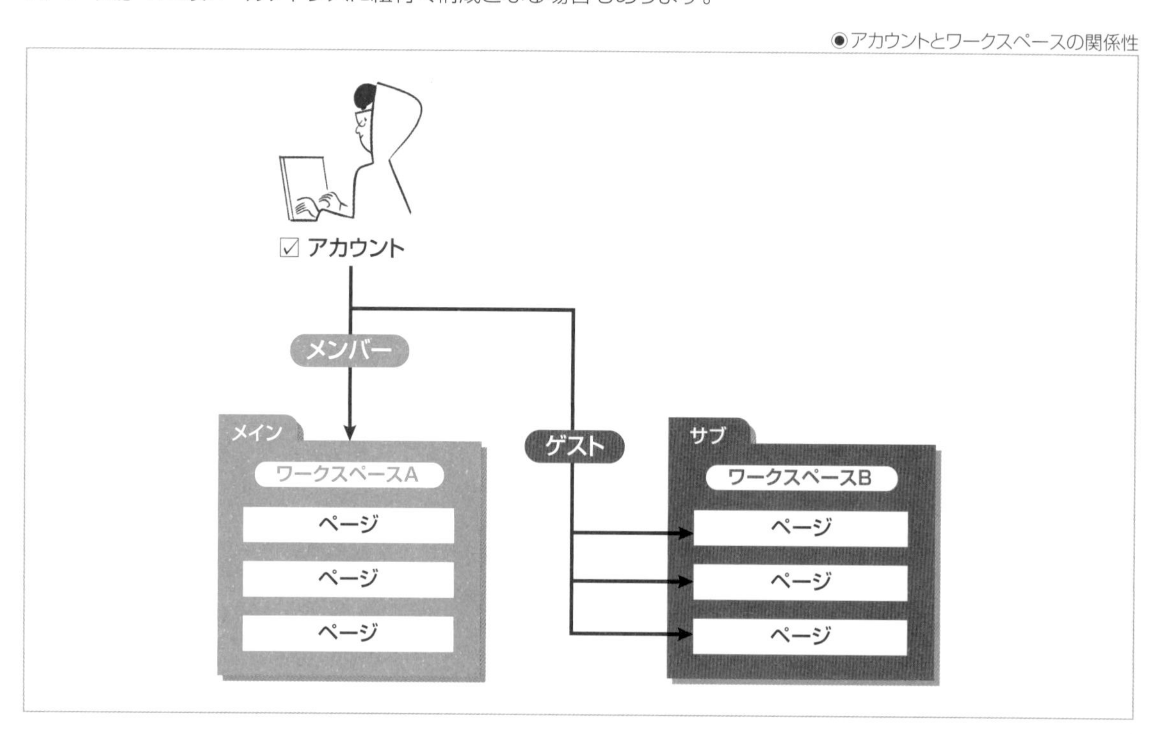

▶ワークスペースのメンバーと料金

ワークスペースに参加し、ワークスペース内のページを閲覧編集できる人がメンバーとして参加します。ワークスペースのユーザーには、管理者、メンバー、ゲストの3種類があります。

管理者とメンバーが料金の請求対象です。ゲストに料金は発生しません。

チームプランは、1ワークスペースごとにメンバーの料金が加算されます。複数ワークスペースにメンバーとして参加していると、その分、料金がワークスペースに加算されます。

原則的に支払いはワークスペース単位です。しかし、エンタープライズプランは複数のワークスペースがある場合でもユーザー単位の料金計算となるので、ワークスペースを分割していく要件があればエンタープライズプランの方が料金が安くなることがあります。あわせて公式ヘルプも参照してください。

▶ ワークスペースの設定項目

ワークスペースごとに設定できる項目があります。ワークスペースでは複数のメンバーをまとめる「グループ」という概念や、ワークスペースごとに外部公開を禁止、ゲストを禁止、シングルサインオンを有効化など、セキュリティを高めるための機能があります。なお、これらのセキュリティ機能はエンタープライズプランのみで利用可能です。

◉ワークスペースのセキュリティ設定

マイアカウント
通知
接続済みアプリ
言語と地域
表示設定
ポイント
ワークスペース
設定
メンバー
プラン
請求
セキュリティと認証
統合

セキュリティ

メンバーによるページの外部へのウェブ公開機能を無効にする
これにより、このワークスペースのすべてのページの「共有」メニューの「ウェブで公開」オプションが無効になります。

メンバーがワークスペースページを変更できないようにする。
これにより、メンバーが最上位のワークスペースページを作成、移動、並べ替え、削除する機能が無効になります。

ゲストを無効にする
これにより、ワークスペース外の人の招待が不可になります。

他のワークスペースへのページの移動や複製を無効にする
これにより、「別ページへ移動」や「複製」の機能を使って他のワークスペースにページを移動・複製することができなくなります。

エクスポートを無効にする
これにより、マークダウン、CSV、PDFの形式でエクスポートができなくなります。

SAMLシングルサインオン

SAMLとシングルサインオンについて詳しくはこちら

メールドメイン
SAMLを有効にすると、以下のドメインのメールアドレスを使用しているユーザーはSAML SSOを使

更新　キャンセル

ワークスペース設計

チームや企業レベルでNotionを利用していると、ワークスペースをどの単位で分割するかが悩ましいポイントです。ワークスペースを1つにまとめると、横断的に情報を検索したり、Notionをコミュニケーションのハブとしたりすることで組織がつながります。そのため、原則的には1つのワークスペースに情報が集約されることが望ましいです。

▶ワークスペースの分け方

ワークスペースを分割すると、情報を明確に分断できます。これによって検索がより機能しやすくなり、リレーションなどを利用する際やページリンク作成時の候補が少なくなり、使いやすくなります。その一方で、ワークスペースを横断したコラボレーションや共同作業が必要となる場合、ワークスペースの切り替えが増え、煩雑になります。また、データをどこに配置するか、それをどこに配置したのか、などの混乱を生じかねません。

権限によって、閲覧可能なページを分けたい場合には、ワークスペースを分けるのではなくて、シェアによるページ権限設定で分けた方がよいパターンが多いです。

スモールにチーム内でNotionをスタートしたときには「ワークスペース=チーム」となると思います。この場合は、チーム内に徐々にこのワークスペースが増えることになりますが、全社導入などのタイミングでワークスペースを集約し、シェアによるページ権限設定に移行するなどの再編が望ましいです。

ワークスペースを設計する際に、一番大事なのはコミュケーションの範囲です。相互にやり取りが発生しうるのか、そして今後、相互のコミュニケーションが発生するようにしたいのかどうか。それらを複合的に考えて設計します。

ここでは4つのパターンを例に出しますが、それぞれを組み合わせたハイブリッド構成もあり得ます。自組織のコラボレーションの特性に応じて参考にしてみてください。

◉ワークスペース設計パターン

シングル型
ワークスペース
ページ ページ ページ ページ

ドメイン型
ワークスペース
ページ ページ ページ ページ
ワークスペース ワークスペース ワークスペース ワークスペース

アメーバ型
ワークスペース ワークスペース ワークスペース ワークスペース
ページ ページ ページ ページ

ポリシー型
ワークスペース(メイン)
ページ ページ ページ ページ
ワークスペース(サブ)

シングル型

シングル型は単一のワークスペースですべてを管理する構成です。Notionの一番の理想の形となります。情報の分断が起きにくく、Notion内で新たなコミュニケーションも発生しやすいパターンといえます。

◉シングル型のワークスペース構成

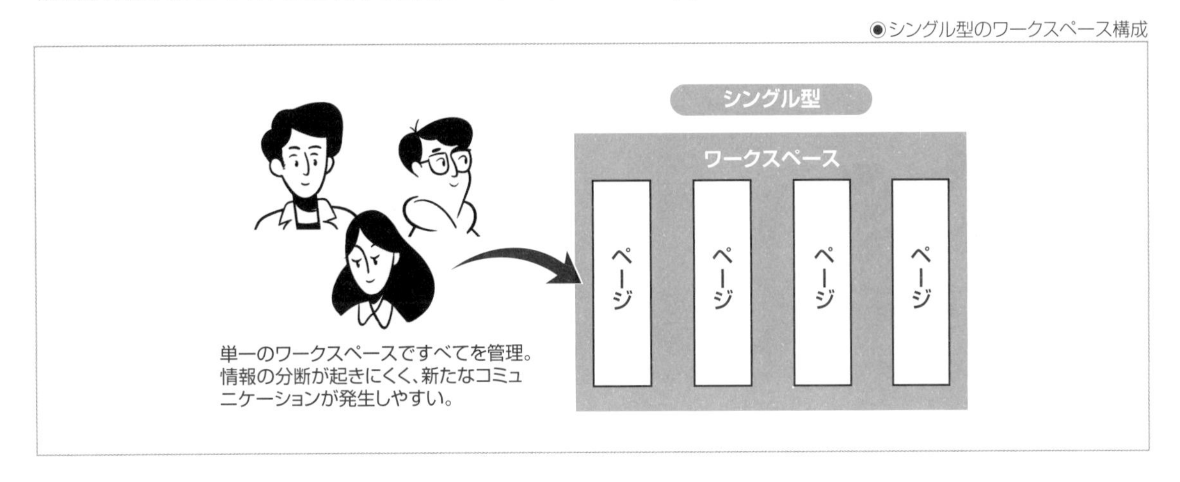

チームや組織内での情報の全体像が見やすいため、データベースのリレーションなども組みやすいです。企業の情報をどうつなげ、どのように活用していくかがイメージしやすい構成といえます。

しかし、ワークスペースを公開しても良い場所、悪い場所、ゲストを呼んで良い場所、悪い場所など、メンバー全員での共通ルールを持ってNotionを運用する必要があります。

アメーバ型

アメーバ型はチームごとにワークスペースを作成し、権限の管理や支払いも含めてチームの管理者や責任者に委任する構成です。意図して構成するというよりは、スモールスタートで始めた結果の状態です。

◉アメーバ型のワークスペース構成

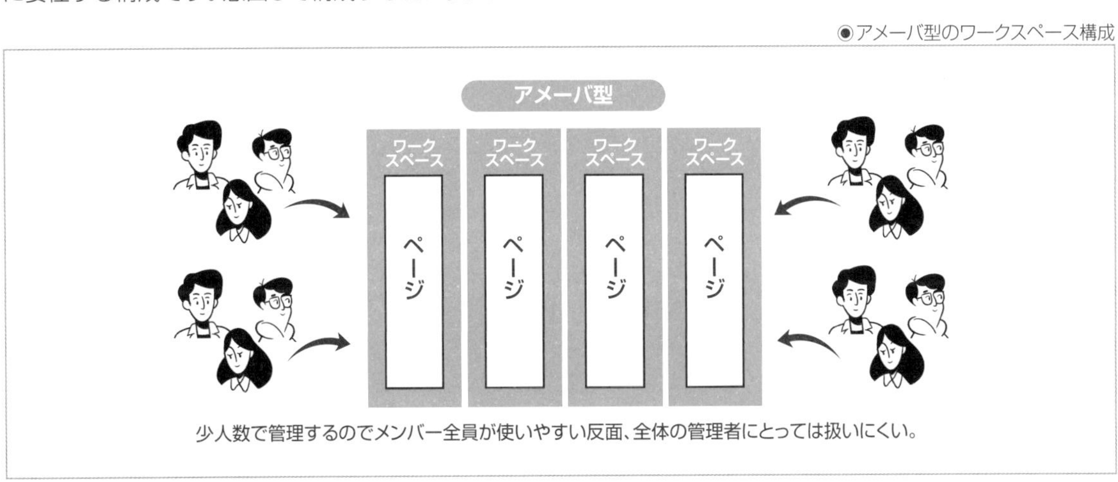

比較的少人数でワークスペースを管理することができるため、サイドバーの設計もしやすく、全員が使いやすい状態を維持しやすいというメリットがあります。

全社導入時など、全体の管理者からみたときには少々扱いにくい構成となるかもしれません。

ドメイン型

ドメイン型は企業の全体共通としたワークスペースと、部署や子会社など組織の構造を元にワークスペースを分割します。各組織のメンバーから見ると、自組織と全社の2つのワークスペースに所属する状態です。

●ドメイン型のワークスペース構成

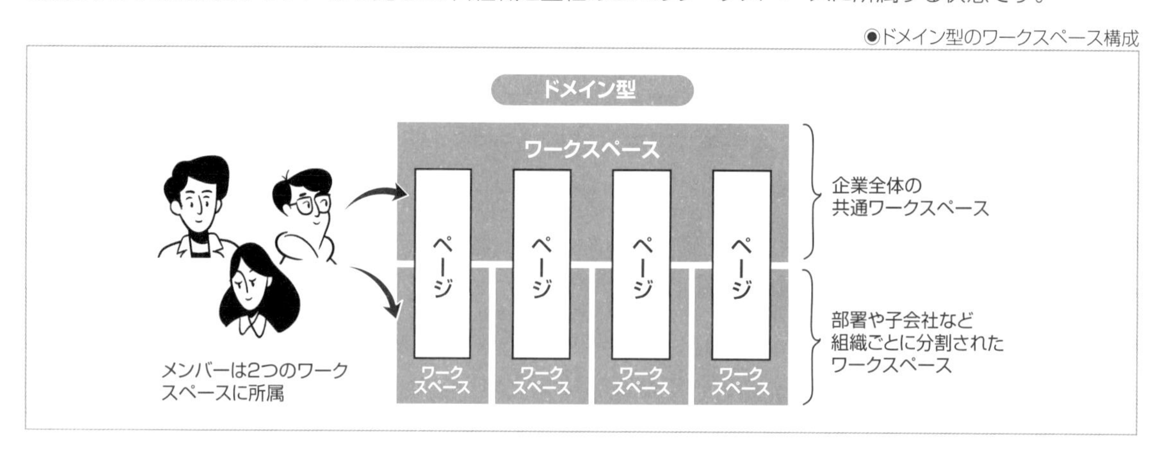

全社ワークスペースには通達やタスクフォース、全社コミュニケーション関連の情報を配置して、それぞれのワークスペースは各部署などに管理を委任もできる構成です。

この場合は組織横断型などのプロジェクトは管理がしにくいため、組織をまたぐ場合などは別ワークスペースを用意せずに、全社ワークスペースのシェアセクションで管理する等のルールが推奨されます。

ポリシー型

ポリシー型は、シングル型の構成は踏襲しつつも、セキュリティポリシーなどに応じてワークスペースを分けて管理する構成です。

●ポリシー型のワークスペース構成

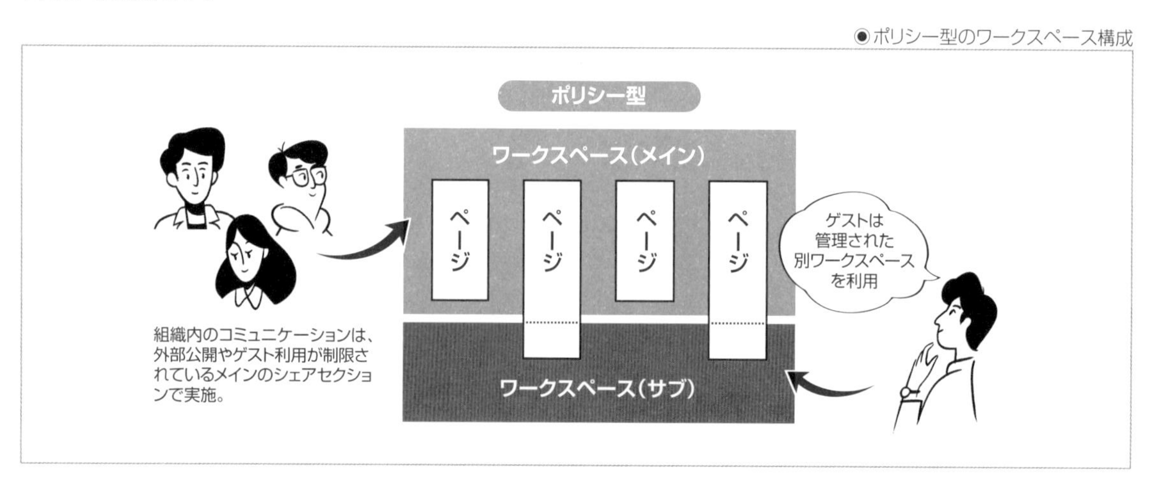

メインのワークスペースでは外部公開やゲスト利用を制限し、ゲスト利用時には申請の上、管理された別ワークスペースを利用することで、セキュリティを担保する構成です。

組織内のコミュニケーションは、原則的にはメインのシェアセクションで実施していきます。ただし、外部との共有が多い場合には申請と管理負荷が高いため向いていません。

▶ゲストとしての複数ワークスペース

他社のワークスペースにゲストとして参加している場合など、複数ワークスペースを利用するとメインのワークスペースから移動する手間が発生します。

ゲストの場合の見え方

ゲストは、個別に共有されたコンテンツしか閲覧できません。ワークスペースの構造体も全体像が見えないため、共有されているコンテンツの範囲次第では使いにくいと感じる方もいる点に注意が必要です。

◉ゲストから見たワークスペースの様子

ほかのワークスペースへのリンクを貼り付け

メインのワークスペースに、ほかのワークスペースのページへのリンクを張ることで、スピーディーな移動を可能にします。

◉ワークスペースリンク貼り付け

テストページ / ワークスペースリンク集
共有　更新履歴　お気に入り

ワークスペースリンク集

↗ゲスト招待ページ
↗Notion 出版 PJ
↗移動先ページ

他ワークスペースの情報をリンクドデータベースで埋め込み

他のワークスペースによく編集する情報を持っていて、かつそれがデータベース構成になっている場合、リンクドデータベースをメインで使用するワークスペースに貼り付けましょう。これにより、メインのワークスペースに居ながらにして他のワークスペースの内容を編集することができます。

◉リンクドデータベース埋め込み

編集するエリアを同期ブロックで埋め込み

データベース以外のブロック種別で頻繁に編集する場所が他のワークスペースにある場合も、上記と同様のことが実現できます。対象ブロック（群）への同期ブロックをメインのワークスペースの任意の箇所に埋め込めば、メインのワークスペースから離れることなく他のワークスペースの内容を編集することができます。

◉ワークスペースをまたぐ同期ブロック

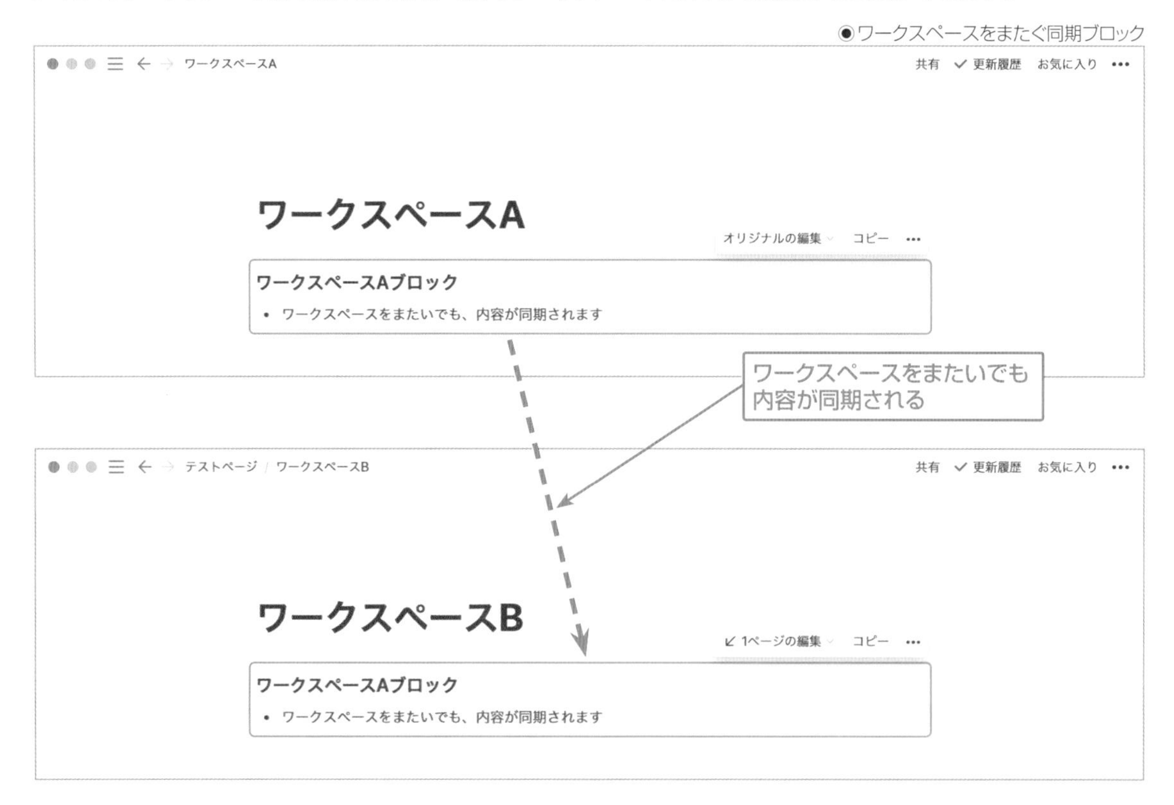

CHAPTER

6

Notionスナップ

前章までで、Notionの基本的な概念や使い方に始まり、Notionがある生活のイメージや、Notionをより効果的・効率的に活用するデザイン例を解説してきました。Notionを使って作りたいもの、管理したいコンテンツがすでに数々思い浮かんでいる方も多いのではないでしょうか。

本章では、これからNotionを自在に活用していく読者の皆さまに、今後のコンテンツ作成イメージを膨らませていただくべく、大きく仕事とプライベートに分けてさまざまな活用事例を紹介していきます。

プライベートに役立つテンプレート

まずは、Notionをプライベートで利用する場合に活用できそうなアイデアを紹介していきます。Notionとの生活をより豊かにするヒントになれば幸いです。

▶ 読書ログ・メディアログ

本や映画、コミックなど、読書や映画鑑賞の履歴を管理するサービスを利用している方も多いのではないでしょうか。見たらそのまま忘れてしまうのは、少しもったいない気もします。Notionを使えば外部サービスを利用せずとも、履歴や感想の管理が可能です。ギャラリー形式なら、作品の表紙やカバー画像を活かした表示をすることもできます。

◉読書ログの例

⚙ 材料リスト

主に使う機能などは次の通りです。

- 管理したい情報を持たせたデータベース
- タグや評価など、管理に適したプロパティの設計
- 観点ごとに適したビュー

作り方

作り方のポイントは次の通りです。

❶ 管理対象の情報を保存するために、ギャラリー形式のデータベースを用意します。ギャラリー形式にすると本の表紙や映画のポスターなどを表示することができるため、一目でわかかりやすくなります。また、単純に視覚的な楽しさもあります。このような仕組みは続けることが大事なため、使っていて楽しいと思えるかどうかも重要な観点です。

◉ ギャラリーの作成

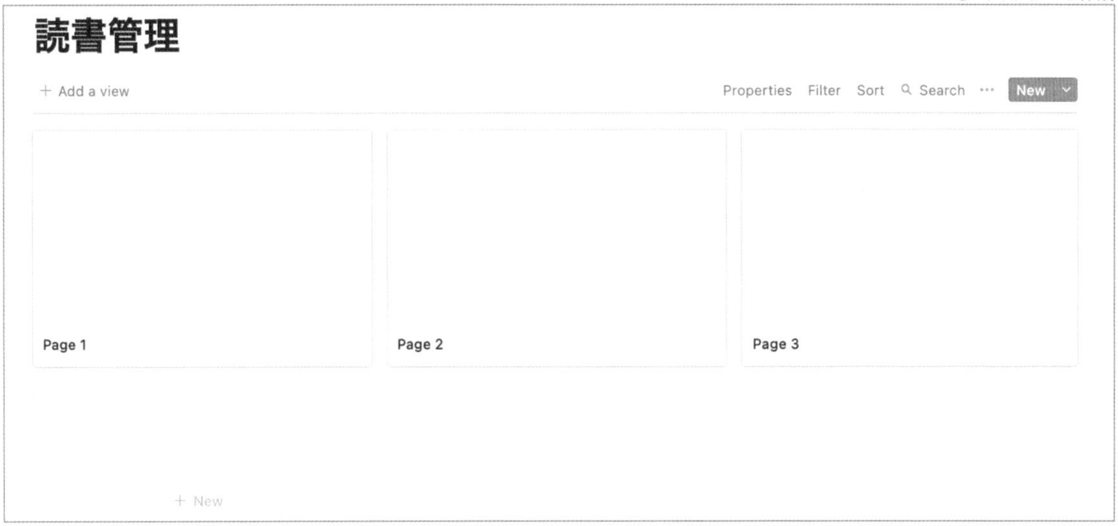

❷ データベースに対して、管理に適したプロパティを設定しましょう。読書管理であれば、著者、本のカテゴリー、評価、読了日などのプロパティが考えられます。評価はセレクト形式にするなど、プロパティごとに形式も使いやすく設定すること大切です。プロパティの設計で、運用ルールを知らなくても自ずとルールに即した使い方となる設計を目指しましょう。

◉ プロパティの設定

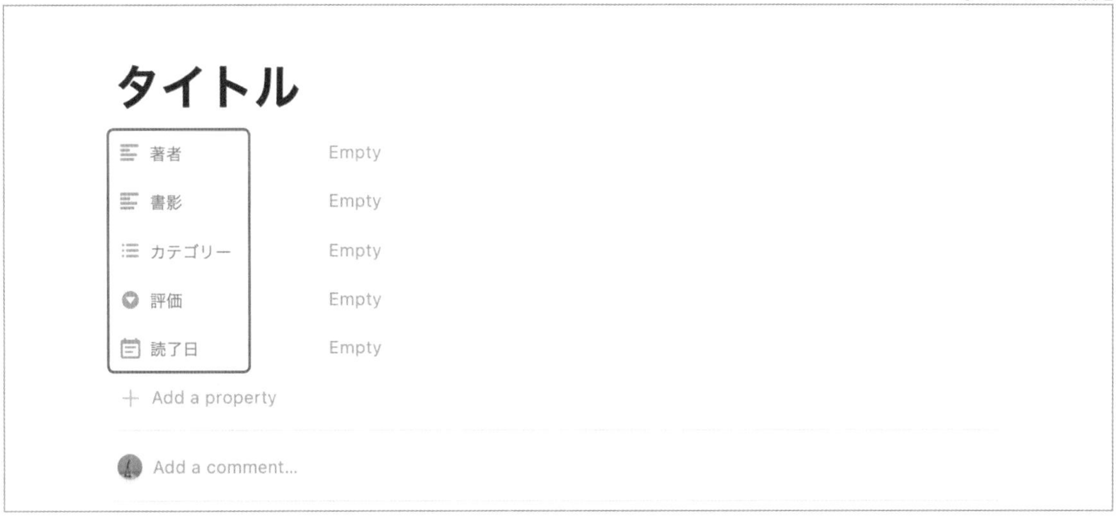

❸ データベースが準備できたら、管理したい情報を登録しましょう。こちらは読書管理を例にしており、表紙画像を登録しただけでデータベースが華やかになることがわかると思います。このデータベースを充実させたい、という気持ちが湧いてきます。このように、Notionが楽しくなる、好きになる仕組みづくりが重要です。

●プロパティの設定

❹ 最後に、後から見たい評価観点ごとにビューを設定しましょう。たとえば評価が高い順に並べたテーブルや、カテゴリー別に分けたボード、著者名やタイトルで昇順にソートしたテーブル、評価日が新しい順に並べたギャラリー、などはいかがでしょうか。後々このデータベースを見て、活用するシーンを想像しながら作ってみてください。

●プロパティの設定

▶ 習慣トラッカー

目標を達成するためには、習慣化することが大切です。日々やるべきことを明確にし、実績を管理することで、習慣は定着していきます。Notionを使えば、簡単なデータベースを準備するだけで、自分の行動の成果が目に見える形で数値化されていきます。この機会にぜひ、習慣の定着を目指してみてはいかがでしょうか。

◉習慣トラッカー

Npedia / ... / 習慣管理 / デイリートラ... / 習慣管理 / デイリートラッカー　　共有　更新履歴　お気に入り　•••

習慣管理 / デイリートラッカー

テーブル　　プロパティ　フィルター　並べ替え　検索　•••　新規

日付	ランニング	料理	読書	勉強	禁酒	睡眠	達成率	Aa _
2020/06/17	☐	☐	☐	☐	☐	☐	0%	
2020/06/16	☐	☐	☐	☐	☐	☐	0%	
2020/06/15	☑	☑	☑	☑	☑	☑	100%	
2020/06/14	☐	☐	☐	☐	☐	☑	16.6666666667%	
2020/06/13	☑	☑	☑	☑	☑	☑	100%	
2020/06/12	☑	☑	☑	☑	☑	☑	100%	
2020/06/11	☐	☑	☑	☑	☑	☐	66.6666666667%	
2020/06/10	☐	☐	☐	☐	☐	☐	0%	
2020/06/09	☑	☑	☑	☑	☑	☑	100%	
カウント 9	チェックあり 44.444%	クあり 55.556%	クあり 55.556%	クあり 55.556%	クあり 55.556%	クあり 55.556%	平均 53.704%	カウント 9

＋ 新規

✿ 材料リスト

主に使う機能などは次の通りです。

- チェックボックスで実績管理ができるデータベース
- 達成率を確認できる関数
- 管理したい習慣の一覧

作り方

作り方のポイントは次の通りです。

❶まずは習慣を管理するためのデータベースを作成しましょう。ここではデータをコンパクトに俯瞰できるテーブル形式で、行に実施日、列に管理する習慣を設定します。習慣の列はチェックボックス形式とし、習慣を実施したらチェックを入れましょう。ちなみに、日付の列を降順で並べ替え設定しておくと、直近のデータから順に表示されるようになります。

◉習慣トラッカーテーブルの作成

Npedia / ... / 習慣管理 / デイリートラ... / 習慣管理 / デイリートラッカー　共有　更新履歴　お気に入り　•••

習慣管理 / デイリートラッカー

テーブル　プロパティ　フィルター　並べ替え　検索　•••　新規

日付	ランニング	料理	読書	勉強	禁酒	睡眠	達成率	Aa
2020/06/17	☐	☐	☐	☐	☐	☐	0%	
2020/06/16	☐	☐	☐	☐	☐	☐	0%	
2020/06/15	☑	☑	☑	☑	☑	☑	100%	
2020/06/14	☐	☐	☐	☐	☐	☑	16.6666666667%	
2020/06/13	☑	☑	☑	☑	☑	☑	100%	
2020/06/12	☑	☑	☑	☑	☑	☑	100%	
2020/06/11	☐	☑	☑	☑	☑	☐	66.6666666667%	
2020/06/10	☐	☐	☐	☐	☐	☐	0%	
2020/06/09	☑	☑	☑	☑	☑	☑	100%	
＋ 新規								
カウント 9	チェックあり 44.444%	チェックあり 55.556%	チェックあり 55.556%	チェックあり 55.556%	チェックあり 55.556%	チェックあり 55.556%	平均 53.704%	カウント 9

❷習慣管理用のデータベースの構築が完了したら、管理したい習慣を洗い出しましょう。最初からたくさんの習慣を身に付けるのは難しいため、簡単なものから対象にすることがおすすめです。行動科学の世界では、1つの習慣を形成するのには数週間から数カ月かかるといわれているため、焦らずじっくり取り組みましょう。

◉達成したい習慣の整理

Npedia / ... / 習慣管理 / デイリートラ... / 習慣管理 / デイリートラッカー　共有　更新履歴　お気に入り　•••

習慣管理 / デイリートラッカー

テーブル　プロパティ　フィルター　並べ替え　検索　•••　新規

日付	ランニング	料理	読書	勉強	禁酒	睡眠	達成率	Aa
2020/06/17	☐	☐	☐	☐	☐	☐	0%	
2020/06/16	☐	☐	☐	☐	☐	☐	0%	
2020/06/15	☑	☑	☑	☑	☑	☑	100%	
2020/06/14	☐	☐	☐	☐	☐	☑	16.6666666667%	
2020/06/13	☑	☑	☑	☑	☑	☑	100%	
2020/06/12	☑	☑	☑	☑	☑	☑	100%	
2020/06/11	☐	☑	☑	☑	☑	☐	66.6666666667%	
2020/06/10	☐	☐	☐	☐	☐	☐	0%	
2020/06/09	☑	☑	☑	☑	☑	☑	100%	

❸ 日ごとの習慣の達成率がわかるように関数を設定します。達成率が目に見える形となっていることで、達成しようという意識が働きます。毎日100%にすることは難しいかもしれませんが、できる範囲で習慣に取り組んでいきましょう。図にある関数の (prop(プロパティ名)?1:0) の部分は習慣の列ごとに作成し、関数の最後の /6 の部分は、管理対象の習慣の数に合わせて変更してください。

◉達成率を示す関数の設定

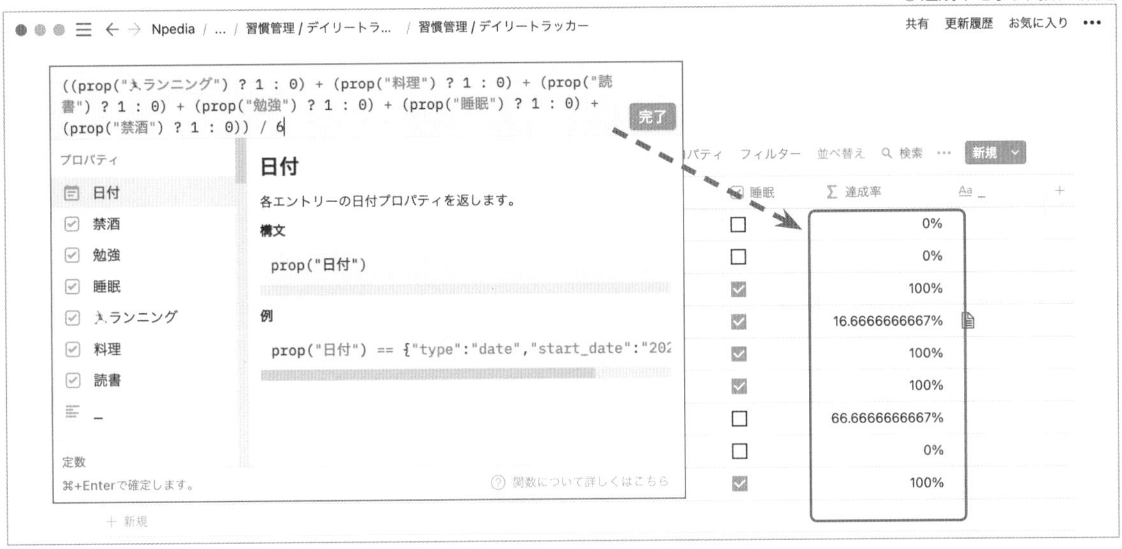

Npedia / ... / 習慣管理 / デイリートラ... / 習慣管理 / デイリートラッカー　共有　更新履歴　お気に入り　•••

```
((prop("ランニング") ? 1 : 0) + (prop("料理") ? 1 : 0) + (prop("読書") ? 1 : 0) + (prop("勉強") ? 1 : 0) + (prop("睡眠") ? 1 : 0) +
(prop("禁酒") ? 1 : 0)) / 6
```

完了

プロパティ

日付
禁酒
勉強
睡眠
ランニング
料理
読書
_

定数

⌘+Enterで確定します。

日付

各エントリーの日付プロパティを返します。

構文

prop("日付")

例

prop("日付") == {"type":"date","start_date":"202

関数について詳しくはこちら

パティ　フィルター　並べ替え　検索　•••　新規

睡眠	達成率	Aa _
☐	0%	
☐	0%	
☑	100%	
☑	16.6666666667%	
☑	100%	
☑	100%	
☐	66.6666666667%	
☐	0%	
☑	100%	

＋ 新規

❹ テーブルが完成したら、運用を開始しましょう。習慣を続けるコツは、日ごとにどこまでやったらその習慣を完了とするか、定義しておくことです。また、完了基準が高すぎると手を付けにくくなってしまうので、完了の基準を低めに設定しておくことも重要です。各習慣の列の下部にある計算を「チェックありの割合」とすれば、日々の達成率に加えて、習慣ごとの達成率が算出できます。

◉習慣の実施

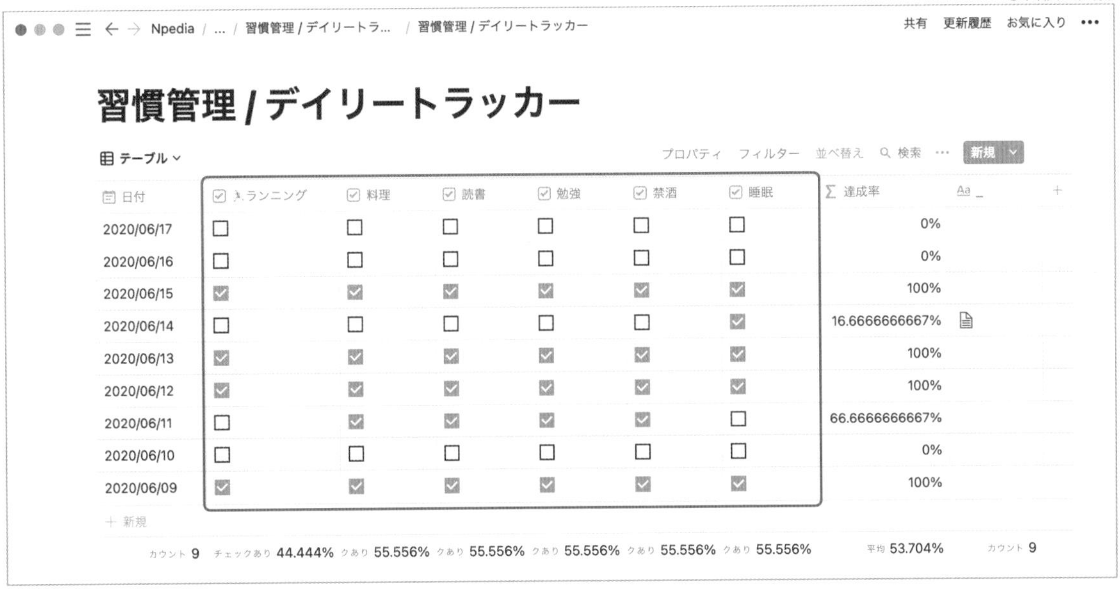

Npedia / ... / 習慣管理 / デイリートラ... / 習慣管理 / デイリートラッカー　共有　更新履歴　お気に入り　•••

習慣管理 / デイリートラッカー

テーブル　プロパティ　フィルター　並べ替え　検索　•••　新規

日付	ランニング	料理	読書	勉強	禁酒	睡眠	達成率	Aa _
2020/06/17	☐	☐	☐	☐	☐	☐	0%	
2020/06/16	☐	☐	☐	☐	☐	☐	0%	
2020/06/15	☑	☑	☑	☑	☑	☑	100%	
2020/06/14	☐	☐	☐	☐	☐	☑	16.6666666667%	
2020/06/13	☑	☑	☑	☑	☑	☑	100%	
2020/06/12	☑	☑	☑	☑	☑	☑	100%	
2020/06/11	☐	☑	☑	☑	☑	☐	66.6666666667%	
2020/06/10	☐	☐	☐	☐	☐	☐	0%	
2020/06/09	☑	☑	☑	☑	☑	☑	100%	
カウント 9	チェックあり 44.444%	✓あり 55.556%	✓あり 55.556%	✓あり 55.556%	✓あり 55.556%	✓あり 55.556%	平均 53.704%	カウント 9

＋ 新規

▶サブスク管理

近年ではすっかりサブスクリプションという消費形態が一般的になり、いくつか課金して利用しているサービスがあるという方も多いのではないでしょうか。筆者は、更新するつもりがなかったサービスの解約期限を逃してしまった経験も一度や二度ではありません。これは比較的簡単なデータベースの活用例ですが、課金中のサービスの月額費用や契約日、契約更新予定日等を一元管理するものです。リマインドも設定しておけば、解約漏れの心配もありません。

◉サブスク管理データベース作成例

Status	サービス名	月額(税込)	契約期間	契約開始日	次回更新	解約日	メモ
契約中	Notion	¥500	月払	2019/07/01	2021/07/01		次回は年払に切り替える
契約中	オンデマンド動画	¥1,480	月払	2020/01/15	2021/07/15		もう見ないから解約忘れないこと
検討中	保管宅配クリーニング	¥390	月払				クリーニング代は別途かかる
検討中	コーヒー豆	¥1,580	月払				飲み切れる気がしないけど興味あり
		合計 ¥3,950					

材料リスト

主に使う機能などは次の通りです。

- 利用したい・しているサブスクリプションサービスの情報
- テーブル形式のデータベース
- 契約更新前のリマインド

作り方

作り方のポイントは次の通りです。

❶ まずはテーブル形式のデータベースを作成し、タイトル列に利用したい・しているサブスクリプションサービスの名前を入れていきましょう。あわせてステータス管理の列をセレクト形式で作成しておきます。

◉リストアップ

❷ 次に、洗い出した各種サービスの月額利用料や契約日、次回更新時期など、情報を追記していきます。このとき、次回更新日より前に@メンションでリマインドを設定しておくと、解約やプラン変更などの時期を逃さないように管理できます。また、近年のサブスクリプションサービスでは契約が月単位か年単位かを選べることもあるので、次回更新時に切り替えたい場合などはメモ欄も設けておくと便利です。

◉サービス情報の記載①

❸ もう使わないであろうサブスクリプションサービスも、備忘がてら追記するのもよいでしょう。また、今後解約したサービスについても、解約理由をメモしておくのがおすすめです。

●サービス情報の記載②

サブスク管理 全件

Status	サービス名	月額(税込)	契約期間	契約開始日	次回更新	解約日	メモ
契約中	Notion	¥500	月払	2019/07/01	2021/07/01		次回は年払に切り替える
契約中	オンデマンド動画	¥1,480	月払	2020/01/15	2021/07/15		もう見ないから解約忘れないこと
検討中	保管宅配クリーニング	¥390	月払				クリーニング代は別途かかる
検討中	コーヒー豆	¥1,580	月払				飲み切れる気がしないけど興味あり
解約済	電子書籍	¥990	月払	2021/04/26		2021/05/23	結局使わなかった
解約済	PCレンタル	¥7,700	月払	2020/07/07		2021/05/31	割高感あり
		合計 ¥12,640					

❹ 管理対象項目が多くなってきたら、「検討中」や「解約済み以外」で絞り込んだビューも作成するとよいでしょう。また、ステータス列をソートして契約中のサービスを上部に表示させれば、情報の視認性を下げることなく管理できます。

●ビューの作成例

●並べ替えの設定例

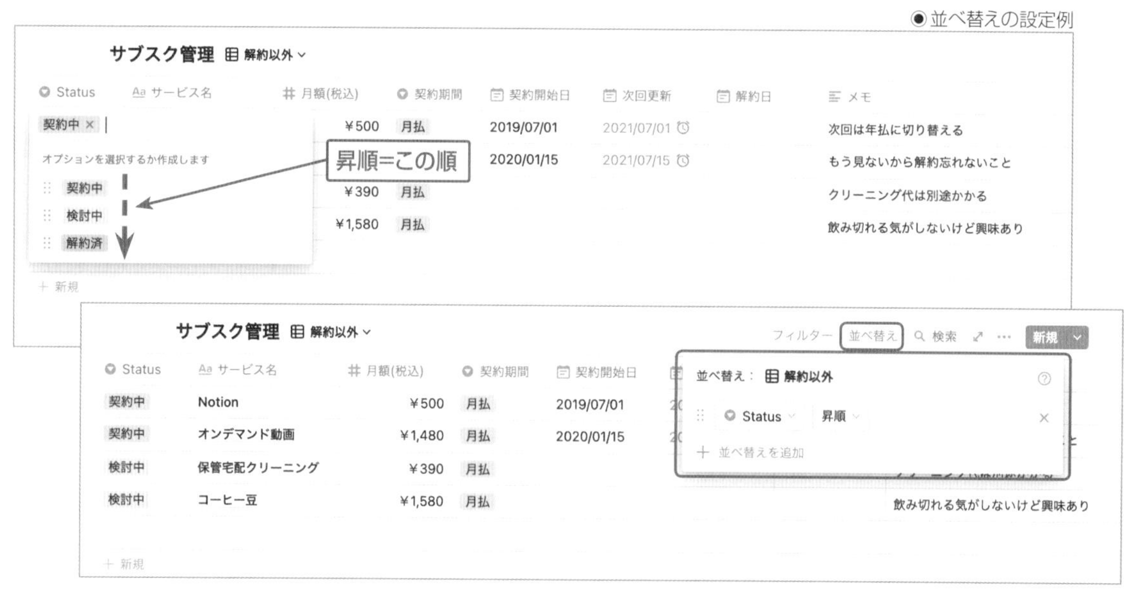

▶ ポートフォリオ・職務経歴

Notionを使えば、ポートフォリオ（職務経歴書、自己紹介に近いものです）を簡単に、スタイリッシュに作成することができます。提出先に合わせて複製や編集も簡単に行えるため、利便性も高いです。実際に提出する際は、PDFでエクスポートするか、提出先にNotionページを公開してしまうこともできます。

◉ポートフォリオ

Biz-Notion / ... / 作業用 / ポートフォリオ　　共有　✓ 更新履歴　お気に入り　•••

ポートフォリオ

吾輩は犬である

マーケティングディレクター

Details

東京都xxx区xx 5-4-13-101

TEL: (090)1111-2222

Mail: bowwow@xxx.com

Profile

ドックフード専門広告のモデルを経て、DDカンパニーマーケティング部門のディレクターを務める。好みのドックフードは、鶏肉を含むものだが、昨今はサーモンなどの魚系も気になっている。比較的、定時に起床・就寝しているため、決まった時間に就業することは問題なし。苦手なものは、猫。

Skill

規則正しい生活

好き嫌いなし

1日2回の散歩

Employment History

DDカンパニー　ドックフードマーケティング部

April 2018 - Junuary 2020

- 「いぬのきもち」シリーズのドックフードにおける全広告の責任者を務める。
- DDカンパニーには、アシスタントとして入社し下積み経験を経ており、社内の犬には顔も広く、犬望も厚い。
- DDカンパニーの社食は、バリエーションを増やすべきだと思っている。
- 1日2回、午前と午後に散歩は欠かさない。

ドックフード専門広告モデル　フリーランス

材料リスト

主に使う機能などは次の通りです。

- デザイン性のあるページ構成
- ポートフォリオに記載する情報の整理
- 載せる場合は、素敵な自分の写真

作り方

作り方のポイントは次の通りです。

❶ このポートフォリのページは、複雑な構成でなく、テキストベースでシンプルに作成していきます。基本の空白ページから作成していきましょう。

◉ポートフォリオの作成開始

Biz-Notion / ... / 作業用 / ポートフォリオ　共有　✓ 更新履歴　お気に入り　•••

ポートフォリオ

❷ ポートフォリオのデザインを検討します。どのような情報が必要か整理し、ブロックをカラムに分割するなどして、視覚的に見やすいページとなるように心がけましょう。ポートフォリオはページデザインによって見る相手への心象が大きく変わってくるため、念入りに設計する価値があります。

◉ポートフォリオのデザイン

Biz-Notion / ... / 作業用 / ポートフォリオ　共有　✓ 更新履歴　お気に入り　•••

ポートフォリオ

XXX
XXX

Details

Profile
XXX

Skill

Employment History

XXX
April 2018 - Junuary 2020
- XXX
- XXX
- XXX

XXX
June 2017 - March 2018
- XXX
- XXX

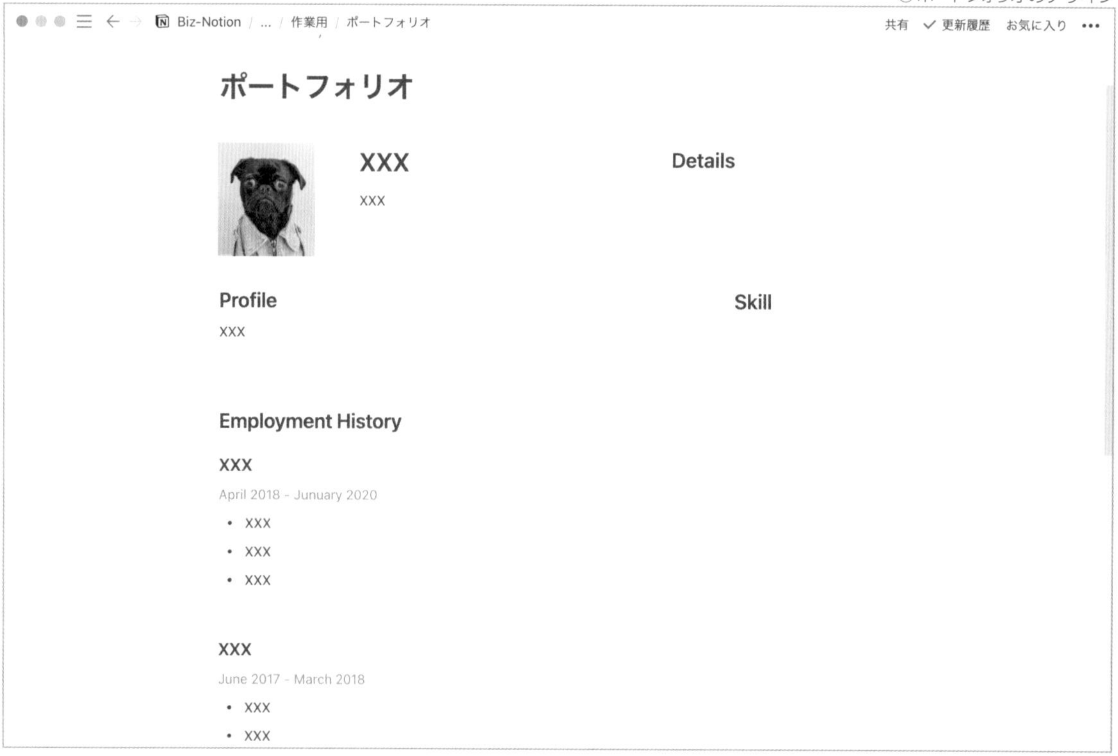

❸ デザインが決まったら、必要な情報を載せていきます。ポートフォリオに載せる情報は提出先に合わせてコントロールしましょう。Notionではデザインの修正も情報の書き換えも、ページの複製も容易に行うことができます。

◉ポートフォリオへの情報の記載

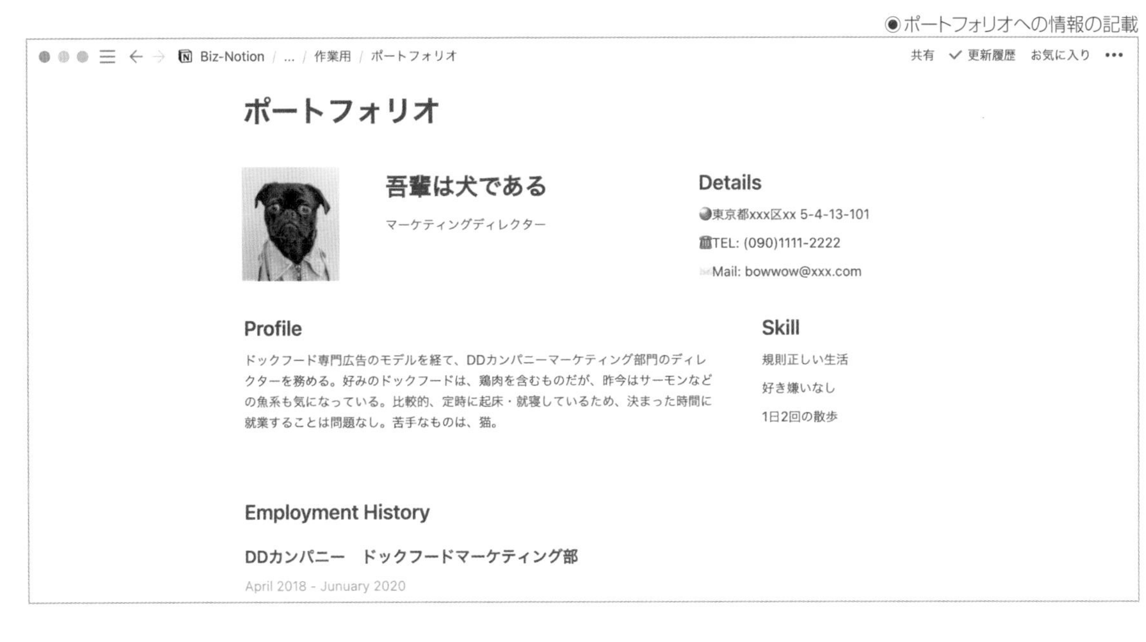

❹ ポートフォリオを作成したら、提出用にエクスポートしましょう。NotionのページはPDF出力が可能なため、外部への提出も簡単です。なお、提出先が許すのであれば、Notionページを外部公開し、URLを連携する形式も検討できます。

◉ポートフォリオのエクスポート

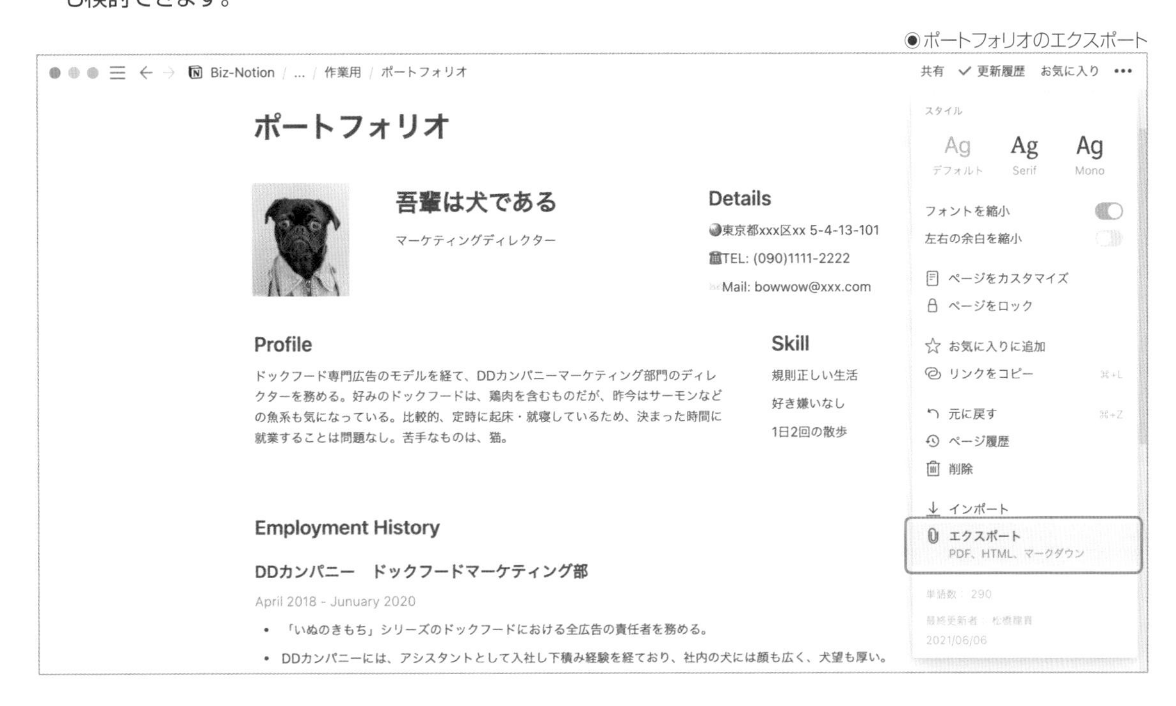

▶飲食店評価ログ

飲食店の口コミサイトは数多くあれど、自分の生活圏内で確実においしいお店というのはなかなか貴重ですよね。会社の仲間内などで、近隣のランチの評価を共有するのにもNotionは最適です。近年加速度的に普及してきた電子決済の利用可否などの情報も、マルチセレクトタグで簡単に付けられます。

◉ランチデータベース

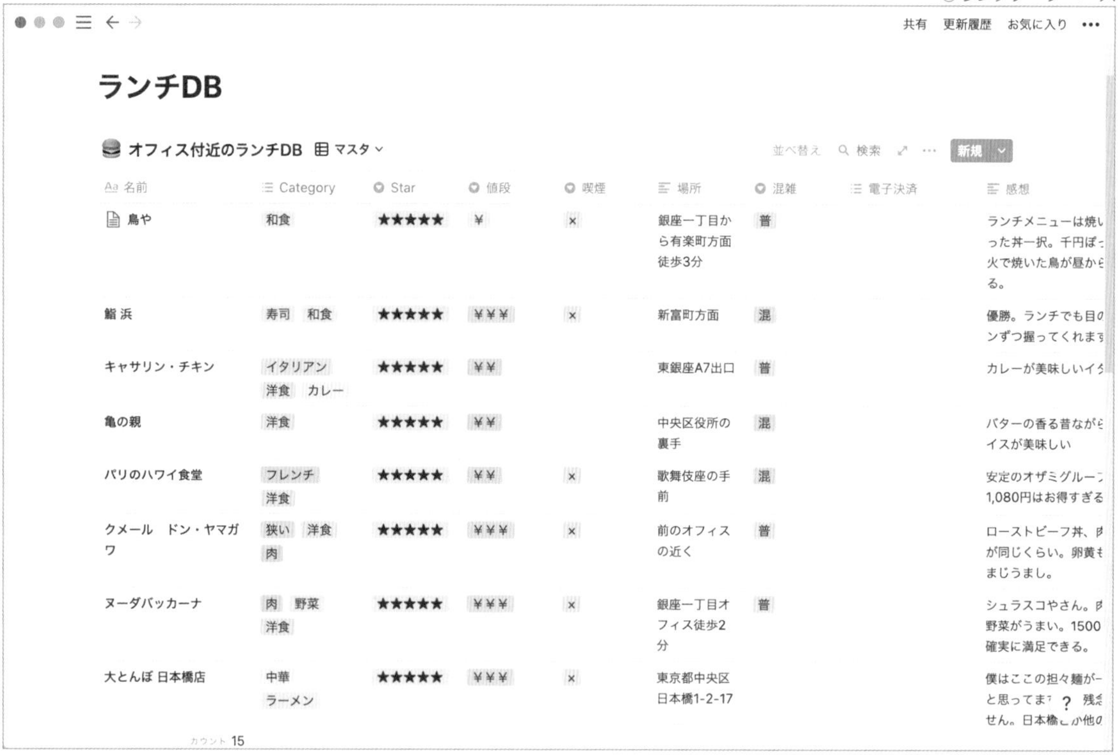

共有 更新履歴 お気に入り •••

ランチDB

オフィス付近のランチDB　マスタ

並べ替え　検索　新規

名前	Category	Star	値段	喫煙	場所	混雑	電子決済	感想
鳥や	和食	★★★★★	¥	×	銀座一丁目から有楽町方面徒歩3分	普		ランチメニューは焼いった丼一択。千円ぽっ火で焼いた鳥が昼からる。
鮨 浜	寿司 和食	★★★★★	¥¥¥	×	新富町方面	混		優勝。ランチでも目のンずつ握ってくれます
キャサリン・チキン	イタリアン 洋食 カレー	★★★★★	¥¥		東銀座A7出口	普		カレーが美味しいイ
亀の親	洋食	★★★★★	¥¥		中央区役所の裏手	混		バターの香る昔ながらイスが美味しい
パリのハワイ食堂	フレンチ 洋食	★★★★★	¥¥	×	歌舞伎座の手前	混		安定のオザミグループ1,080円はお得すぎる
クメール　ドン・ヤマガワ	狭い 洋食 肉	★★★★★	¥¥¥	×	前のオフィスの近く	普		ローストビーフ丼、が同じくらい。卵黄もまじうまし。
ヌーダバッカーナ	肉 野菜 洋食	★★★★★	¥¥¥	×	銀座一丁目オフィス徒歩2分	普		シュラスコやさん。野菜がうまい。1500確実に満足できる。
大とんぼ 日本橋店	中華 ラーメン	★★★★★	¥¥¥	×	東京都中央区日本橋1-2-17			僕はここの担々麺がと思ってま 残せん。日本橋か他の

カウント 15

材料リスト

主に使う機能などは次の通りです。

- 掲載したい飲食店の情報
- テーブル形式のデータベース
- 食のジャンルや混雑度など、持たせたい情報

✿ 作り方

作り方のポイントは次の通りです。

❶ まずはテーブル形式のデータベースを作成し、管理したい情報のプロパティを追加していきましょう。試しに1件、入力しながら考えていくと楽です。たとえば、オフィスからのアクセス方法や、ランチ時の混雑レベルなどはいかがでしょうか。

◉プロパティ設計例

❷ データベースの枠ができあがったら、飲食店の情報を入力していきます。ぜひ周囲の人たちにも共有して、情報をどんどん追記してもらいましょう。

◉ランチデータベース

共有 更新履歴 お気に入り

ランチDB

オフィス付近のランチDB マスタ 並べ替え 検索 新規

名前	Category	Star	値段	喫煙	場所	混雑	電子決済	感想
鳥や	和食	★★★★★	¥	×	銀座一丁目から有楽町方面徒歩3分	普		ランチメニューは焼いった丼一択。千円ぽっ火で焼いた鳥が昼からる。
鮨 浜	寿司 和食	★★★★★	¥¥¥	×	新富町方面	混		優勝。ランチでも目のンずつ握ってくれます
キャサリン・チキン	イタリアン 洋食 カレー	★★★★★	¥¥		東銀座A7出口	普		カレーが美味しいイタ
亀の親	洋食	★★★★★	¥¥		中央区役所の裏手	混		バターの香る昔ながらイスが美味しい
パリのハワイ食堂	フレンチ 洋食	★★★★★	¥¥	×	歌舞伎座の手前	混		安定のオザミグループ1,080円はお得すぎる

❸ある程度、情報が集まってきたら、今度は見たい情報別のビューを作りましょう。食のジャンルや電子決済の使えるところで絞り込んだテーブルや、混雑度別のボードなどがあってもいいかもしれません。

◉ビューの設計例

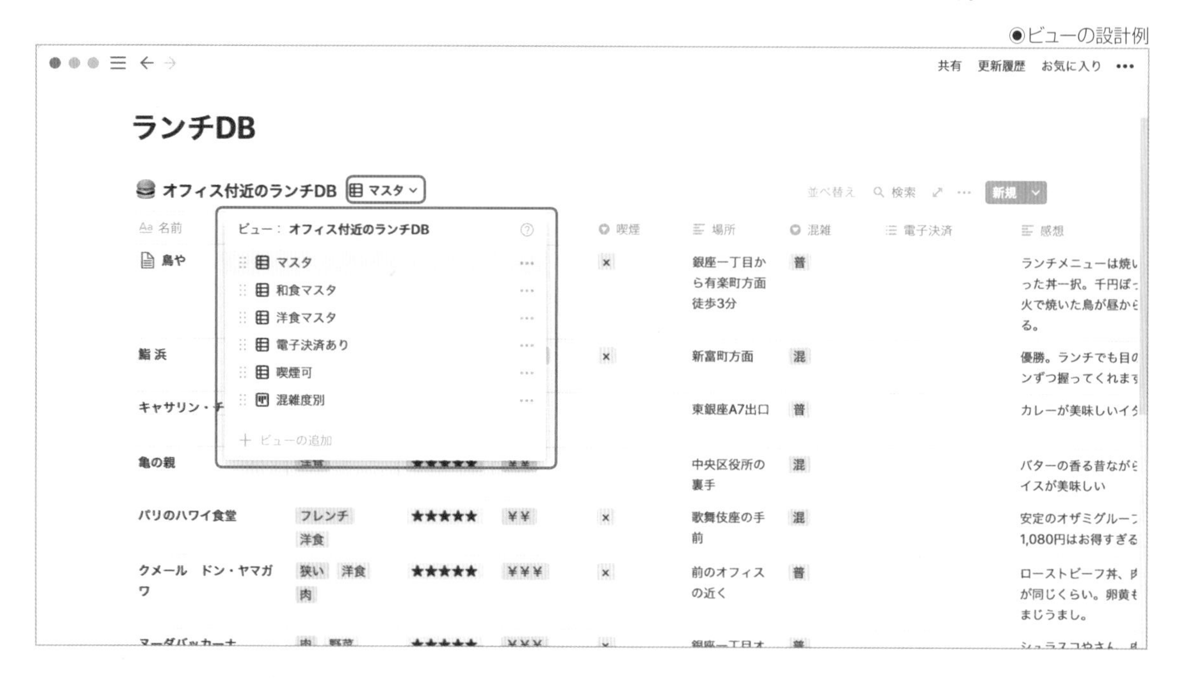

❹たとえば「洋食マスタ」は、食のジャンルにタグ付けされたものの中から、このようにOR条件で洋食とカテゴライズされるものを集めて表示させています。需要の高いビューを作成し、充実したランチ生活に役立てましょう。

◉洋食マスタの絞り込み条件例

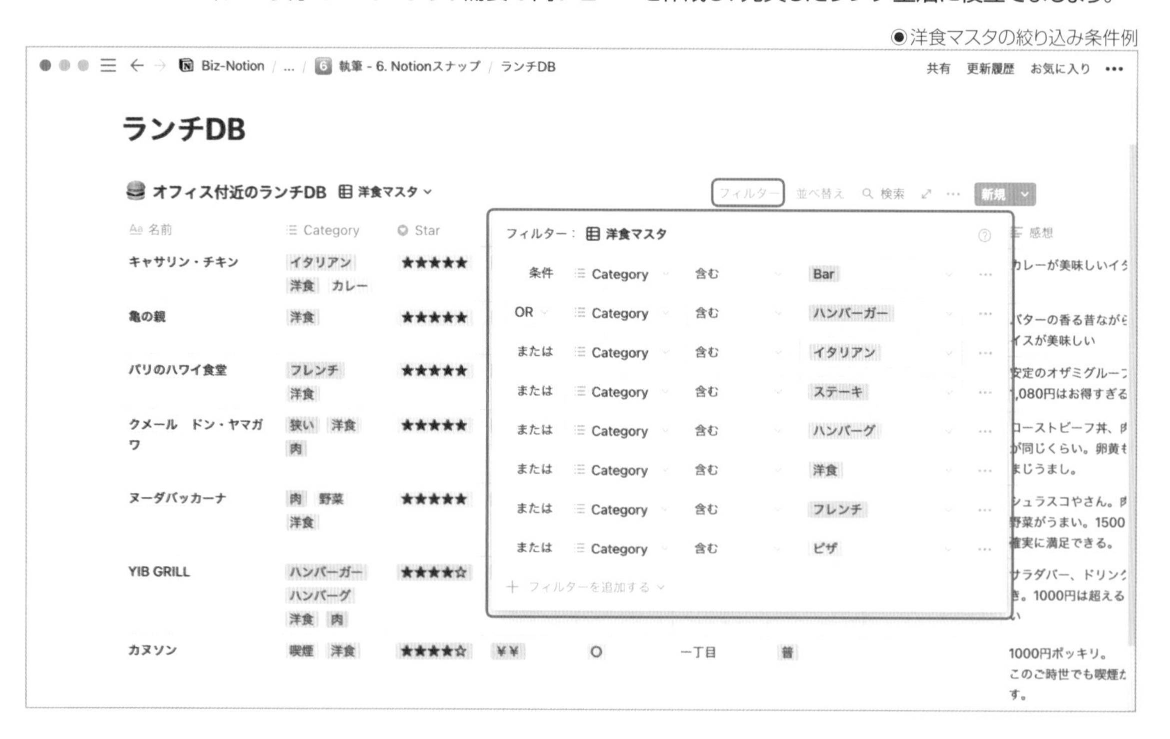

▶人脈管理データベース

多種多様な人々との関わりを持つ中で、「最後にあの人と会ったのはいつだっただろう?」ということはよくあります。このデータベースでは、知り合いの一覧と活動記録をリレーション・ロールアップを活用して連結し、今度会うあの人とは前回何を話したか、などを思い出せるように管理します。

◉人脈管理データベース作成例

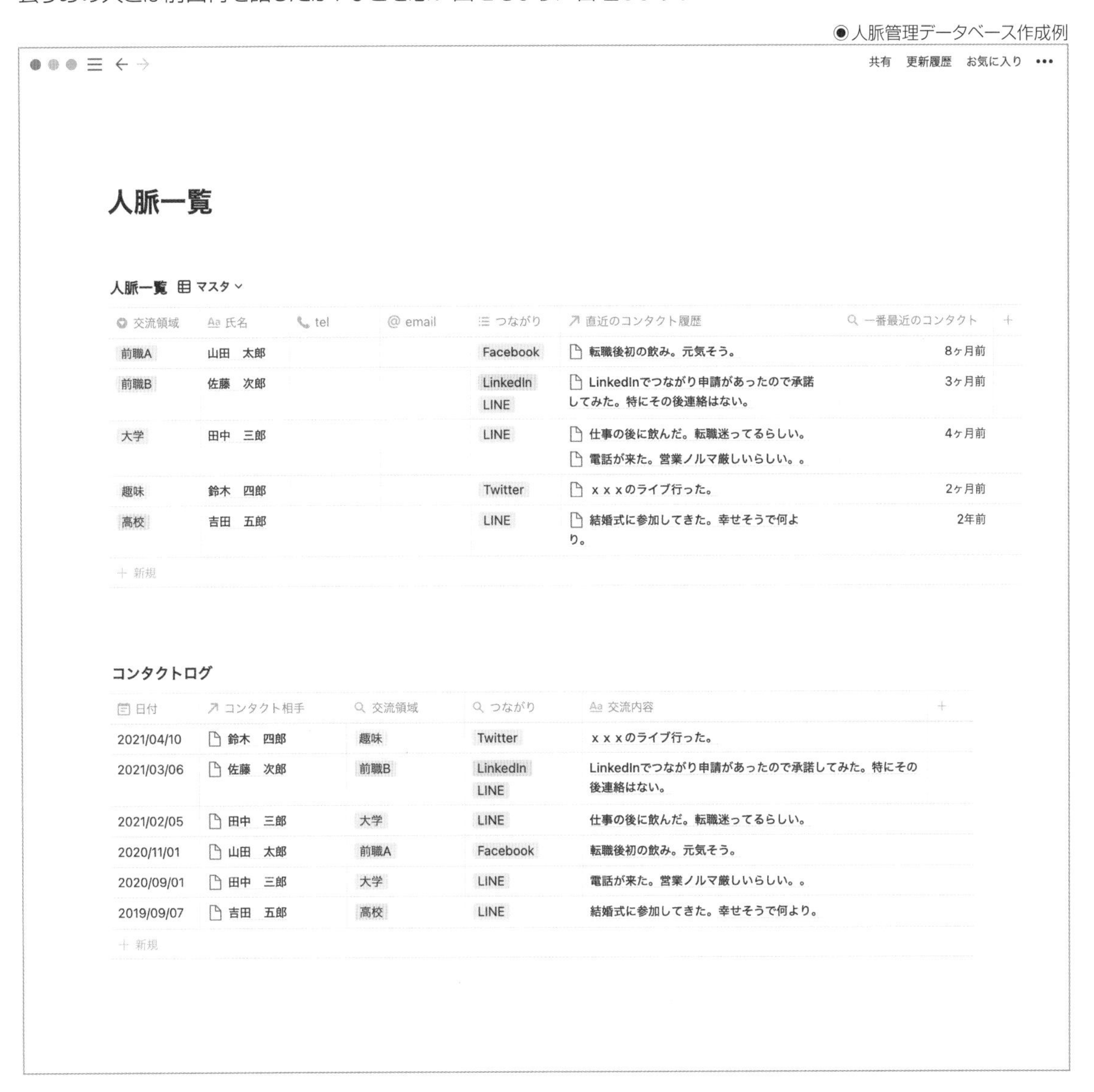

⚙材料リスト

主に使う機能などは次の通りです。

- 知り合いを入力するデータベース
- 知り合いとコンタクトを取った記録を付けるデータベース
- 知り合いと活動を紐づけるリレーション・ロールアップ

作り方

作り方のポイントは次の通りです。

❶まずは知り合いを一覧化しましょう。このとき、いわゆる一般的なアドレス帳にあるような電話番号・メールアドレス・住所などのほか、知り合った経緯やオンライン上でのつながりなど、管理したい情報のプロパティも作成します。

◉人脈一覧の作成例

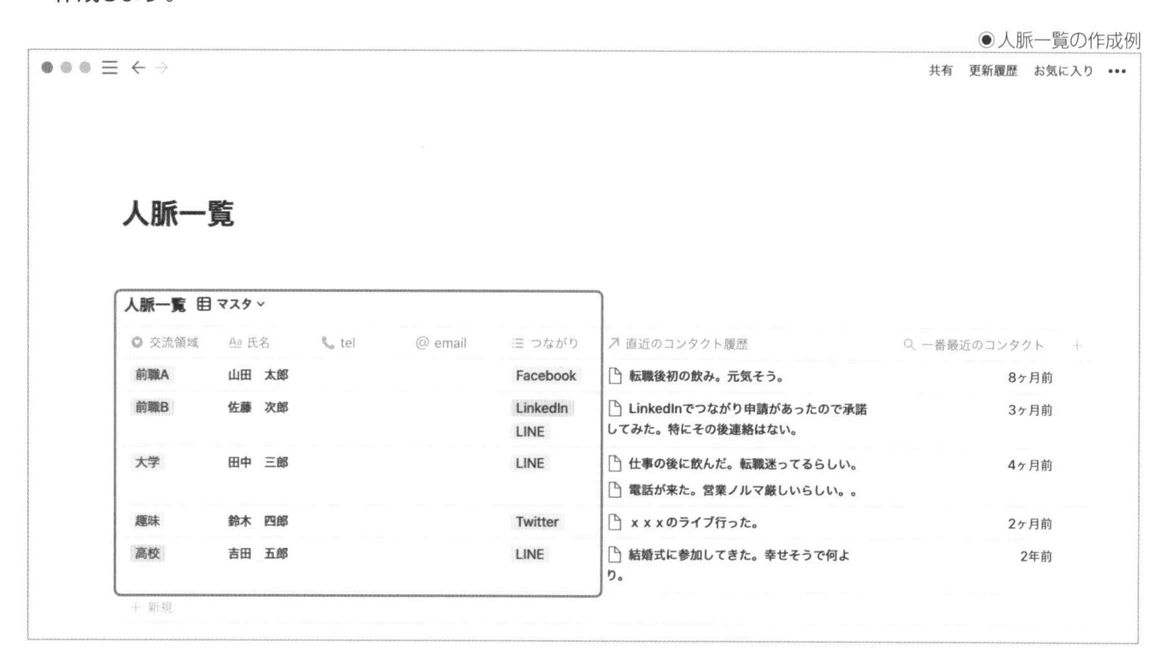

❷次に、知り合いとコンタクトを取った記録を付けるためのデータベース「コンタクトログ」を作成します。リレーション形式で「人脈管理」データベースを参照して人名を選択できるようにし、あとは会った日や何をしたかを書ける欄を作ります。

◉コンタクトログの作成例

❸「コンタクトログ」からのリレーションにより、「人脈管理」には交流内容の情報が表示されるようになりました。そのリレーションをもとに、ロールアップで交流日の最新の日付を参照させます。同様に「コンタクトログ」側でもロールアップで「人脈一覧」から交流領域やつながりのデータを取得してもよいでしょう。

◉リレーション・ロールアップの活用例

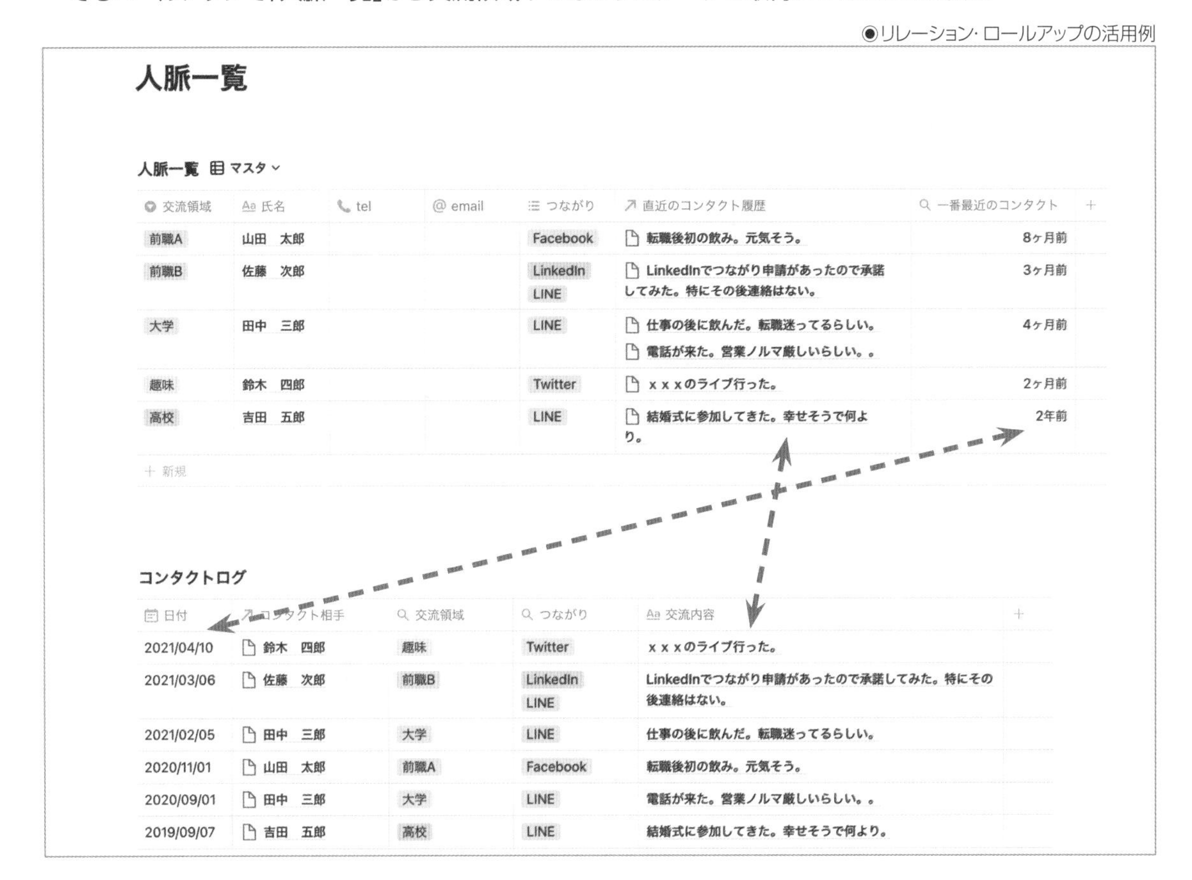

人脈一覧

人脈一覧 マスタ

交流領域	氏名	tel	email	つながり	直近のコンタクト履歴	一番最近のコンタクト
前職A	山田　太郎			Facebook	転職後初の飲み。元気そう。	8ヶ月前
前職B	佐藤　次郎			LinkedIn LINE	LinkedInでつながり申請があったので承諾してみた。特にその後連絡はない。	3ヶ月前
大学	田中　三郎			LINE	仕事の後に飲んだ。転職迷ってるらしい。 電話が来た。営業ノルマ厳しいらしい。。	4ヶ月前
趣味	鈴木　四郎			Twitter	ｘｘｘのライブ行った。	2ヶ月前
高校	吉田　五郎			LINE	結婚式に参加してきた。幸せそうで何より。	2年前

＋ 新規

コンタクトログ

日付	コンタクト相手	交流領域	つながり	交流内容
2021/04/10	鈴木　四郎	趣味	Twitter	ｘｘｘのライブ行った。
2021/03/06	佐藤　次郎	前職B	LinkedIn LINE	LinkedInでつながり申請があったので承諾してみた。特にその後連絡はない。
2021/02/05	田中　三郎	大学	LINE	仕事の後に飲んだ。転職迷ってるらしい。
2020/11/01	山田　太郎	前職A	Facebook	転職後初の飲み。元気そう。
2020/09/01	田中　三郎	大学	LINE	電話が来た。営業ノルマ厳しいらしい。。
2019/09/07	吉田　五郎	高校	LINE	結婚式に参加してきた。幸せそうで何より。

❹あとはビューを活用し、最後にやり取りをしてからの経過時間が長い順で並べ替えてみたり、つながりや出会いのきっかけ別でボード管理してみたりと、目的ごとに情報を整理してみましょう。

◉ビューの設定例

人脈一覧 マスタ　　検索　…　新規

ビュー：人脈一覧
- マスタ
- 最後のコンタクトから長い順
- つながり別
- 交流領域別

＋ ビューの追加

email	つながり	直近のコンタクト履歴	一番最近のコンタクト
	Facebook	転職後初の飲み。元気そう。	8ヶ月前
	LinkedIn LINE	LinkedInでつながり申請があったので承諾してみた。特にその後連絡はない。	3ヶ月前
	LINE	仕事の後に飲んだ。転職迷ってるらしい。 電話が来た。営業ノルマ厳しいらしい。。	4ヶ月前
	Twitter	ｘｘｘのライブ行った。	2ヶ月前
高校　吉田　五郎	LINE	結婚式に参加してきた。幸せそうで何より。	2年前

＋ 新規

▶ おもひで

Notionのギャラリーを使用することで、簡単に複数人で共有できるアルバムを作成することができます。誰でもアクセスでき、簡単に楽しい雰囲気を出すことができるので、イベントを開催した後に用意してみましょう。

◉思い出ページ

材料リスト

主に使う機能などは次の通りです。

- 複数のイベントを管理するためのページ
- 画像格納用のデータベース
- みんなとの思い出の写真

作り方

作り方のポイントは次の通りです。

❶ まずはイベントの画像を格納するマスタとなるデータベースを用意します。写真に加え、どのイベントの写真か、写っている人をタグ付けできるようにしましょう。特に企業では、後からイベント画像を使用する機会も多いので写っている人などが明記されていると目的の画像が探しやすくなります。

◉アルバムマスタの作成

❷ イベントページに、リンクドデータベースでアルバムマスタをギャラリー形式で表示します。リンクドデータベースにはフィルタで該当イベントの画像のみを表示するように設定しましょう。リンクドデータベースにすることで、先述した通り、画像を後から探す際に検索が容易になります。

◉イベントページの作成

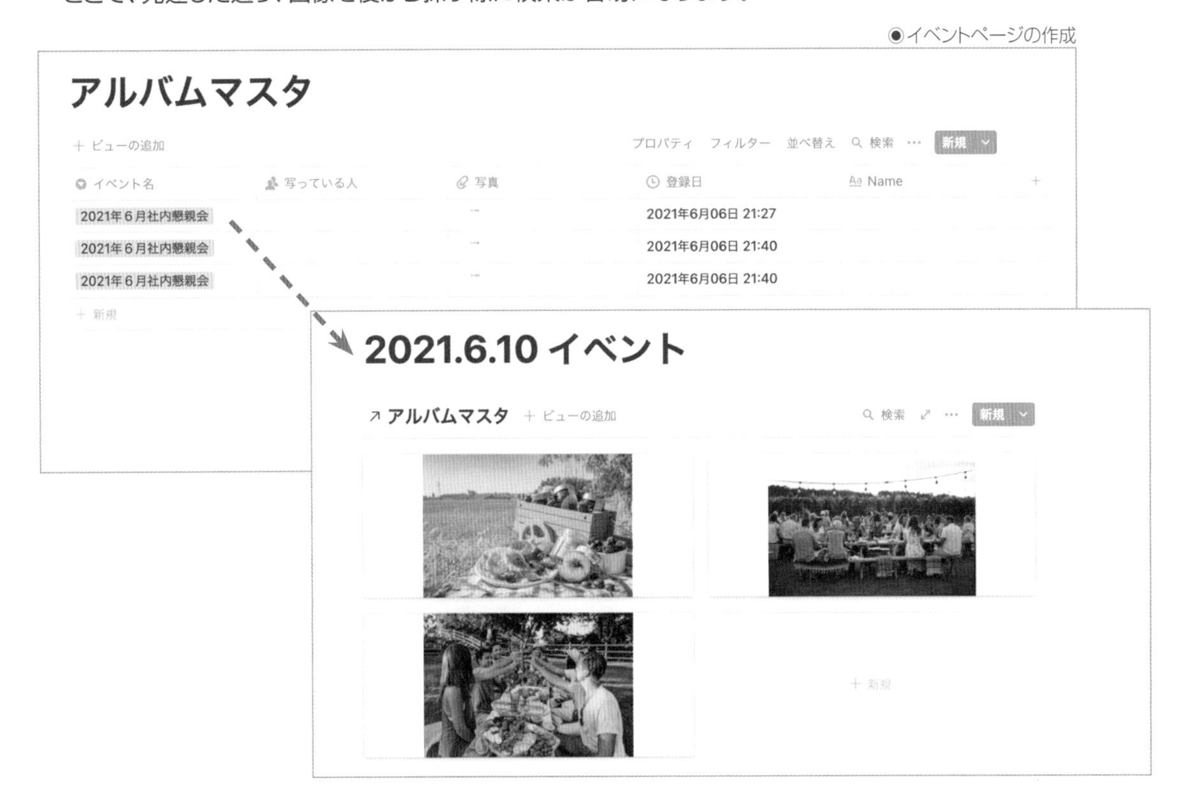

❸ 次に思い出を格納するためのページを作成します。イベントごとにページを作成していく形式がシンプルでよいです。ステップ❷で作成した、リンクドデータベースを設定したページをテンプレートボタンにしておくと、簡単に新しいページを作成できるようになって利便性が向上します。

◉テンプレートボタン作成例

❹ テンプレートボタンからイベントページを作成したら、参加者にページを共有し、画像を格納してもらいましょう。みんなの思い出を共有することで、楽しかったイベントをさらに楽しいものにしてしまいましょう。

◉イベントページ

▶ 独自観点系データベース

最後にもう少しだけ、データベースの活用例を紹介します。複雑な設計は必要ないため、どなたでも簡単に作成が可能になっています。

引越先の物件選定

物件情報サイトは非常によく作り込まれており、比較検討も楽に実施できるところが多いですが、自分の気にする情報だけを見たい場合はNotionで簡単なデータベースを作ってしまうとよいでしょう。宅配ボックスの有無やインターネット回線のクオリティなど、自分が特に気にする条件のプロパティを設け、さほど気にしない、たとえば床材の種類などの情報は見なくて済むようにすれば、重要な判断基準のみに集中して検討することができます。項目内ページに間取り図を貼り、専用のビューを用意してもいいかもしれません。

◉候補物件リスト

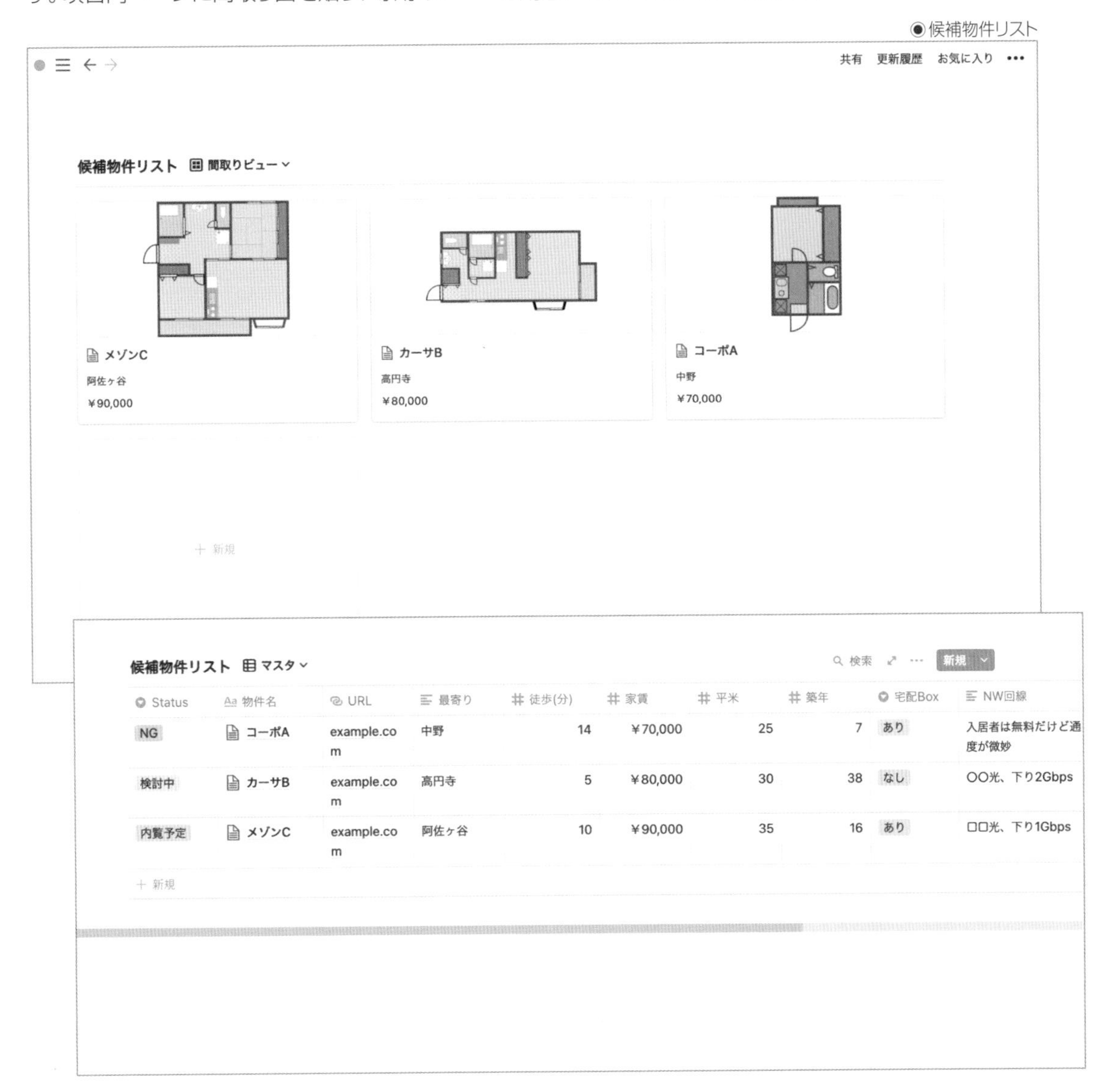

コスメデータベース

化粧品やメイク用品というのは、本当に星の数ほど種類があります。口コミサイトこそ多数ありますが、こと自分に合っているかどうかのログを付ける目的を果たせるかというと、なかなかそうはいきません。Notionなら、このように皮膚感覚や嗅覚的な評価軸を置いてみたり、画像付き種類別ボードにしてみたりと、どこまでも好きな観点で評価ログを付けることが可能です。

◉コスメ評価データベース

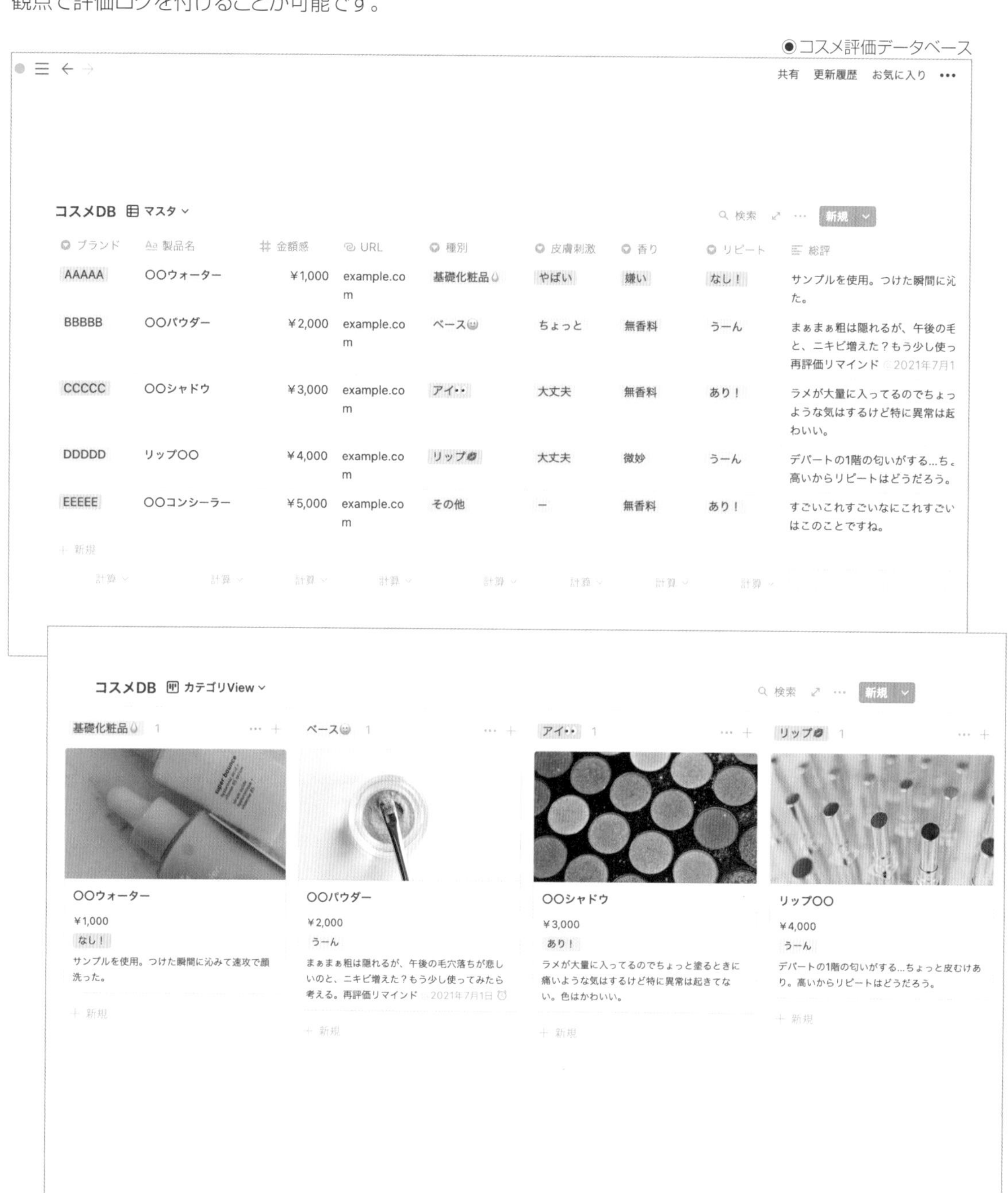

ギフト管理簿

贈り物をする相手が多かったり、家族などに何度も同じ人にギフトを贈ることがある場合など、過去に贈ったギフトを思い出せなくて困ることがありますよね。このようなログをつけておけば、たとえばお母さんには去年どんな誕生日プレゼントをあげたか、どんな反応だったかなど、絞り込みで簡単に見つけることができます。画像付きのギャラリーを用意しておけば、贈り物選びに迷ったときのヒントにもなるかもしれません。

◉贈呈済みギフトのログ

共有　更新履歴　お気に入り　•••

ギフト管理簿　マスタ

誰に	いつ	何をあげたか	価格感	リアクション	参考URL	コメント
母	2021/01/12	メイクブラシセット	¥6,000	よさそう	example.com	何年使ってるのかわからないのをいまだに使ってた 古いの捨ててたから、たぶん気に入ってくれてる。
祖父	2021/01/06	焼酎	¥4,000	愛想笑い系	example.com	飲んではくれたけど全然減らない。味が好みじゃな んに聞いてみよう。
父	2020/06/23	バーボン	¥5,000	微妙感出された	example.com	もう今度は欲しいもの聞いてから買う。
母	2020/01/12	いい鍋	¥20,000	微妙と見える	example.com	最近ぶつぶつお父さんに言ってたから買ってみた。 が欲しかったみたい。リサーチ不足。
祖母	2019/12/26	京の漬物	¥3,000	よさそう	example.com	喜んでくれた。また買ってきてって。次いつ行ける
妹	2019/10/21	美顔ローラー	¥9,000	愛想笑い系	example.com	当てつけだと思われたかも。高かったのに。
兄	2019/07/24	腹筋鍛える機械	¥8,000	微妙感出された	example.com	腹肉を気にしてたからあげたら、もう自分でもっと い。
Aさん	2018/11/13	お菓子詰め合わせ	¥3,000	微妙と見える	example.com	快気祝いに職場のみんなで贈呈。でもまだ食べられ つだった。
母	2018/01/12	あったかい靴下のセット	¥5,000	よさそう	example.com	冬生まれなのに寒さに弱いからあげてみた。毎日履
Bさん	2018/01/04	ベビー用タオルケット	¥10,000	愛想笑い系	example.com	出産祝いにあげたら、やっぱり他の人も同じような むずかしいなー。

＋ 新規

SECTION 14 仕事で使えるテンプレート

次に、仕事で活用できるテンプレートを紹介します。企業活動のさまざまな側面でNotionを活用していくにあたり、デザインアイデアとして参考にしてください。

▶社内ポータル

全社員向けの各種お知らせや社内規定、社員一覧やリンク集などは、ほとんどの企業が何らかの方法で整備しているでしょう。それをNotionで構築するにあたり、シンプルに子ページをメインとしたページ構成にした例です。

◉社内ポータル

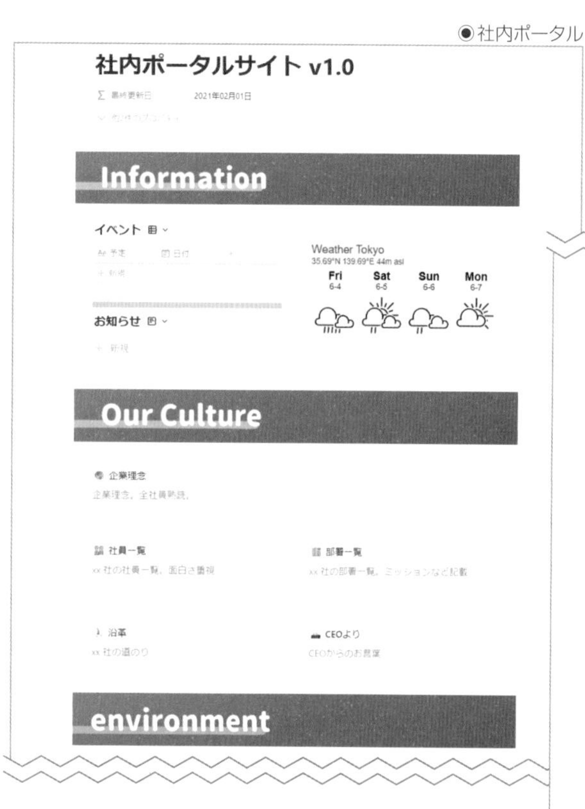

材料リスト

主に使う機能などは次の通りです。

- バナー的に画像を用いたセクション表現
- 全社トップページに最適なデータベースとビューの活用
- 子ページを効果的に配置した情報の掲載

作り方

作り方のポイントは次の通りです。

❶ まずはページの大枠を決め、セクションの見出しを付けます。Notionの見出しブロックを使用してもよいですが、ここでは視覚的なインパクトを重視して、画像をバナーのように使用しています。

◉セクション見出し

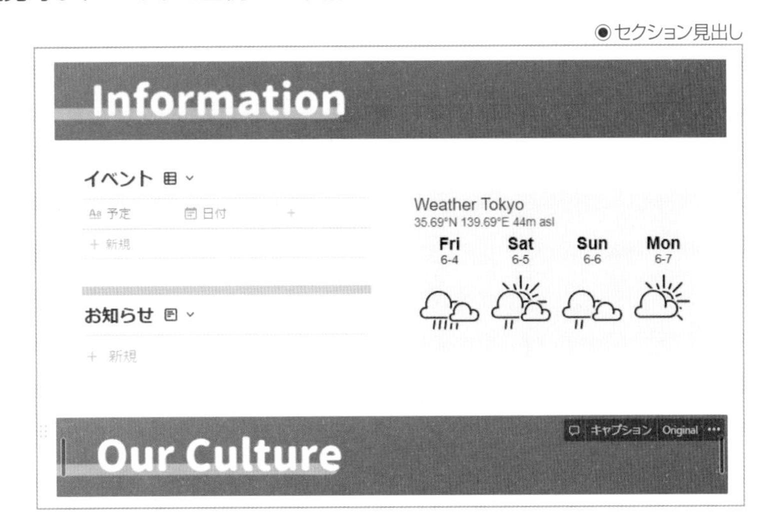

❷ 通達やニュースなど、時事性の高い情報をデータベースで表示する場合には、常に最新の情報がコンパクトに表示されるように、フィルターや並べ替えを設定しておきましょう。

◉絞り込み条件の例

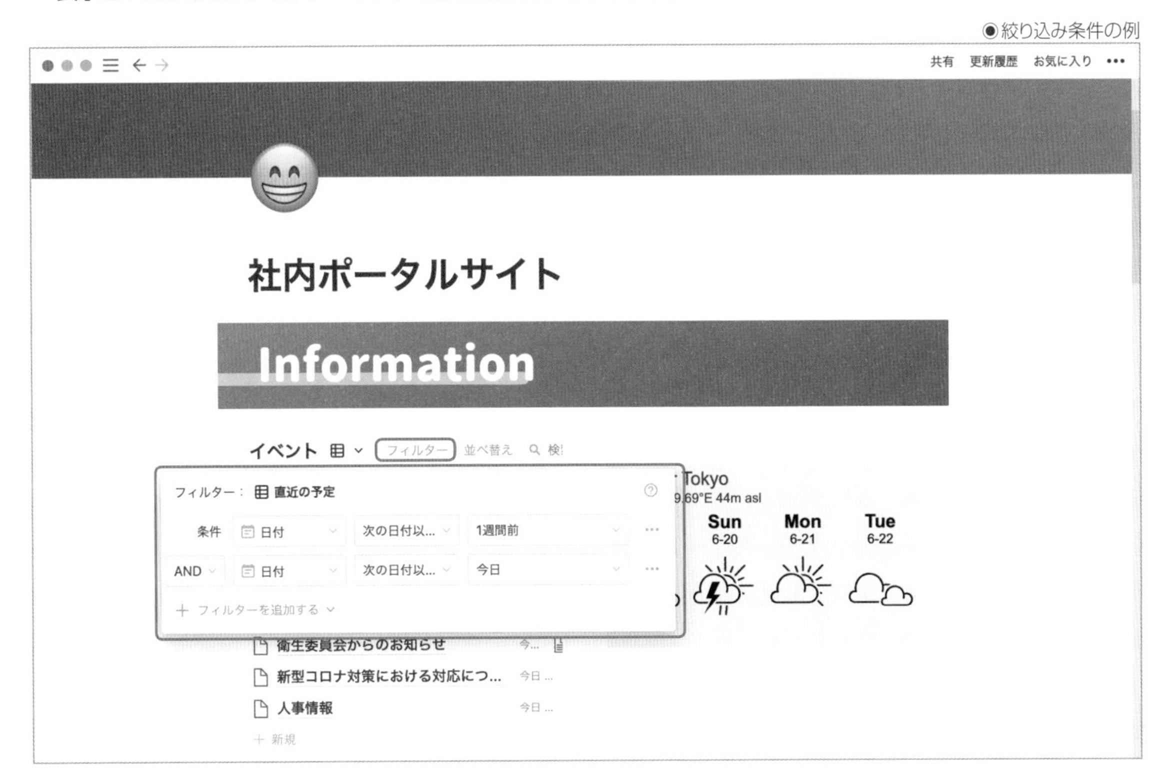

❸ シンプルな子ページを並べるセクションでは、子ページのカテゴリごとにコールアウトブロックでカラム化したり、各子ページの下にグレーのフォントでページの説明を付け加えたりするとユーザーフレンドリーな見た目になります。

◉子ページの配置例

❹ 社内ポータルページにはないページや他のオンラインツールの情報で、社員がよくアクセスするものがあれば、ブックマークとしてリンクをまとめておくと便利です。

◉リンク集

▶顧客管理(CRM+SFA)

活動ログやクライアント企業、コンタクトの連絡先などの基本のリストをベースに、情報インプット・アウトプットの目的別ページや全体管理用のボード、営業活動カレンダーなどを全てリンクドデータベースで実現している例です。

◉顧客管理ページ

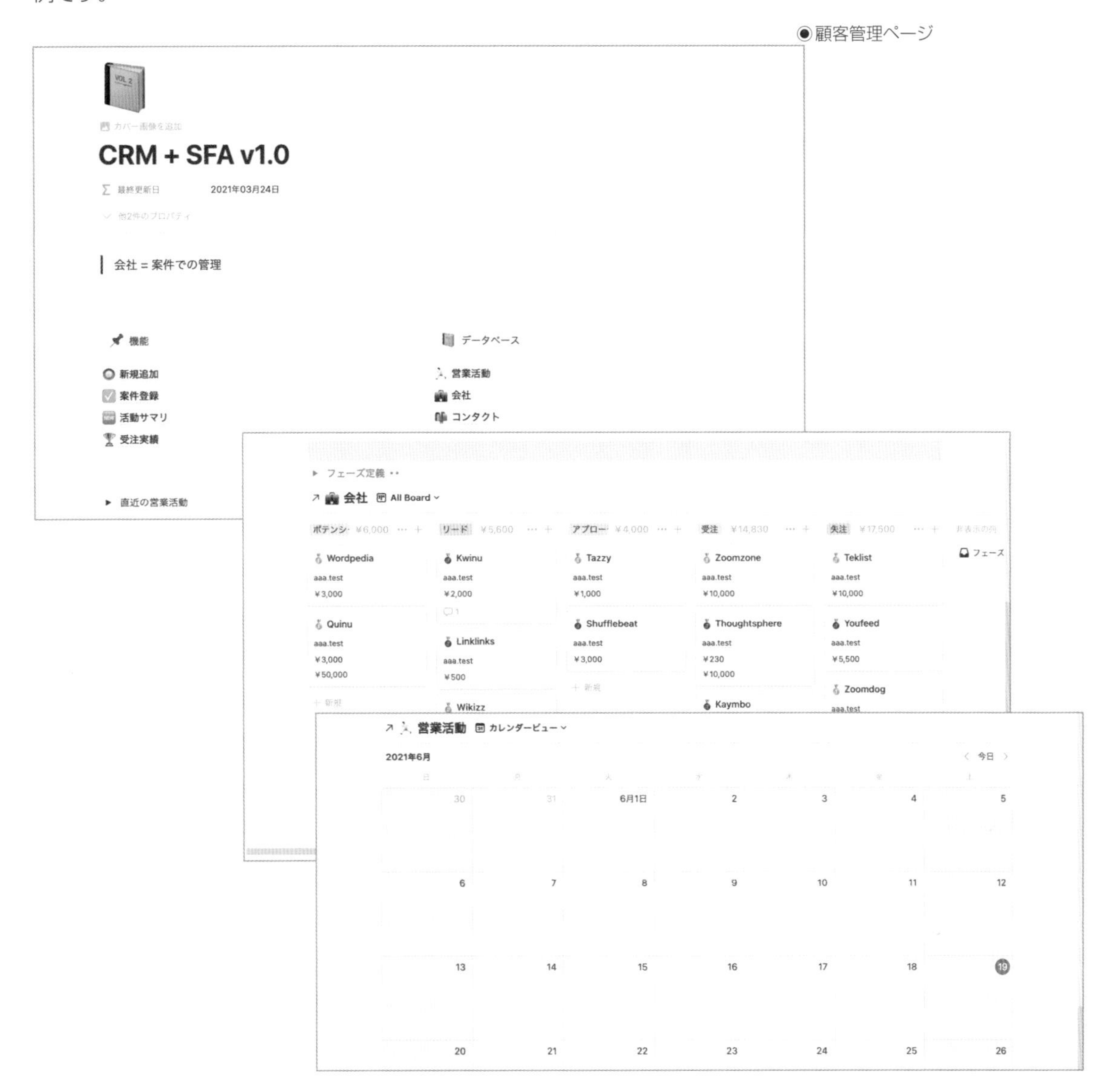

✿材料リスト

主に使う機能などは次の通りです。

- 管理したい基本的な情報のデータベース
- チームの活動に必要な情報入力のための各種リンクドデータベース
- チームの活動ログを管理・トラッキングするための各種リンクドデータベース

作り方

作り方のポイントは次の通りです。

❶ まずはすべての基本となる、管理対象情報を種類ごとにまとめたデータベースを作成します。この例では、訪問やWeb会議などの「営業活動」、アプローチする対象となる「会社」、それらの会社で連絡を取っている「コンタクト」先のデータベースをそれぞれ作成します。

●管理情報データベース

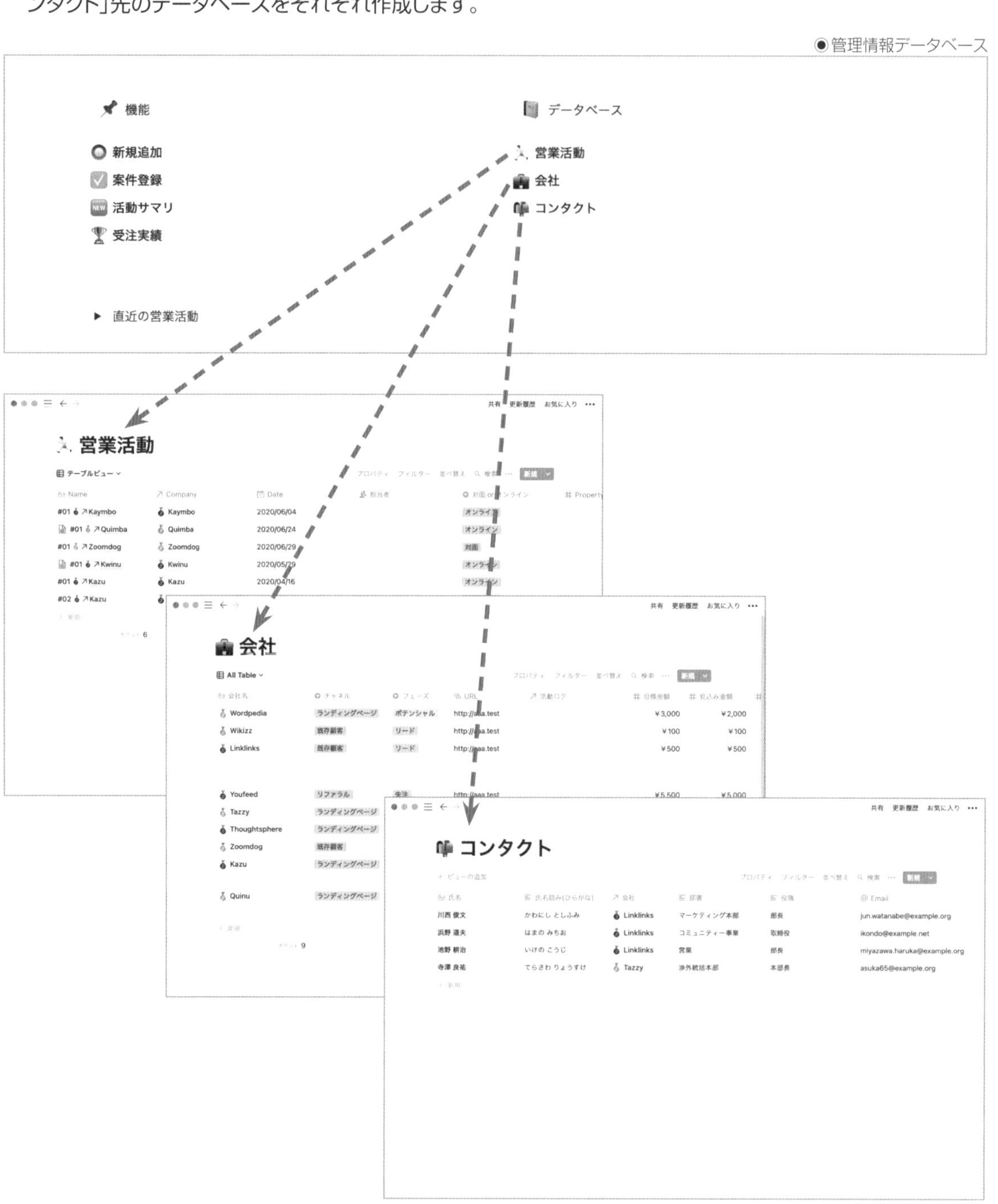

❷ 次に、上記で作成した各データベースをリレーションでつなぎ、相互参照できるようにします。この例では、「営業活動」データベースの「Company」列と「コンタクト」データベースの「会社」列が、それぞれ「会社」データベースを参照しています。

●データベースのリレーション

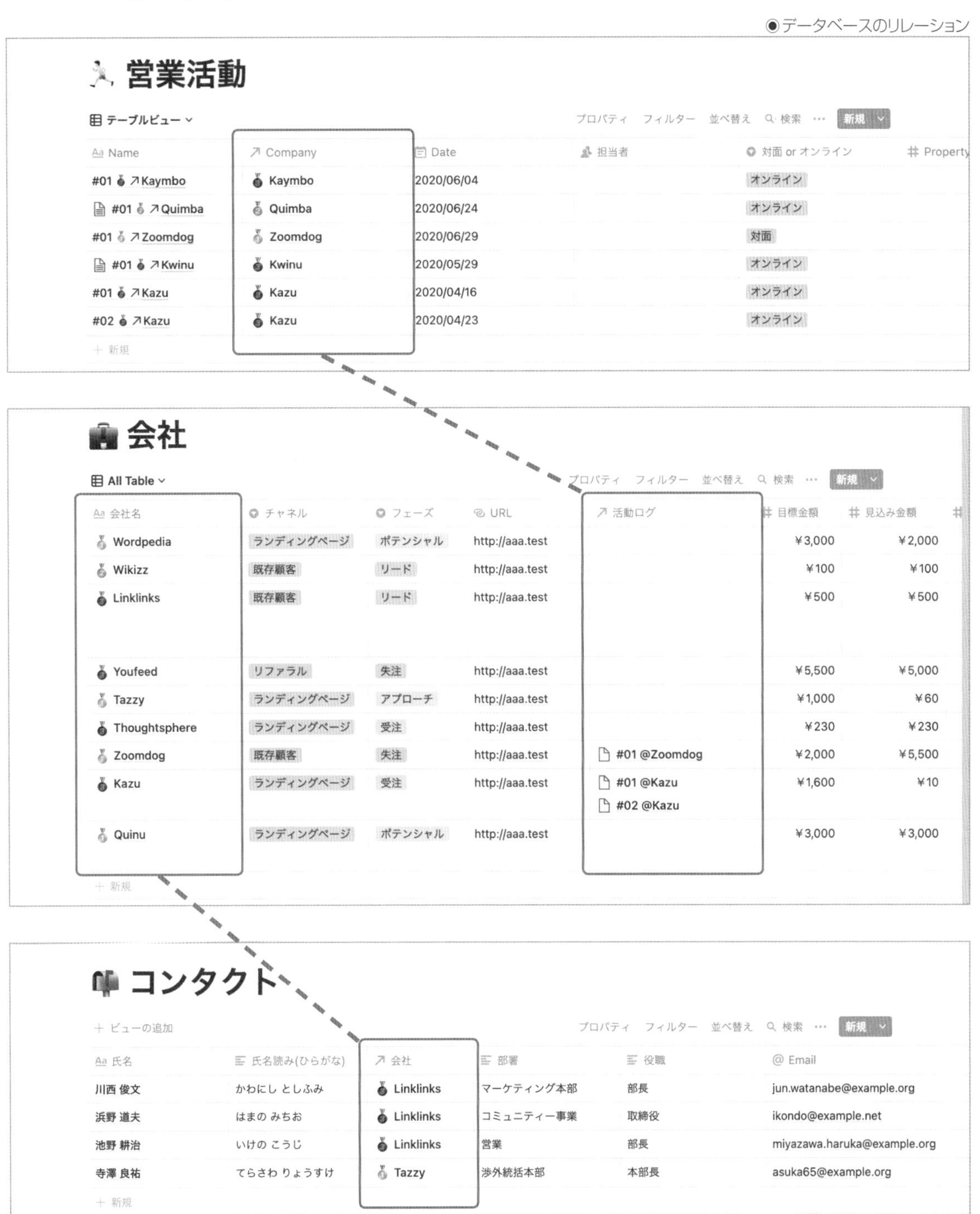

❸基本の情報が揃ったら、次はチームの活動や案件情報を記録するページや、会議・報告などに使いたい情報をまとめたページを作成していきます。各ページでは、リンクドデータベースを複数作成し必要な情報だけで絞り込んでいます。

◉目的別ページ

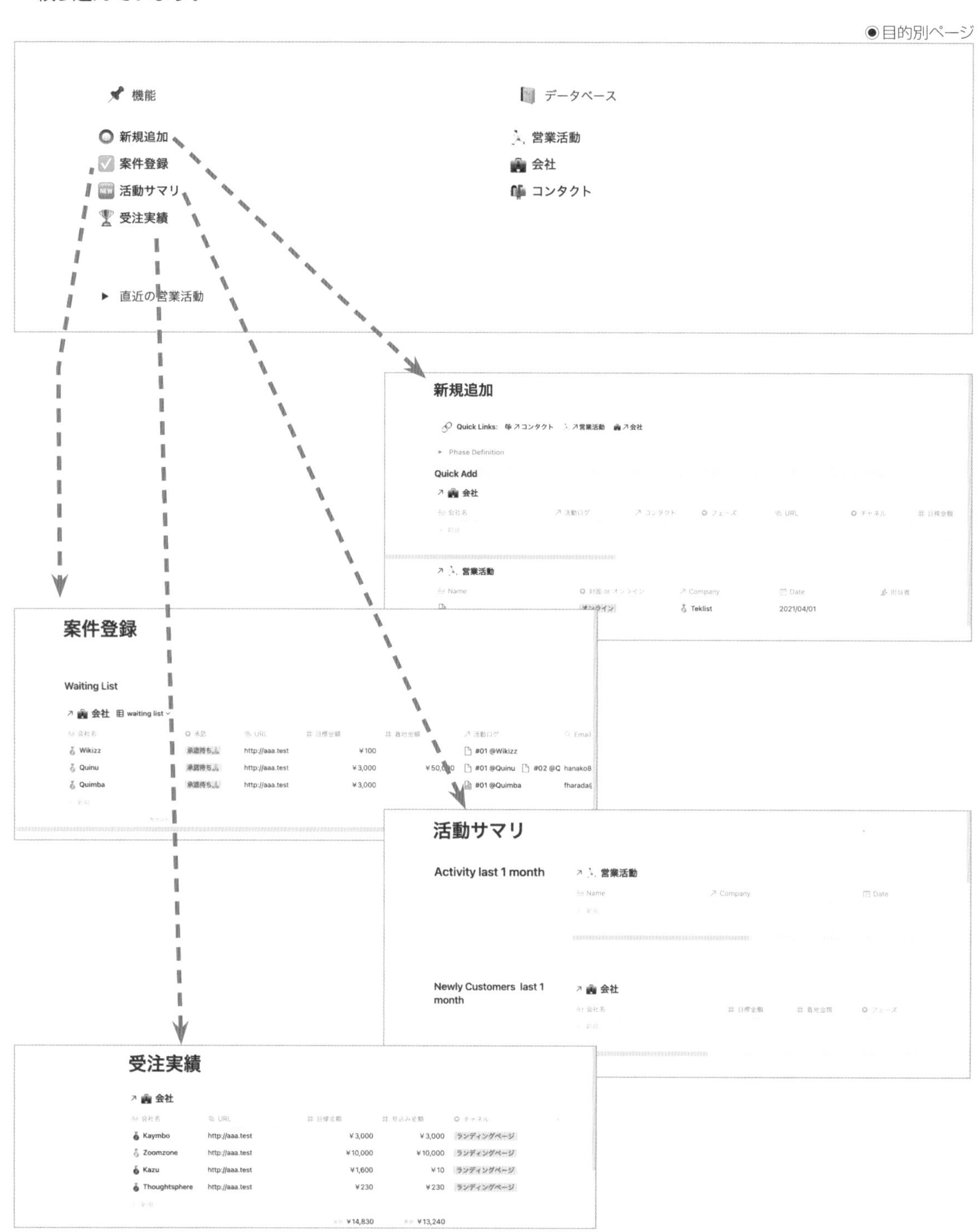

❹ 最後に、子ページを開かずとも常に表示させたい情報、たとえば提案フェーズごとにグルーピングした「会社」データベースへのボードビューや、「営業活動」のカレンダービューなどを、先ほどと同様にリンクドデータベースで作成します。

▶プロジェクト管理

このプロジェクト管理ボードには、「プロジェクト」と「タスク」の2つしかマスターデータベースはありません。その2つを軸に、各種リンクドデータベースで様々な情報を表現しています。こちらの作成例では上半分が「個人ビュー」、下半分が「全体管理」となっています。個人ビューでは絞り込み条件の「自分」を活用して閲覧者自身に関連するタスクのみを表示するように設定しており、メンバー個人のタスク管理とプロジェクトの全体管理がこの1ページで一挙に行える構成となっています。

●プロジェクト管理ページ

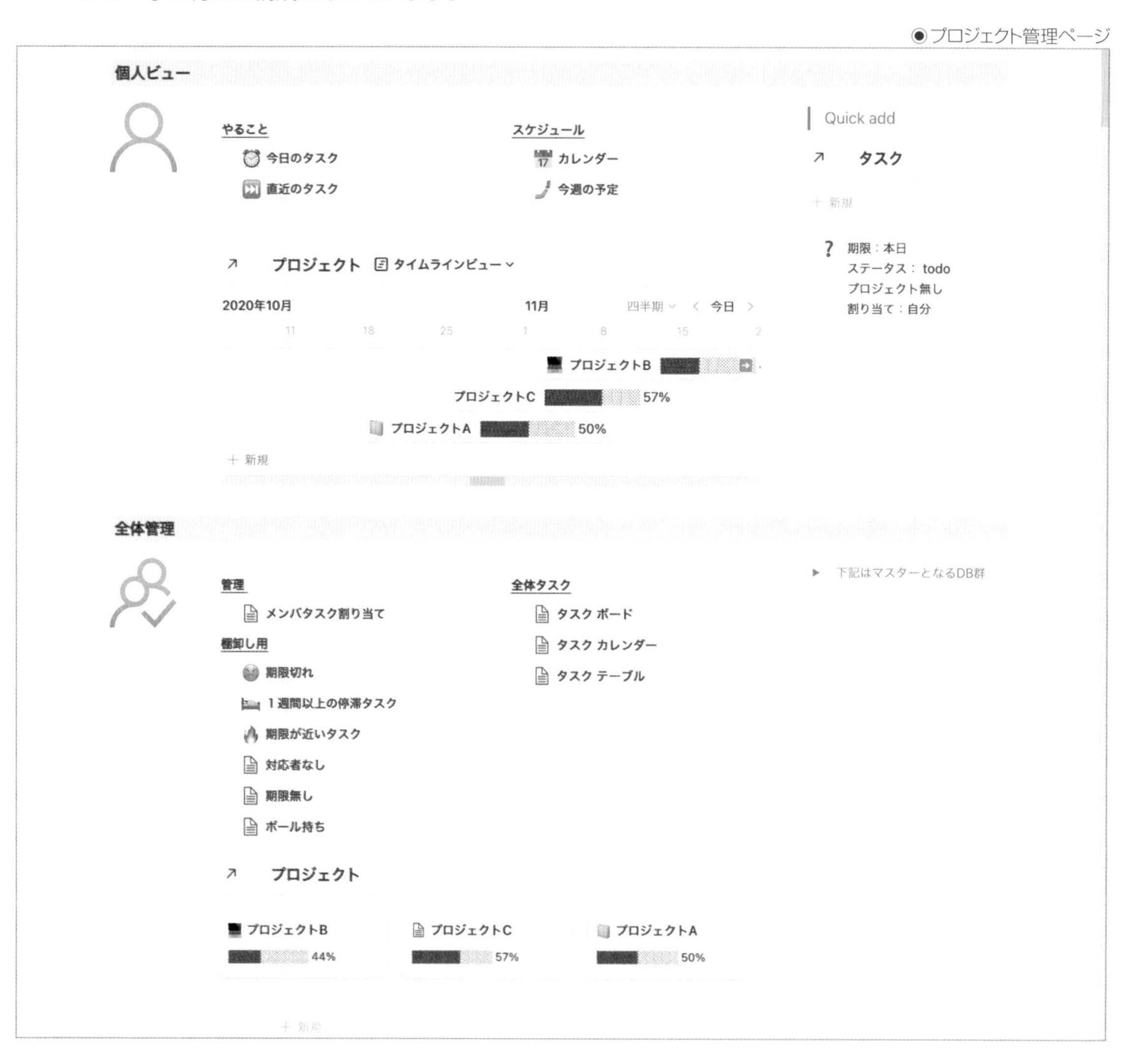

材料リスト

主に使う機能などは次の通りです。

- 全体の軸となる「プロジェクト」と「タスク」のデータベース
- プロジェクトメンバーが自身のタスクのみを集中して管理するためのリンクドデータベース
- プロジェクト全体推進管理のための各種リンクドデータベース

✿作り方

作り方のポイントは次の通りです。

❶ まずは管理の軸となる「プロジェクト」と「タスク」のマスターデータベースを作成します。これらのデータベースはメインのページではさほど開くことはないため、端の方に寄せておくと視覚的にも邪魔になりません。

◉マスターデータベース

プロジェクト名	タグ	開始日	終了日	進捗
プロジェクトA	社内	2020/10/17	2020/11/08	50%
プロジェクトB	新規	2020/11/02	2020/12/06	44%
プロジェクトC	社内	2020/10/25	2020/11/17	57%

タスク名	期限	対応者	ステータス	プロジェクト	曜日	期限まで
メール送付	2020/09/02	Yojiro Kondo	Done	プロジェクトA	Wed	-290
資料レビュー提出	2020/09/30	龍貴 松橋	Doing		Wed	-262
Task 32	2020/09/02	Yojiro Kondo	Backlog		Wed	-290
資料レビュー	2020/08/31	Yojiro Kondo	Doing	プロジェクトB	Mon	-292
定例の実施	2020/09/24	龍貴 松橋	Done	プロジェクトC	Thu	-268
資料作成	2020/09/02	Yojiro Kondo	Doing	プロジェクトB	Wed	-290
課題管理表更新	2020/09/22	龍貴 松橋		プロジェクトB	Tue	-270
Task BB	2020/09/03	Yojiro Kondo	Backlog		Thu	-289
レビュー	2020/09/14	Ai Sasaki	Done		Mon	-278
資料提出	2020/09/15	龍貴 松橋	Done	プロジェクトB	Tue	-277
構成検討	2020/09/23	龍貴 松橋	Backlog		Wed	-269
資料再レビュー	2020/09/11	Yojiro Kondo	Done		Fri	-281
骨子検討	2020/09/07	Ai Sasaki	Done	プロジェクトB	Mon	-285
資料レビュー	2020/09/18	Yojiro Kondo	Done	プロジェクトB	Fri	-274
Task CC	2020/09/04	Yojiro Kondo			Fri	-288

❷次に個人ビューを作成します。各子ページの配下はいずれも「タスク」マスターのリンクドデータベースですが、たとえば「今日のタスク」なら左のような条件で絞った結果のみを表示させたり、「Quick add」なら条件を指定した状態のリンクドデータベースになっているため、新規項目追加で、自身が担当者欄にあらかじめ入力された状態から素早くタスクの追加ができるようになっています。

◉個人ビュー作成例

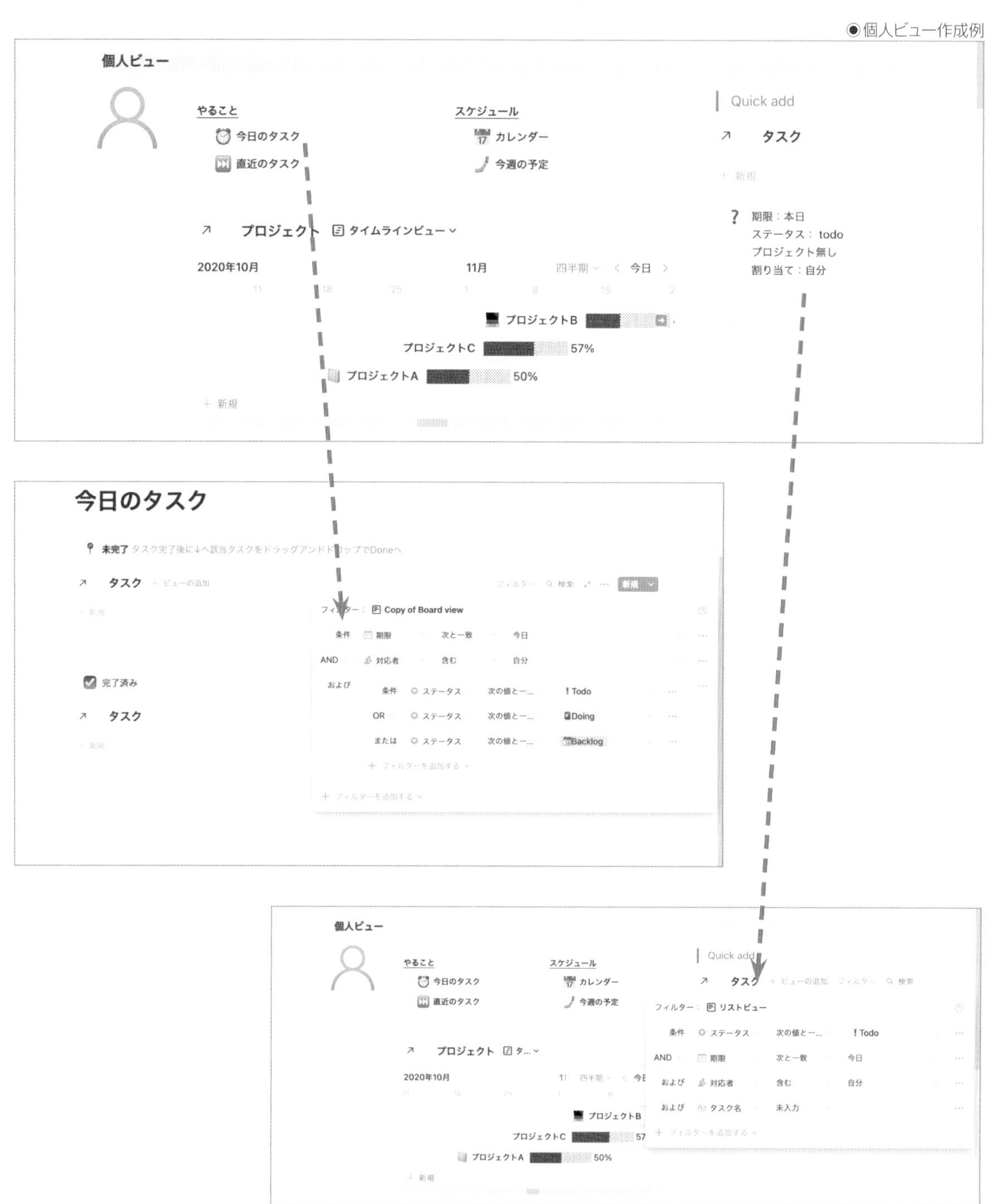

❸ 次は全体管理のセクションです。プロジェクトメンバーのタスク保持状況のボードのほか、プロジェクト管理として手当の必要なタスク（期限切れや停滞タスク、対応者や期限が未定のタスクなど）を、それぞれ「タスク」マスターのリンクドデータベースで作成していきます。

●全体管理セクション作成例

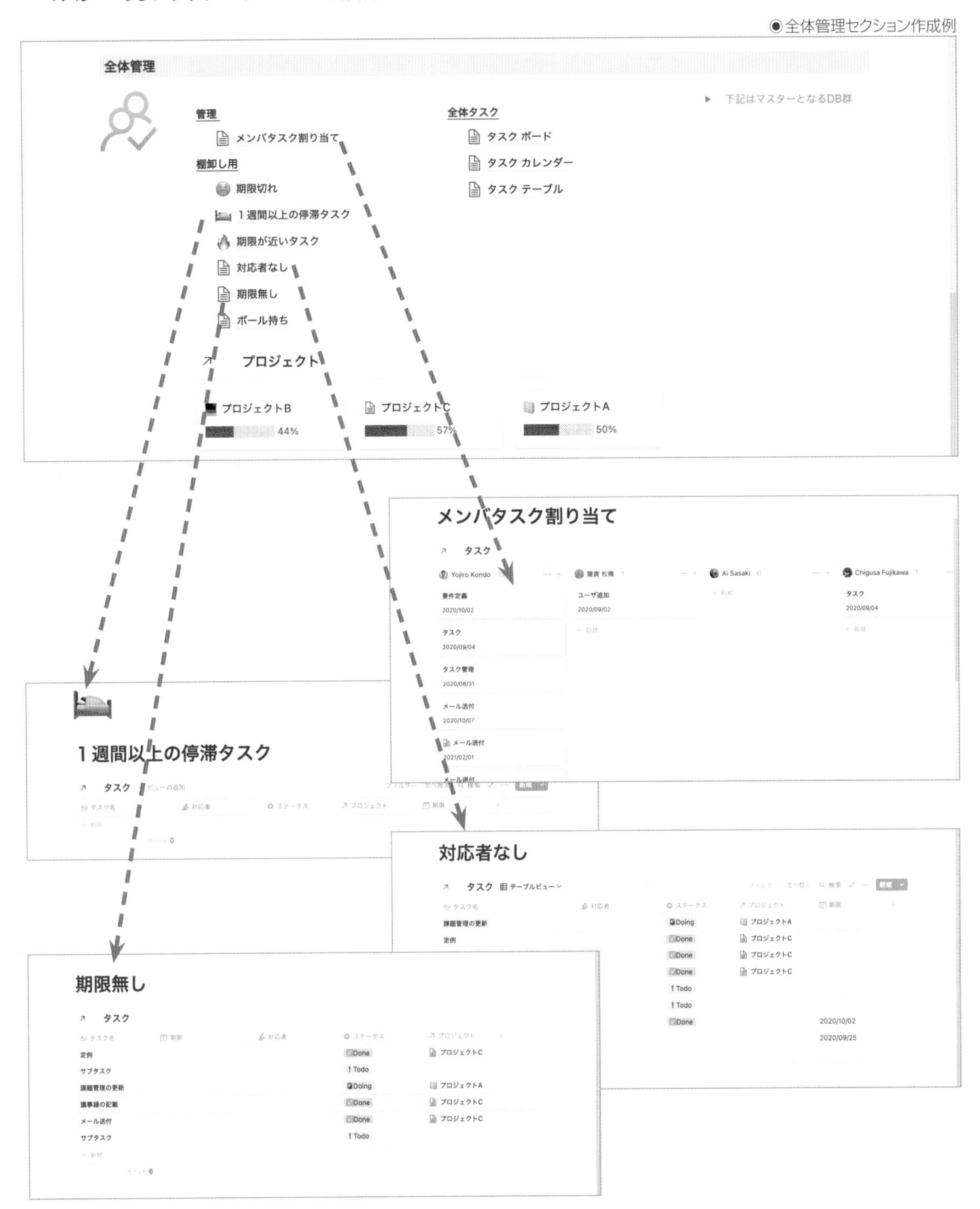

❹ ちなみに後述しますが、関数プロパティを活用すればこのようなプログレスバーを表示することも可能です。

◉プログレスバー

▶ 顧客・プロジェクト管理

　こちらも前項で紹介したプロジェクト管理と同様に複数プロジェクトを横断的に管理するためのものですが、メインのページにすべてのマスターデータベースを配置し、サブプロジェクトを子ページとして各種マスターへのリンクドデータベースを配置しています。こうすることで、各担当者が自身のサブプロジェクトを管理していけば、おのずとメインのページに各サブプロジェクトの最新情報が蓄積されていく仕組みになっています。サブプロジェクトページはテンプレートボタンでいくつでも作成可能です。

●顧客·プロジェクト管理ページ

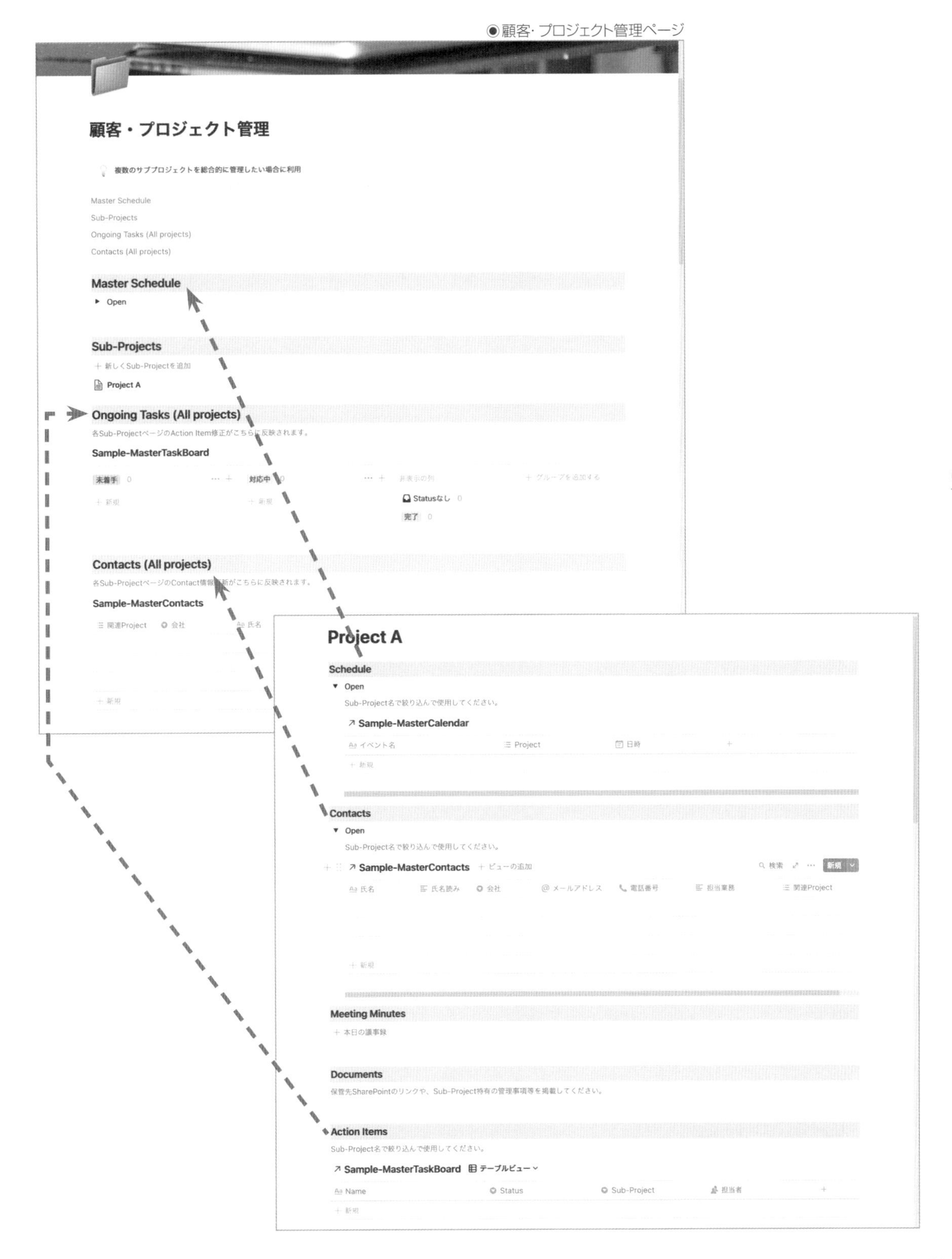

材料リスト

主に使う機能などは次の通りです。

- メインページで一元管理したい情報の各種マスターデータベース
- 各種マスターへのリンクドデータベースを設置したサブプロジェクトページ
- サブプロジェクトページを生成するテンプレートボタン

作り方

作り方のポイントは次の通りです。

❶ まずはメインページの構成を決めましょう。計画を反映したカレンダーや直近のタスク、関係者一覧など、必要に応じて作成します。ページが縦に長くなる場合、:目次（/toc）で上部に各セクションへのリンクを出しておくと便利です。

◉メインページ

❷次に、サブプロジェクト用の子ページを1つ作成します。タイトルは利用者がわかりやすいものにしておきましょう。(例：「<プロジェクト名を記載>」)その中に、議事や関連資料のセクションの他、各種マスターへのリンクドデータベースを追加します。ちなみに議事録はここではテンプレートボタンにしていますが、他の情報と同様のサブプロジェクト横断管理にすることも可能です。

◉サブプロジェクトページ

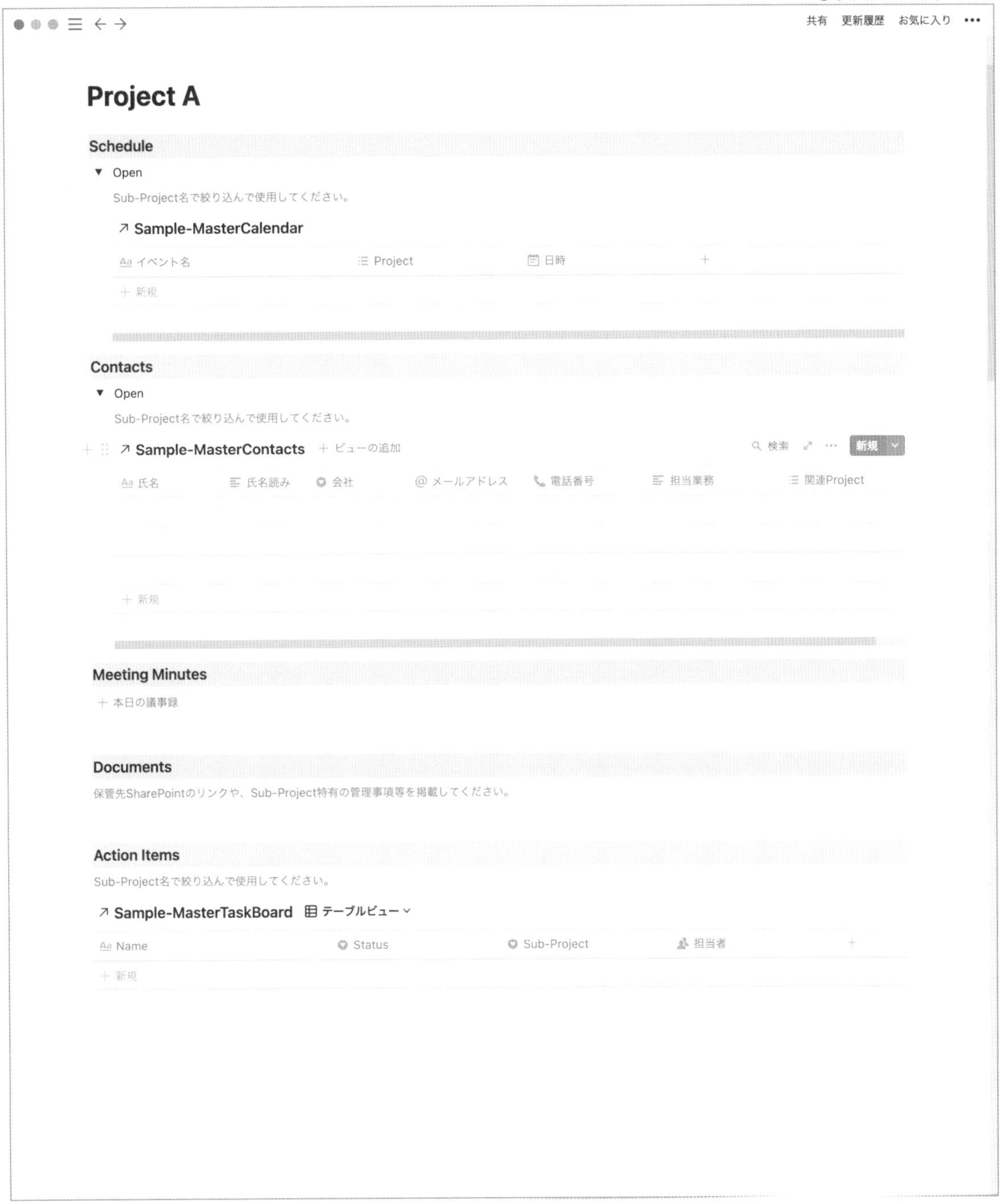

❸ メインのページに戻り、先ほど作成したサブプロジェクトページをテンプレートボタンにドラッグ&ドロップで入れ込みます。

●テンプレートボタン化

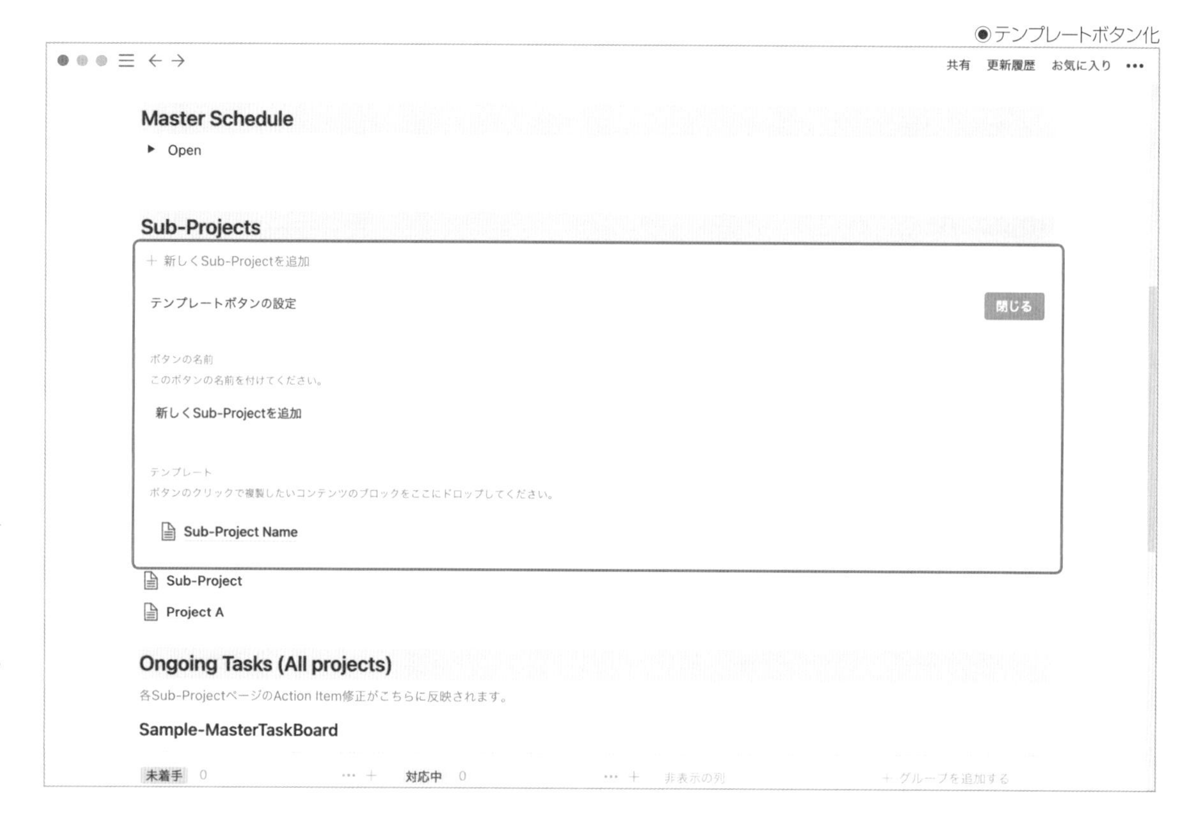

❹ 作成したサブプロジェクトページ生成テンプレートボタンをクリックし、1つ目のサブプロジェクトを作成したら完成です。サブプロジェクトのページ内では、該当のサブプロジェクトで各リンクドデータベースを絞り込んで利用しましょう。

●1つ目のサブプロジェクトページ

▶プログレスバー

Notionには本書執筆時点では進捗率を視覚的に表す方法はありませんが、データベースの関数機能を駆使してこのようなプログレスバーを表現することができます。

◉プログレスバー

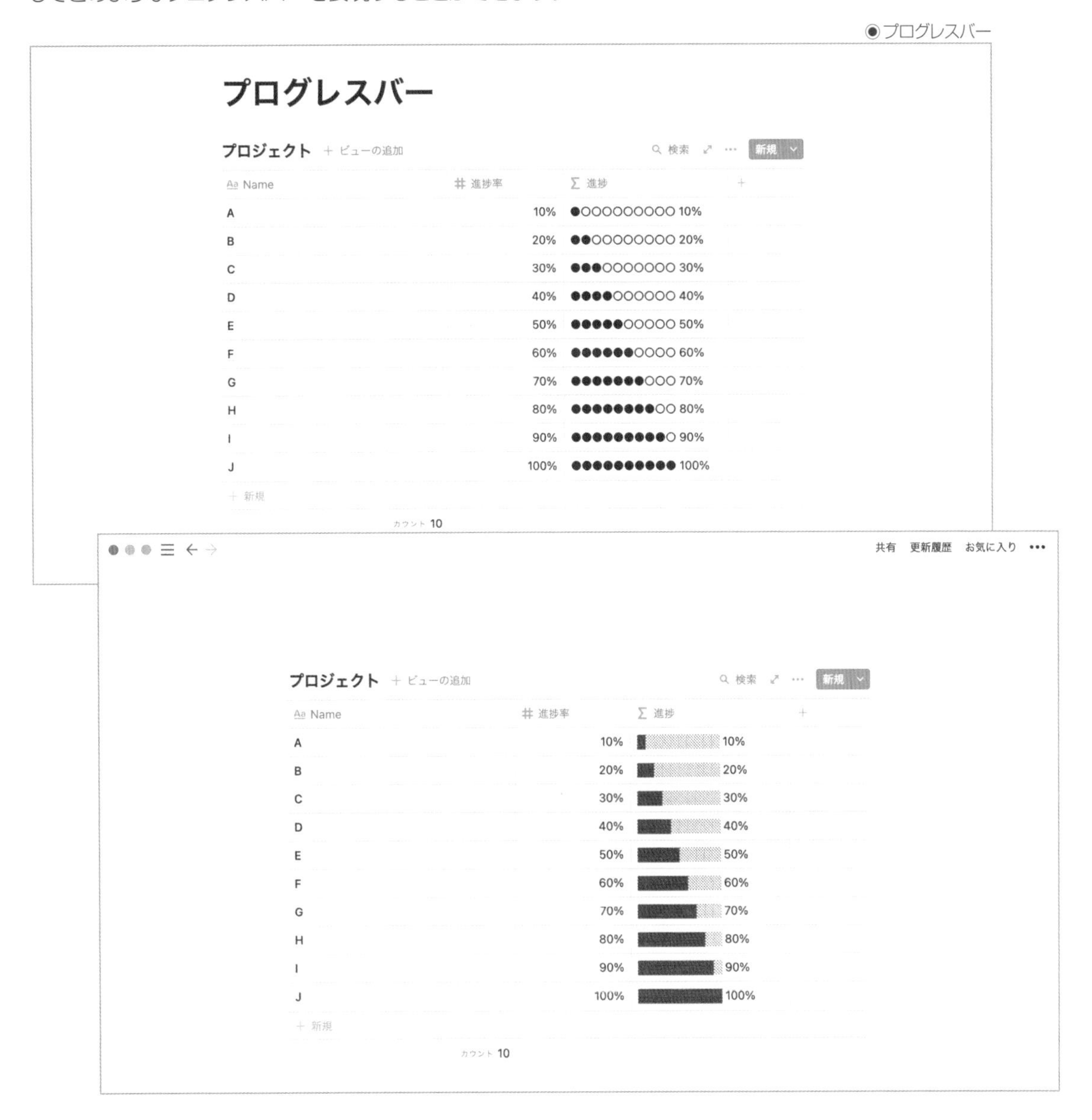

✿材料リスト

主に使う機能などは次の通りです。

- 進捗を管理したい項目を入れるデータベース（プロジェクトやタスクなど）
- 数値プロパティ列×1
- 関数プロパティ列×1

作り方

作り方のポイントは次の通りです。

❶ タイトル列にプロジェクト名を入力し、数値プロパティの列タイトルを「進捗率」、関数プロパティの列を「進捗」に設定更します。

◉列名の変更

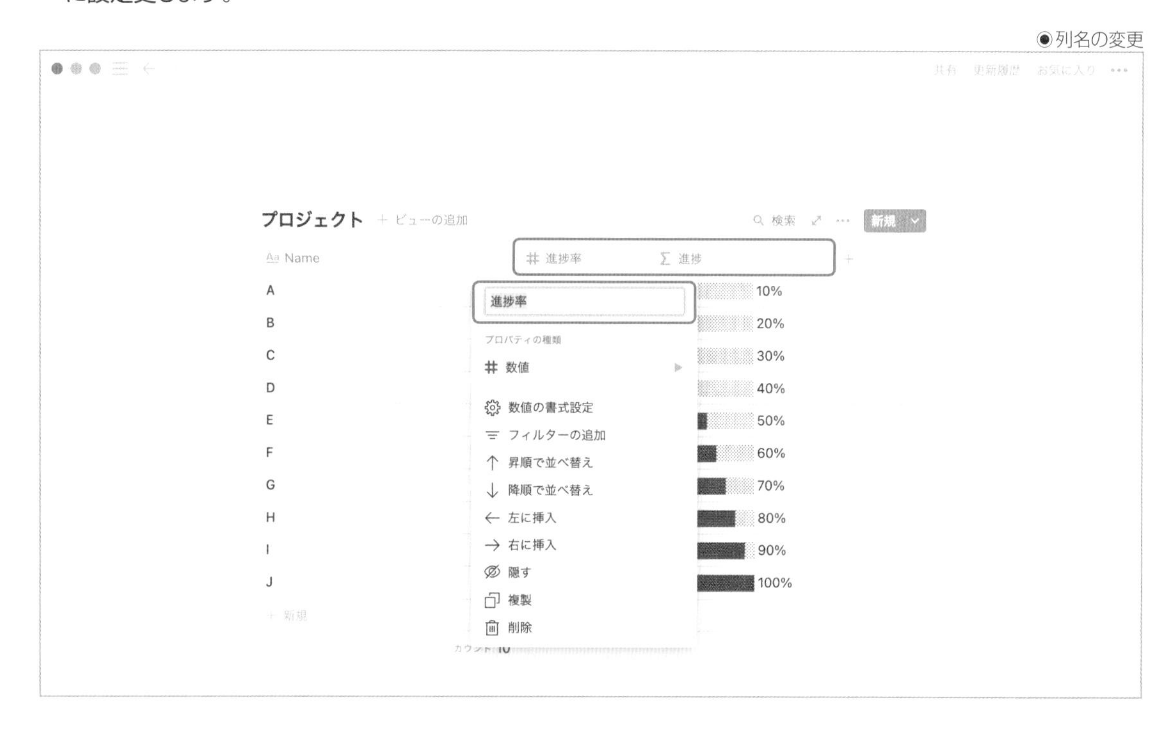

❷ 数値プロパティで作成した「進捗率」の列名をクリックし、「数値の書式設定」から「パーセント」を選択します。

◉数値の書式設定

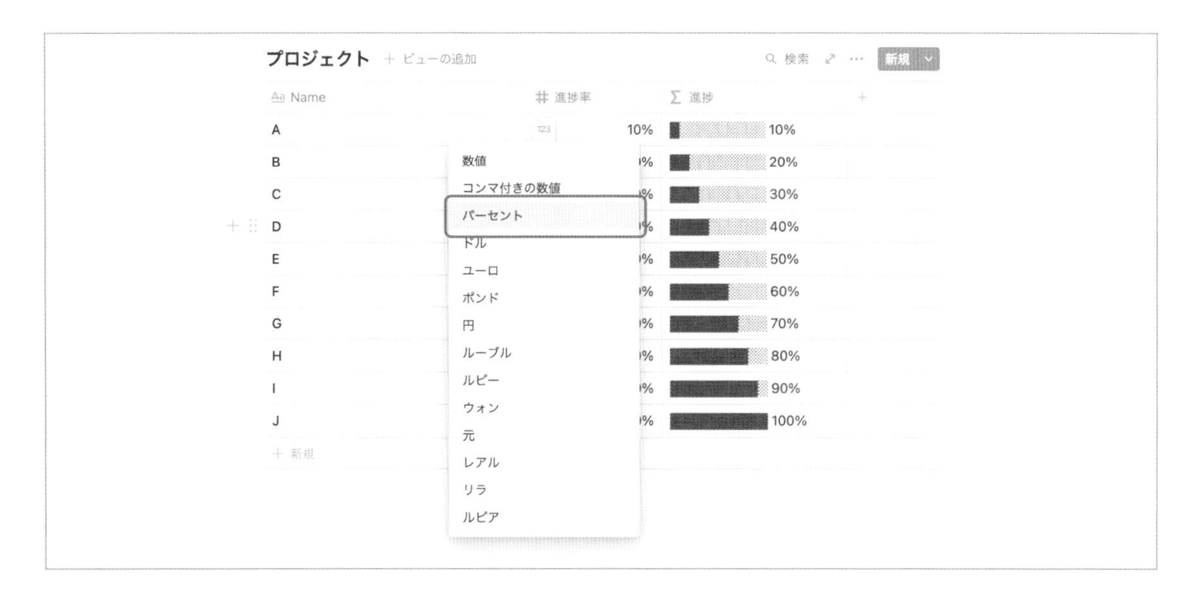

❸ 関数プロパティの列で任意のセルをクリックし、次の関数を入力して「完了」ボタンをクリックします。なお、誌面の都合上、折り返されていますが、実際には改行しないで入力してください。

```
slice("●●●●●●●●●●", 0, round(prop("進捗率") * 10)) + slice("○○○○○○○○○○", 0,
round((1 - prop("進捗率")) * 10)) + " " + format(round(prop("進捗率") * 100)) + "%"
```

◉関数の入力画面

❹ 関数の中で2カ所ある「slice」の後ろの記号は、記号をそれぞれ10個ずつ使えば好みの表記に変えることもできます。★☆や■□でも、好みに合わせて設定しましょう。この関数では、黒い方が進捗率を、白い方が残りを表します（進捗率が60%なら、黒い記号が6つ、白い記号が4つ並びます）。

●星マークを使用した例

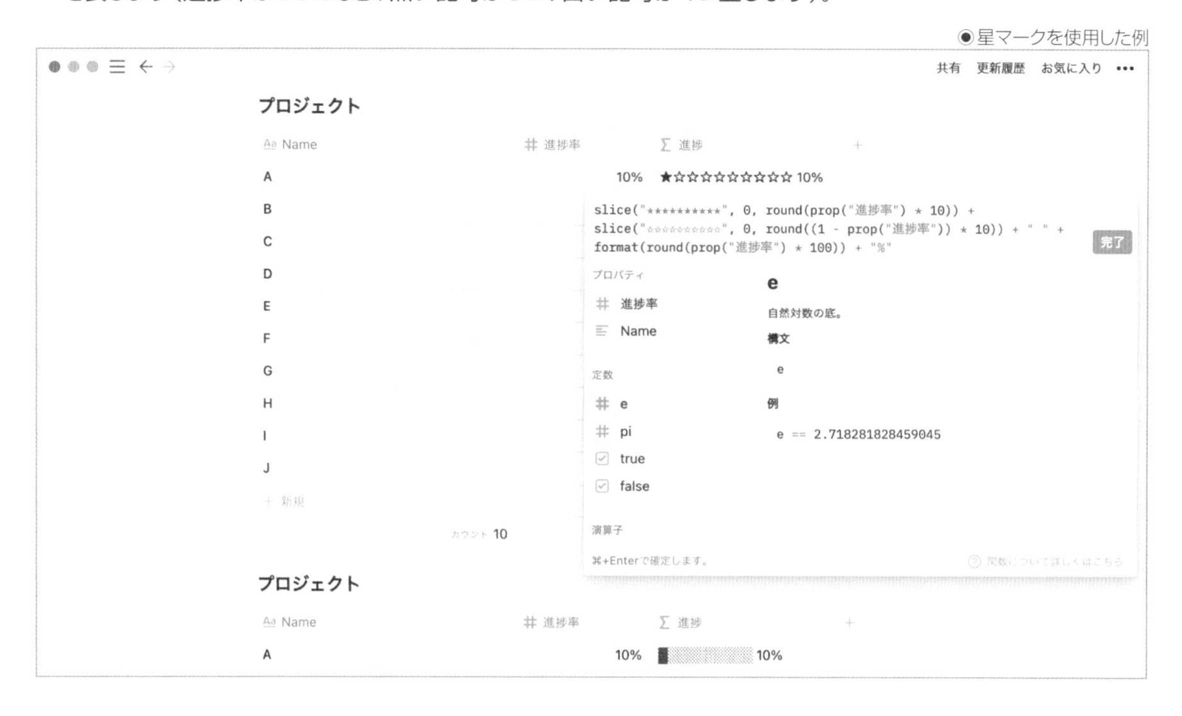

▶FAQ ／よくある質問

こちらは、採用候補者向けによくある質問をまとめたページの例です。一般的なWebサイトのFAQページに近い構成になっています。採用関連以外でも、社内なら福利厚生FAQや、Web公開設定をしたNotionページで自社製品FAQを掲載するなど、同様の構成で多方面に応用が可能です。

●よくある質問ページ

知りたい質問の ▶ をクリックすると、回答を確認できます。
ctrl + alt + t で一括で回答が開かれます。

? よくある質問

▶ Acmeの強みはなんでしょうか？
▶ 急拡大の理由はなんでしょうか？
▶ 入社後のプロジェクトアサインはどうやって決まりますか？
▶ 参画するプロジェクトの規模について教えてください

面接

▶ 面接のプロセス
▶ 面接の服装・持ち物
▶ 面接場所
▶ 面接時間

制度・福利厚生

▶ 評価制度について
▶ 社内研修制度
▶ 各種表彰制度
▶ 身だしなみ補助制度

環境

▶ 勤務時間
▶ 平均残業時間
▶ 休日休暇
▶ 副業

会社概要 | blog | Facebook | Twitter
↑ハイパーリンクで設定

材料リスト

主に使う機能などは次の通りです。

- カテゴリーごとに整理されたFAQ
- トグルリスト
- 文字列に対するリンク

作り方

作り方のポイントは次の通りです。

❶ 掲載したいFAQをひとまずすべて書き出した後、カテゴリーごとに整理していきましょう。

◉カテゴリーごとの整理

共有 更新履歴 お気に入り •••

知りたい質問の ▶ をクリックすると、回答を確認できます。
ctrl + alt + t で一括で回答が開かれます。

? よくある質問

- ▶ Acmeの強みはなんでしょうか？
- ▶ 急拡大の理由はなんでしょうか？
- ▶ 入社後のプロジェクトアサインはどうやって決まりますか？
- ▶ 参画するプロジェクトの規模について教えてください

面接

- ▶ 面接のプロセス
- ▶ 面接の服装・持ち物
- ▶ 面接場所
- ▶ 面接時間

制度・福利厚生

- ▶ 評価制度について
- ▶ 社内研修制度
- ▶ 各種表彰制度
- ▶ 身だしなみ補助制度

環境

- ▶ 勤務時間
- ▶ 平均残業時間
- ▶ 休日休暇
- ▶ 副業

会社概要 | blog | Facebook | Twitter

↑ハイパーリンクで設定

❷ 質問事項をトグルの三角マークの右に記載し、回答をトグル内に格納すれば、質問事項の一覧性が上がります。

●トグル内への回答事項の格納

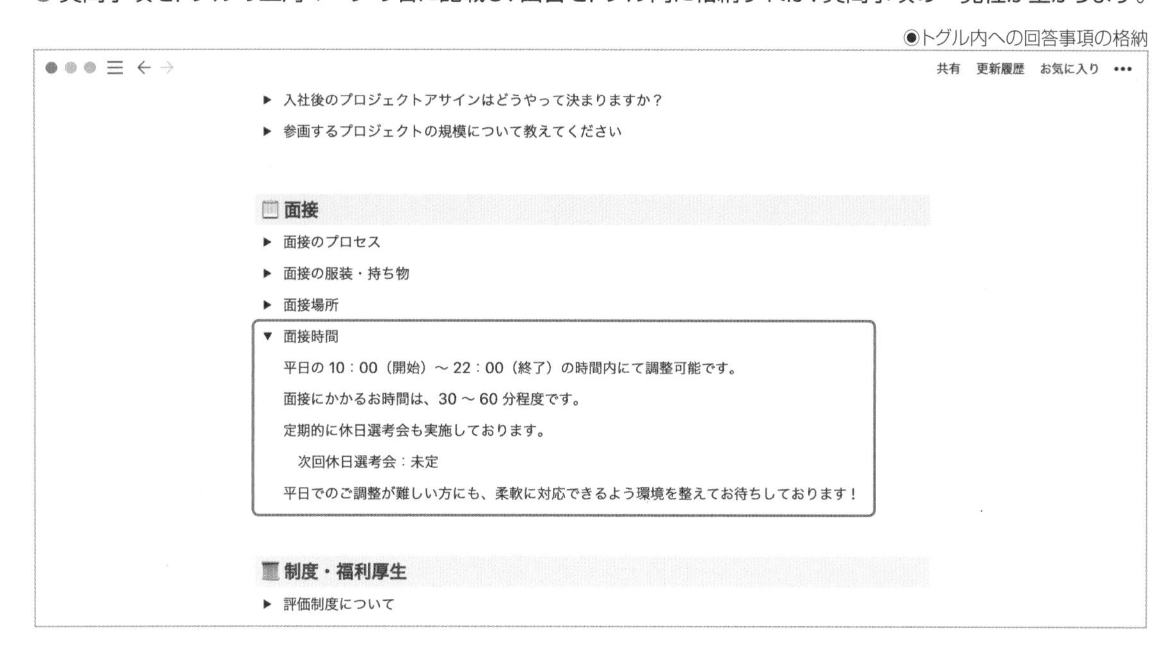

❸ FAQの項目が多い場合は、ページ上部に各カテゴリーへのリンクを配置すれば、閲覧する人がすぐに関連のセクションにジャンプすることができます。この場合は、カテゴリー名の文字列に対して各セクション見出しのブロックへのリンクを設定しています。

●画面上部のリンク例

6 Notionスナップ

❹末尾には会社概要や公式SNSアカウントへのリンクを付けておくのもよいでしょう。文字列を選択すると表示されるツールバーから設定可能です。

◉末尾の外部リンク例

▶エンゲージメント管理

昨今ではTwitterなどのSNSアカウントを運営している会社も多いことでしょう。この例では、ツイートの案出しからドラフト作成・レビュー、ステータス管理、果てはツイート後のエンゲージメントの数値的な分析までを単一のデータベースで実現しています。

◉エンゲージメント管理データベース

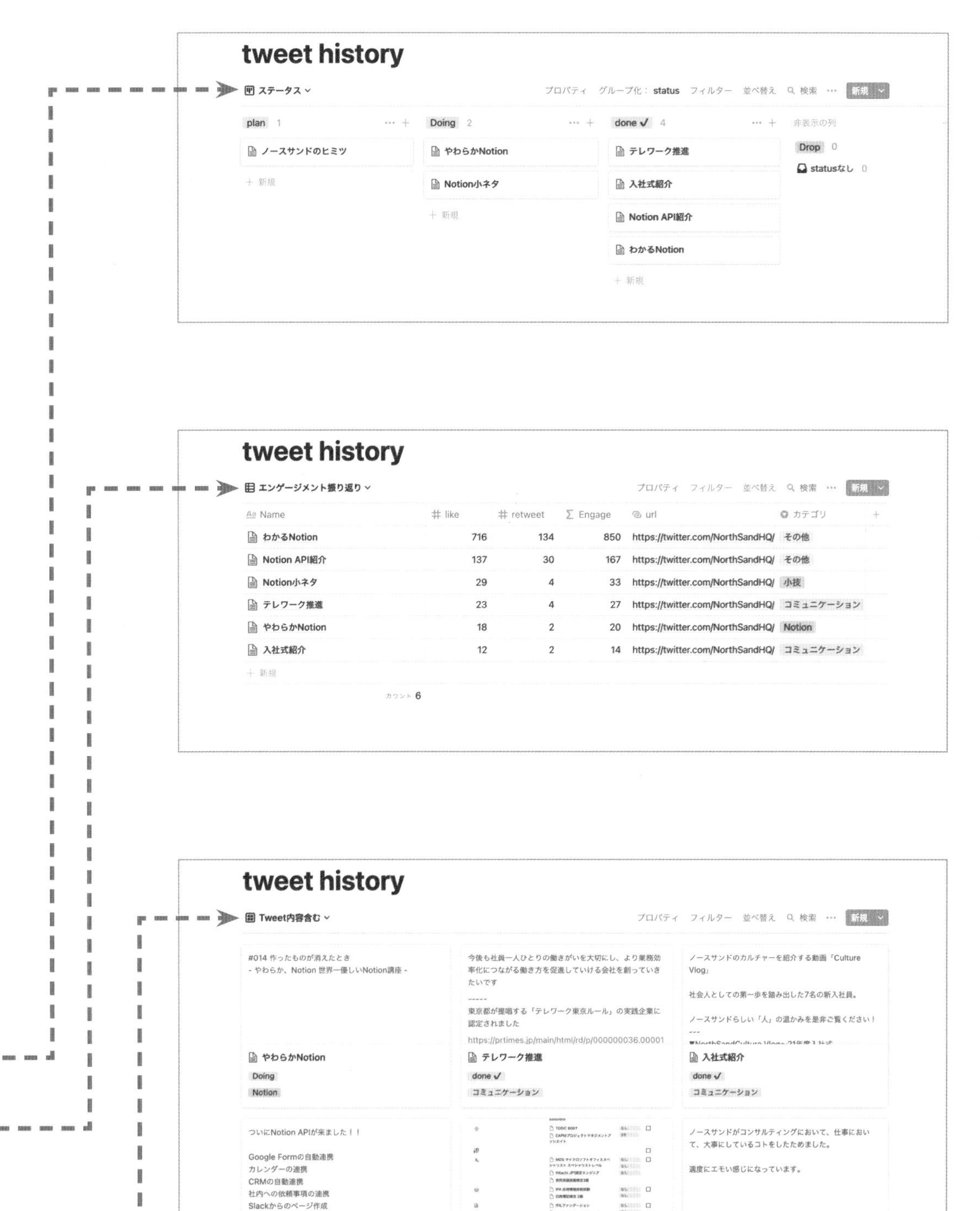
tweet history
ステータス
プロパティ グループ化： status フィルター 並べ替え 検索 新規
plan 1
Doing 2
done ✓ 4
非表示の列
ノースサンドのヒミツ
やわらかNotion
テレワーク推進
Notion小ネタ
入社式紹介
Notion API紹介
わかるNotion
Drop 0
statusなし 0
tweet history
エンゲージメント振り返り
Name like retweet Engage url カテゴリ
わかるNotion 716 134 850 https://twitter.com/NorthSandHQ/ その他
Notion API紹介 137 30 167 https://twitter.com/NorthSandHQ/ その他
Notion小ネタ 29 4 33 https://twitter.com/NorthSandHQ/ 小技
テレワーク推進 23 4 27 https://twitter.com/NorthSandHQ/ コミュニケーション
やわらかNotion 18 2 20 https://twitter.com/NorthSandHQ/ Notion
入社式紹介 12 2 14 https://twitter.com/NorthSandHQ/ コミュニケーション
カウント 6
tweet history
Tweet内容含む
やわらかNotion
Doing
Notion
テレワーク推進
done ✓
コミュニケーション
入社式紹介
done ✓
コミュニケーション
Notion API紹介
done ✓
その他
Notion小ネタ
Doing
小技
ノースサンドのヒミツ
plan
note

材料リスト

主に使う機能などは次の通りです。

- 管理したい情報を持たせたデータベース
- 目的別のデータベースビュー
- エンゲージメント分析の運用ルール

作り方

作り方のポイントは次の通りです。

❶まずはデータベースを作成します。管理の基本である日付やステータス類、またツイートに貼り付ける画像やGIF、ツイートのURLを載せるためのプロパティのほか、エンゲージメント記録用には「カテゴリ」「サブカテゴリ」「like」「retweet」「Engage」を用意します。「カテゴリ」「サブカテゴリ」はセレクト、「like」「retweet」は数値、「Engage」列は関数プロパティで作成してください。

◉プロパティ例

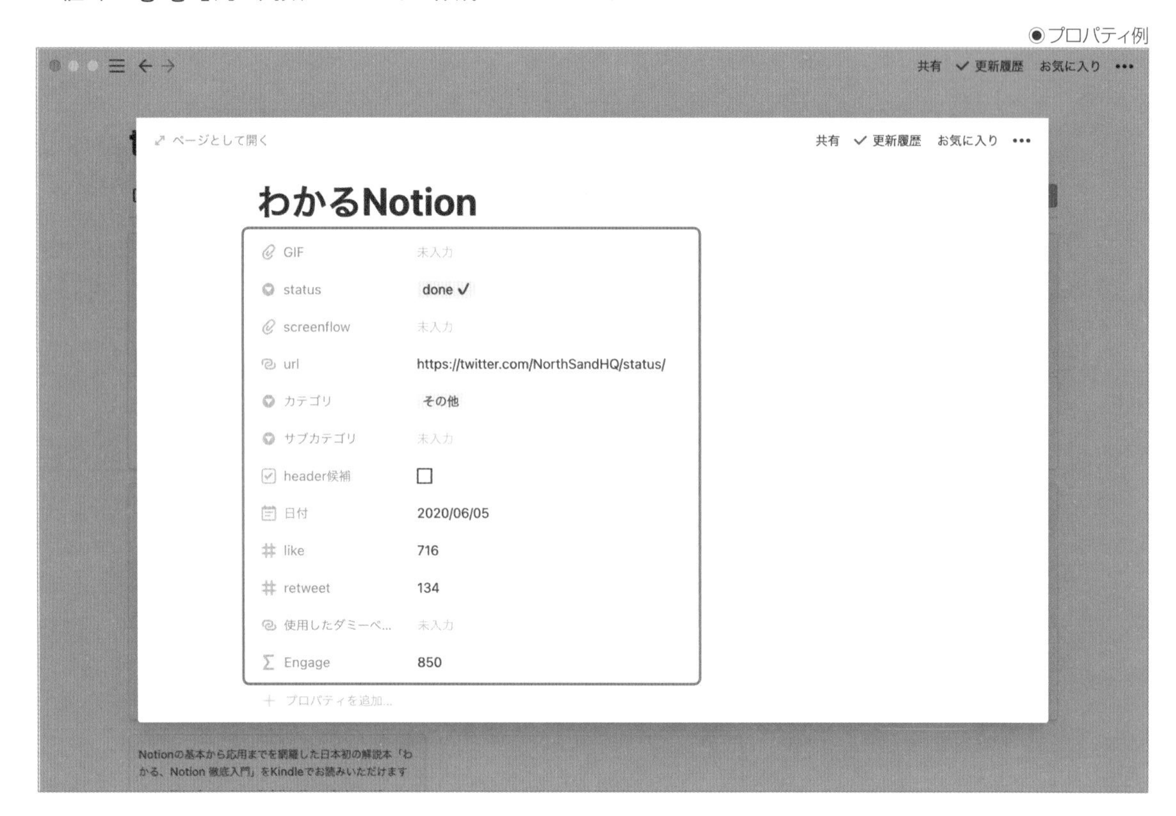

❷次に、「Engage」プロパティの入力欄をクリックし、次の関数を設定します。この作成例においては、エンゲージメントを数値化するためにいいねされた回数(「like」列)とリツイート数(「retweet」列)の数値を足したものを利用しています。

```
prop("like") + prop("retweet")
```

●関数設定例

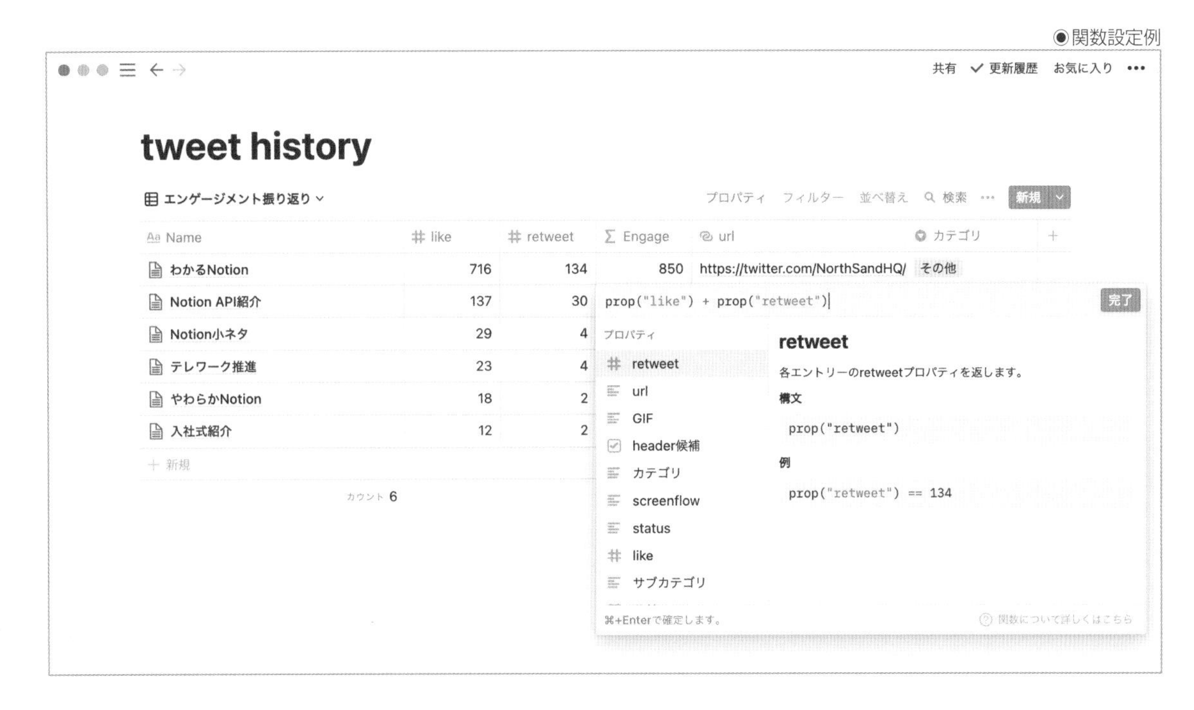

❸データを入力するための枠ができたら、次は実施したい業務(下書き、ステータス管理、エンゲージメント管理など)に応じてビューを作成しましょう。

●ビュー作成例

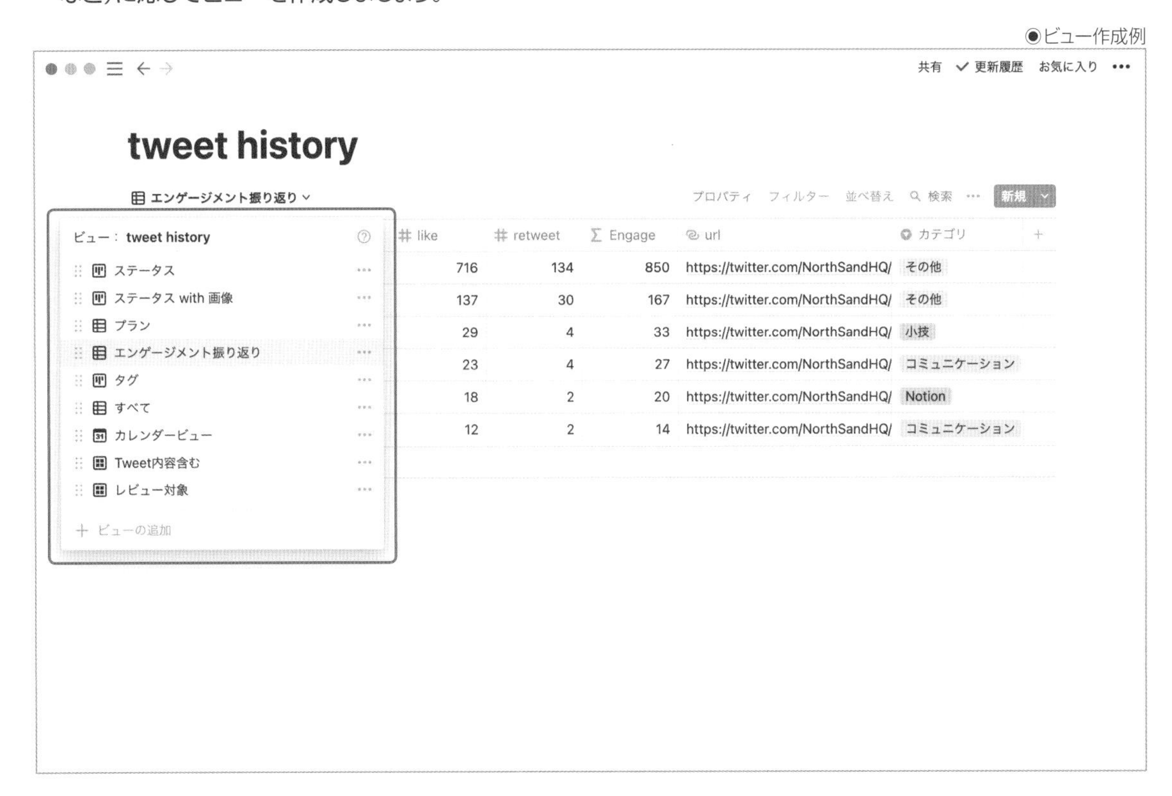

❹ エンゲージメント管理用のビューについては、「Engage」列を降順でソートしておくと反響の大きかったツイートが上部に表示されるようになります。このとき、ツイート作成時に付けていた「カテゴリ」「サブカテゴリ」を見て、どのようなタイプのツイートが受けるのか、といった分析をします。

◉エンゲージメント管理ビューの設定例

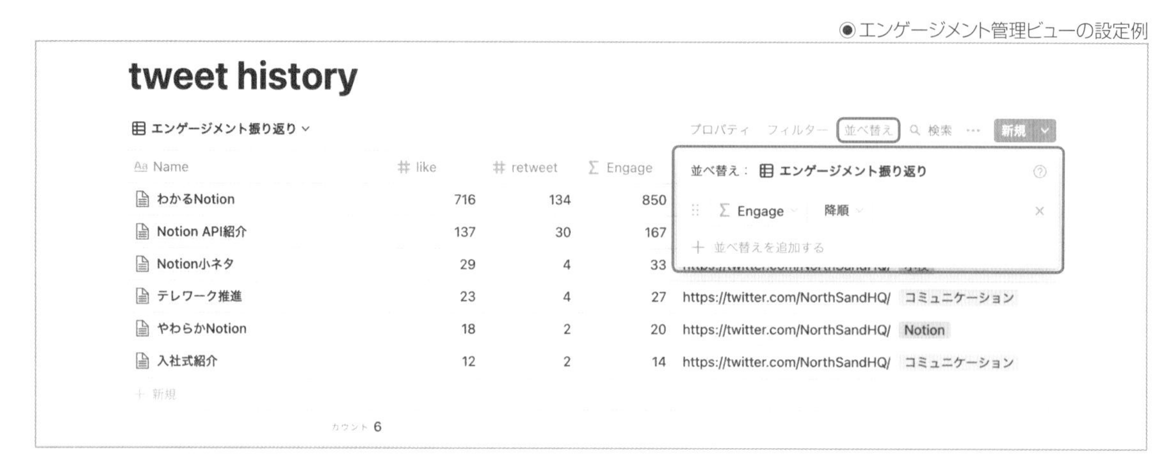

▶ 営業向け質問ボード

営業活動を行う際、顧客折衝のフェーズや目的、さらには顧客の立場によってもヒアリングする内容が多様に変化します。その際、熟練した営業パーソンであれば肌感覚で瞬時に適切な質問を繰り出し、欲しい結果を導き出せるかもしれませんが、全営業メンバーがうまく折衝できるわけではありません。この「質問ボード」は、熟練した営業パーソンのナレッジを体系化し、即座に参照できるデータベースで、営業活動のクオリティを高めることを目的としたものです。

◉質問ボード

アクション ＋ Add a view　　Search … New

アクションタイプ	アクション内容	行うフェーズ	目的	得られる
質問する	弊社に支援して欲しいことは例えばどんなことになりますか	1. [模索]テーマ	知る	ニーズ
質問する	では、あまり苦労している点や課題などは無いですかね？	1. [模索]テーマ	知る	ニーズ
質問する	部内のPJや ○○さんの担当PJだとどのようなものがありますか？	1. [模索]テーマ	知る	ニーズ
質問する	他部署で弊社にて支援できる部署はあるでしょうか？	1. [模索]テーマ	知る	ニーズ
質問する	過去、他社のサービスを使用した際、ここをもっとこうして欲しいなど、何か要望があったりしたでしょうか？	1. [模索]テーマ	知る	ニーズ
情報を出す	弊社は第三者目線でTo-Beを描くことができるかと思います。そういった部分で支援してもらいたい事などはあったりされます？	1. [模索]テーマ	知る	ニーズ
情報を出す	会社の紹介を実施	1. [模索]テーマ	知る	ニーズ
情報を出す	サービスの研修	2.1.[発展]テーマ抜粋	知る	ニーズ
質問する	上長（部長や役員）からPJを進めるよう、強い要求があるのでしょうか。	1. [模索]テーマ	知る	確度
質問する	なぜ○月までにこのPJを進める必要があるんですか？	2.1.[発展]テーマ抜粋	進める	確度 期降
質問する	この内容だと1人月で○○万くらいのイメージかと思うのですが、イメージに齟齬ありませんか？	2.1.[発展]テーマ抜粋	進める	確度 決 単価感/予算

◉質問ボードの絞り込み

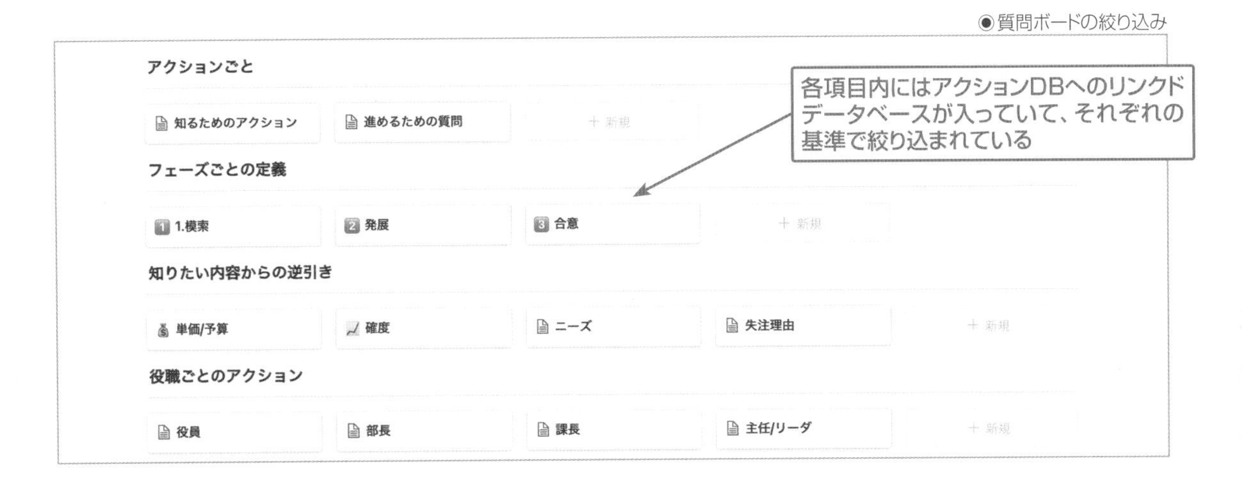

✿ 材料リスト

主に使う機能などは次の通りです。

- 質問事項テーブル
- カテゴリー分けに使用するための各種タグ
- 営業活動中に参照しやすいカテゴリー別ページ(参照用ボタン)

✿ 作り方

作り方のポイントは次の通りです。

❶ まずは熟練した営業パーソンのナレッジを一覧化しましょう。ここでは、営業が起こすべき「アクション一覧」としてテーブル形式のデータベースで作成していきます。

◉質問事項の一覧

アクション ＋ Add a view　　Search　…　New

アクションタイプ	アクション内容	行うフェーズ	目的	得られる
質問する	弊社に支援して欲しいことは例えばどんなことになりますか	1. [模索]テーマ	知る	ニーズ
質問する	では、あまり苦労している点や課題などは無いですかね?	1. [模索]テーマ	知る	ニーズ
質問する	部内のPJや 〇〇さんの担当PJだとどのようなものがありますか?	1. [模索]テーマ	知る	ニーズ
質問する	他部署で弊社にて支援できる部署はあるでしょうか?	1. [模索]テーマ	知る	ニーズ
質問する	過去、他社のサービスを使用した際、ここをもっとこうして欲しいなど、何か要望があったりしたでしょうか?	1. [模索]テーマ	知る	ニーズ
情報を出す	弊社は第三者目線でTo-Beを描くことができるかと思います。そういった部分で支援してもらいたい事などはあったりされます?	1. [模索]テーマ	知る	ニーズ
情報を出す	会社の紹介を実施	1. [模索]テーマ	知る	ニーズ
情報を出す	サービスの研修	2.1.[発展]テーマ抜粋	知る	ニーズ
質問する	上長(部長や役員)からPJを進めるよう、強い要求があるのでしょうか。	1. [模索]テーマ	知る	確度
質問する	なぜ〇月までにこのPJを進める必要があるんですか?	2.1.[発展]テーマ抜粋	進める	確度 期限
質問する	この内容だと1人月で〇〇万くらいのイメージかと思うのですが、イメージに齟齬ありませんか?	2.1.[発展]テーマ抜粋	進める	確度 決 単価感/予算

❷ 参照用ボタンでの絞り込みに利用するため、フェーズや目的、相手の役職や、その質問で得られる情報などをタグ付けしていきましょう。ここで設ける項目は、参照用ボタンをどのように設計したいかを考えてから作成してもよいでしょう。

◉タグ付け例

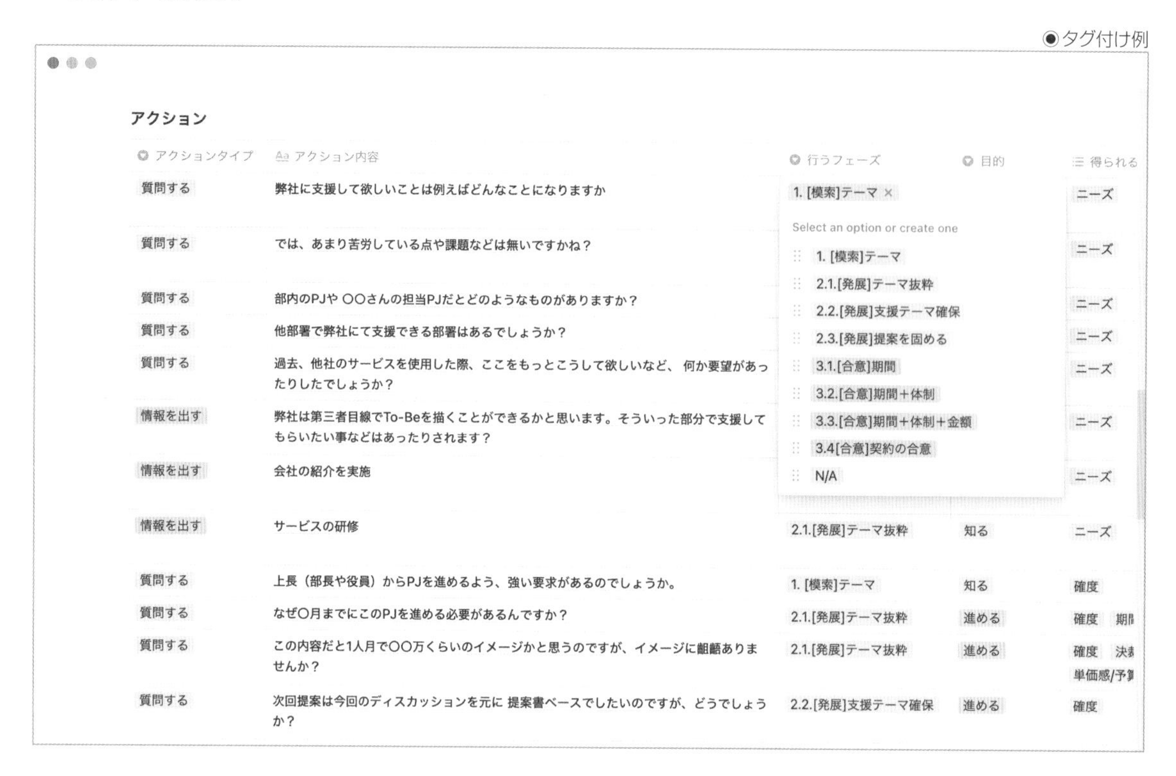

❸ 次に、折衝の最中にクリックするための参照用ボタンを作成しましょう。子ページやトグルなどでも作れなくはないのですが、ここではデータベース(タイトル以外のプロパティが一切ないギャラリー)で作成しています。ボタンがデータベースの項目のためポップアップウィンドウとして開き、無駄なページ遷移で右往左往することがなくおすすめです。

◉参照用ボタンの作成例

アクションごと

知るためのアクション　進めるための質問　＋ 新規

フェーズごとの定義

1.模索　発展　合意　＋ 新規

知りたい内容からの逆引き

単価/予算　確度　ニーズ　失注理由　＋ 新規

役職ごとのアクション

役員　部長　課長　主任/リーダ　＋ 新規

❹ 最後に、参照用ボタンの中身としてアクション一覧のリンクドデータベースを作成し、各ボタンに応じた絞り込みやソートを適用しましょう。たとえば、成約確度を探りたい用のボタンであれば、その中のリンクドデータベースでは「得られる情報」を「確度」でフィルタリングするようなイメージです。

◉リンクドデータベース例

▶定期報告書

一定の期間に対する活動報告を行うことは、企業における通常業務で必ずあります。こちらの例では、週次報告書のマスターデータベースと、それを直近1カ月に絞ったり異なる表記に変えたリンクドデータベースを持たせています。週次報告書はマスターデータベースに持たせたデータベーステンプレートを活用し、一律の様式で作成できるようになっています。プライベートでも日記などに応用できます。

●週報のページ

材料リスト

主に使う機能などは次の通りです。

- 報告書マスターデータベース
- 週次報告書のデータベーステンプレート
- 目的別リンクドデータベース

作り方

作り方のポイントは次の通りです。

❶ まずは全報告書を格納するためのマスターデータベースを作成しましょう。報告対象期間や定量的な自己評価、概況記入欄のほか、チーム共通で閲覧可能な状態にするのであれば報告者欄を「作成者」プロパティで設けてもいいかもしれません。

◉報告書マスターデータベース

全データ

報告書 すべて

並べ替え 検索 新規

Name	パフォーマンス	概況	期間
12/02-12/6		目が疲れた	2019/12/02 → 2019/12/06
11/25-11/29		お腹が腹痛	2019/11/25 → 2019/11/29
11/18-11/22		お菓子食べた	2019/11/18 → 2019/11/22
11/11-11/15		KPI達成した	2019/11/11 → 2019/11/15
11/4-11/8		s	2019/11/04 → 2019/11/08
10/28-11/1		お菓子食べた	2019/10/28 → 2019/11/01
10/21-10/25		たくさん働いた	2019/10/21 → 2019/10/25
10/14-10/18		お菓子食べた	2019/10/14 → 2019/10/18
10/7-10/11		疲れた	2019/10/07 → 2019/10/11
9/30-10/4		頭痛が痛い	2019/09/30 → 2019/10/04
8/26 ~ 8/30		xxxxx	2019/08/26 → 2019/08/30
8/19 ~ 8/23		w	2019/08/19 → 2019/08/23
8/12 ~ 8/16		yyyyyywa	2019/08/12 → 2019/08/16
8/5 ~ 8/9		e	2019/08/05 → 2019/08/09
7/29 ~ 8/2		af	2019/07/29 → 2019/08/02

カウント 23

❷ 次に、データベースの右上の「新規」ボタン横プルダウンから「＋新規テンプレート」をクリックし、週次報告書のデータベーステンプレートを作成していきます。

◉データベーステンプレート作成ボタン

❸ データベーステンプレートのページ名部分は、各週次報告書ページの命名規則がわかる表記としましょう。下部のコンテンツ本体には、報告してほしいことの記入枠を作成します。

◉データベーステンプレート編集画面

共有 更新履歴 お気に入り •••

← 戻る 報告書 のテンプレートを編集しています ⓘ 詳しくはこちら

x/x ~ x/x

パフォーマンス 未入力
概況 未入力
Last Edited 2020年7月03日 12:57
期間 未入力
関連するページ 未入力
起票者 未入力
+ プロパティを追加...

コメントを追加...

何をやったか

- xxx
- xxx
- xxx

成長したこと

xxx

振り返り

KEEP

- xxx
- xxx

Problem

- xxx
- xxx

Try

- xxx
- xxx
- xxx

❹ 最後に、画面上部(マスターデータベースの上側)によく利用する情報をリンクドデータベースの形式で作成します。ここでは2つ作成例を出しており、片方は今月分の週次報告のみに絞ったもの、もう片方はカレンダー形式での表示としたものです。好みやチームの要件に応じて、ここは自在にデザインしましょう。

◉よく利用する情報の表示例

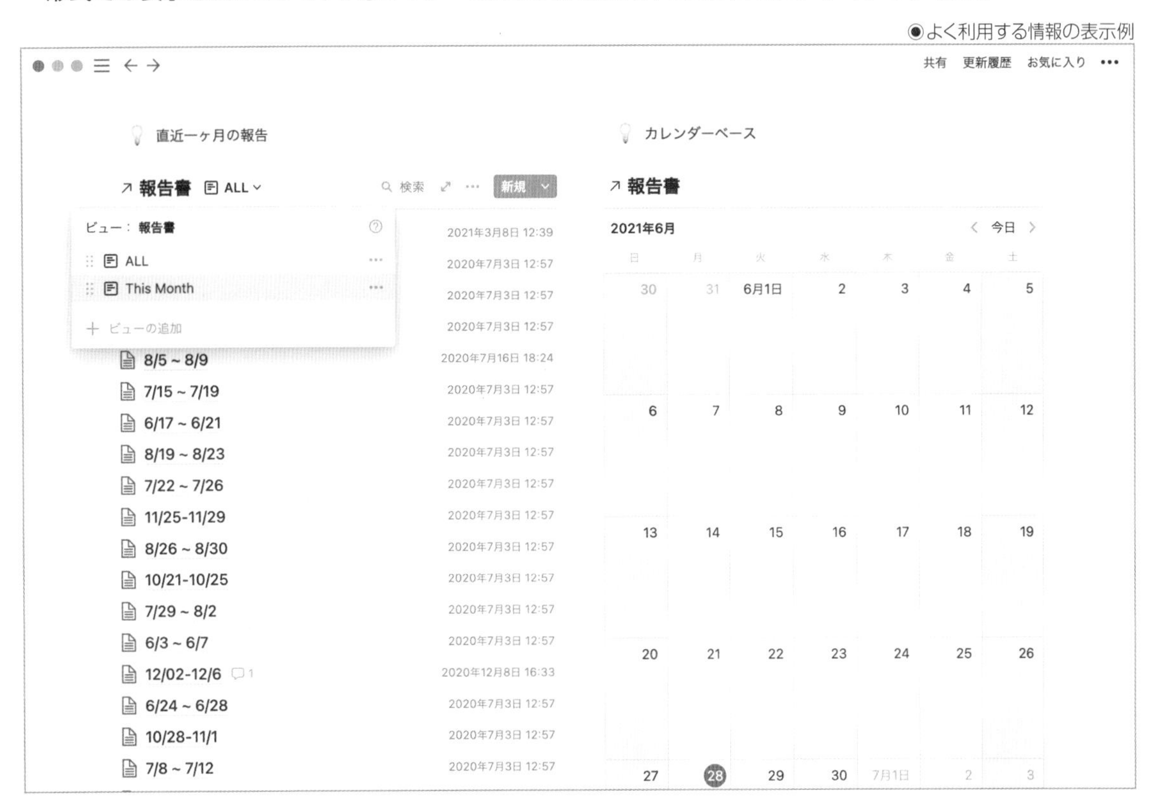

▶ラーニング・コーチング管理

これは仕事に限ったことではありませんが、習慣の矯正や新しいことの学習というのは、盲目的に行っていては成果が見えにくく、モチベーションが下がっていくものです。そこで、As-IsとTo-Beを大々的に掲げた上で活動の記録を残していき、その進捗をしっかりかみしめながら進められるページがこちらです。この例では非常に簡易な作りにしていますが、課題や目標もデータベースにして、リレーションを張ったりしてもよいでしょう。ここではコーチングログという前提で解説をします。

◉コーチング管理ページの作成例

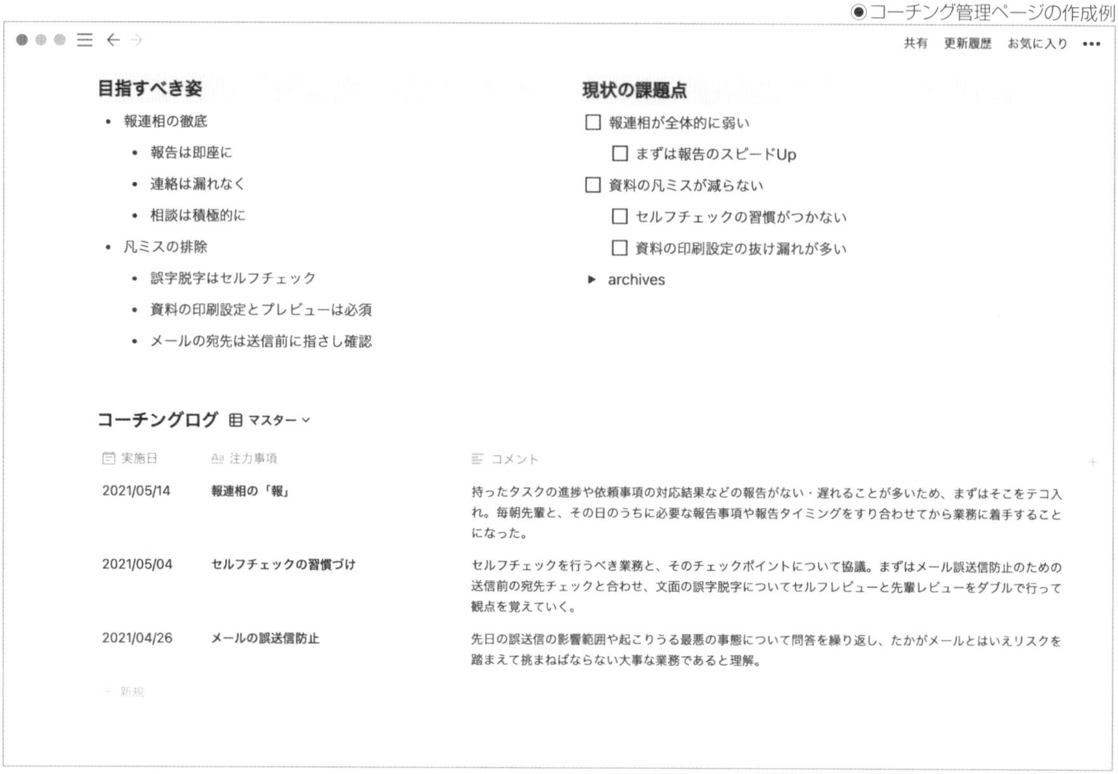

共有　更新履歴　お気に入り　•••

目指すべき姿

- 報連相の徹底
  - 報告は即座に
  - 連絡は漏れなく
  - 相談は積極的に
- 凡ミスの排除
  - 誤字脱字はセルフチェック
  - 資料の印刷設定とプレビューは必須
  - メールの宛先は送信前に指さし確認

現状の課題点

- [ ] 報連相が全体的に弱い
  - [ ] まずは報告のスピードUp
- [ ] 資料の凡ミスが減らない
  - [ ] セルフチェックの習慣がつかない
  - [ ] 資料の印刷設定の抜け漏れが多い

▸ archives

コーチングログ マスター ⌄

実施日	注力事項	コメント
2021/05/14	報連相の「報」	持ったタスクの進捗や依頼事項の対応結果などの報告がない・遅れることが多いため、まずはそこをテコ入れ。毎朝先輩と、その日のうちに必要な報告事項や報告タイミングをすり合わせてから業務に着手することになった。
2021/05/04	セルフチェックの習慣づけ	セルフチェックを行うべき業務と、そのチェックポイントについて協議。まずはメール誤送信防止のための送信前の宛先チェックと合わせ、文面の誤字脱字についてセルフレビューと先輩レビューをダブルで行って観点を覚えていく。
2021/04/26	メールの誤送信防止	先日の誤送信の影響範囲や起こりうる最悪の事態について問答を繰り返し、たかがメールとはいえリスクを踏まえて挑まねばならない大事な業務であると理解。

＋ 新規

材料リスト

主に使う機能などは次の通りです。

- 目指すべき姿をまとめた一覧
- 現状の課題点をリストアップし、解決状況をトラックできる一覧
- 活動記録を残すためのデータベース

作り方

作り方のポイントは次の通りです。

❶ まずはページ上部に、As-IsとTo-Beをいつでも見えるようにコンパクトに記載しましょう。強く認識する必要のある情報であるため、目に付く場所に見やすく表示されているのがベストです。その点、データベースにしてしまうとスペースが余計に必要になったり横スクロールが必要になってしまったりといったことがあるため、ここは極力、簡潔な表記をおすすめします。

◉As-IsとTo-Beの簡易表示例

共有　更新履歴　お気に入り　•••

目指すべき姿
- 報連相の徹底
  - 報告は即座に
  - 連絡は漏れなく
  - 相談は積極的に
- 凡ミスの排除
  - 誤字脱字はセルフチェック
  - 資料の印刷設定とプレビューは必須
  - メールの宛先は送信前に指さし確認

現状の課題点
- [ ] 報連相が全体的に弱い
  - [ ] まずは報告のスピードUp
- [ ] 資料の凡ミスが減らない
  - [ ] セルフチェックの習慣がつかない
  - [ ] 資料の印刷設定の抜け漏れが多い
- ▼ archives
  - [x] メールの誤送信

❷ 目指すべき姿は固定なのでよいとして、現状の課題点は解決したら消えていくのが達成感を感じるポイントでもあります。クリアした課題は目に付かなくできるよう、格納用のトグルを用意しておくとよいでしょう。

◉過去情報のアーカイブ例

目指すべき姿
- 報連相の徹底
  - 報告は即座に
  - 連絡は漏れなく
  - 相談は積極的に
- 凡ミスの排除
  - 誤字脱字はセルフチェック
  - 資料の印刷設定とプレビューは必須
  - メールの宛先は送信前に指さし確認

現状の課題点
- [ ] 報連相が全体的に弱い
  - [ ] まずは報告のスピードUp
- [ ] 資料の凡ミスが減らない
  - [ ] セルフチェックの習慣がつかない
  - [ ] 資料の印刷設定の抜け漏れが多い
- ▼ archives
  - [x] メールの誤送信

目指すべき姿
- 報連相の徹底
  - 報告は即座に
  - 連絡は漏れなく
  - 相談は積極的に
- 凡ミスの排除
  - 誤字脱字はセルフチェック
  - 資料の印刷設定とプレビューは必須
  - メールの宛先は送信前に指さし確認

現状の課題点
- [ ] 報連相が全体的に弱い
  - [ ] まずは報告のスピードUp
- [ ] 資料の凡ミスが減らない
  - [ ] セルフチェックの習慣がつかない
  - [ ] 資料の印刷設定の抜け漏れが多い
- ▶ archives

❸ 次に、コーチングを行ったログをためていくためのデータベースを作成します。ここではごくシンプルなものにしていますが、管理したい項目（定量評価できる数値情報や、主観的5段階星評価など）があればプロパティを設けましょう。また、この例では直近のデータが閲覧しやすいように、実施日を降順でソートしています。

◉ログデータベース例

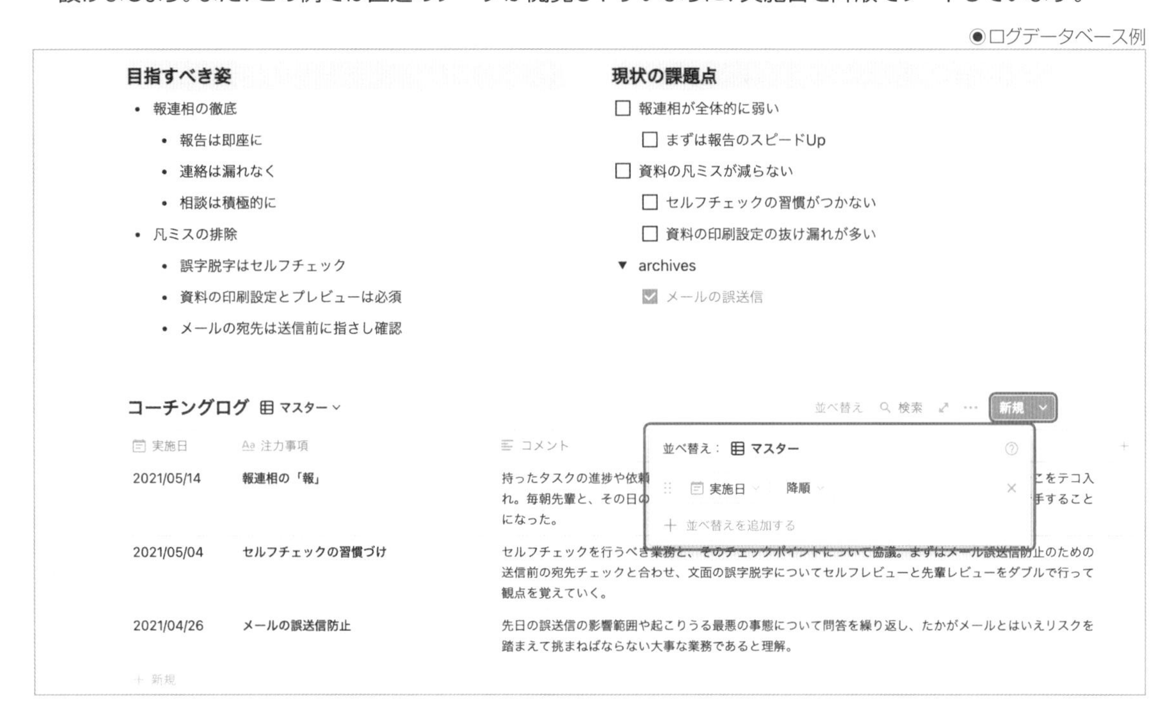

❹ 必要に応じて、実施日基準のカレンダービューやステータス別ボードビューなどを設けてもよいかもしれません。

◉カレンダービュー

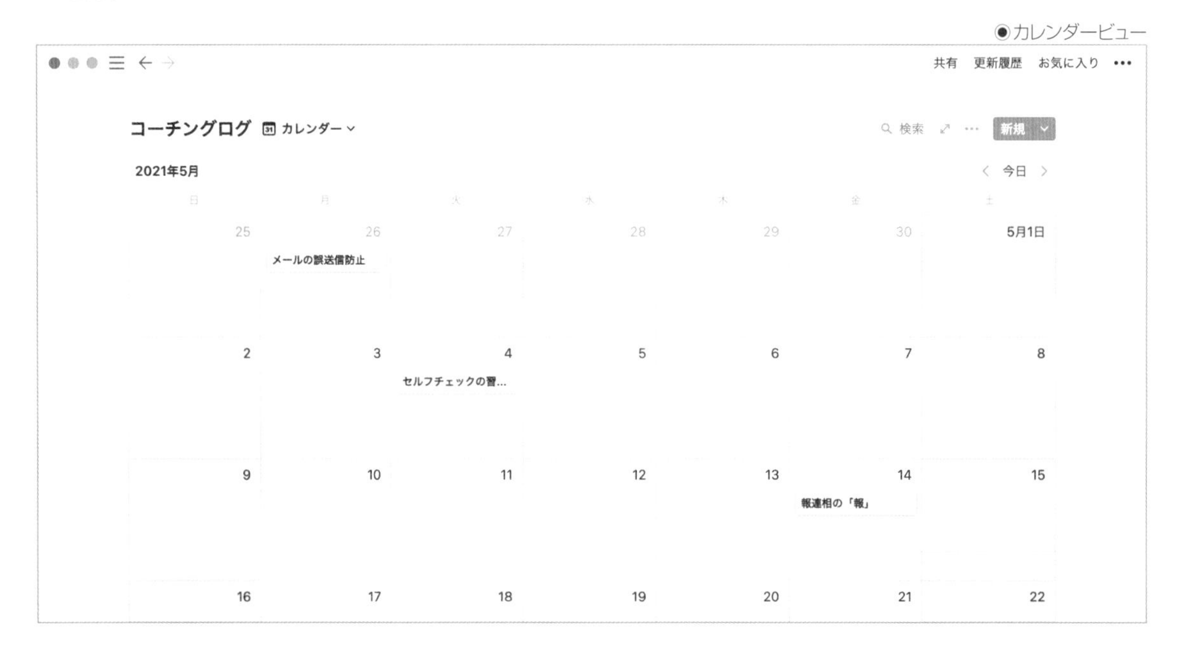

▶素材管理

文書作成に用いるロゴやアイコンなどの画像データは、昨今はWeb上で簡単に手に入るようになりました。しかしながら、参考に利用しているサイトが多くなってくると、どこにどんな素材があったのかなかなか覚えておくことが難しくなってきます。そのようなときは、URLとメモ、イメージ画像を一緒に管理出来るこのような素材管理データベースがおすすめです。

◉素材管理データベース

材料リスト

主に使う機能などは次の通りです。

- 管理したいサイトのURL
- ギャラリー形式の素材管理データベース
- 各サイトで入手できる素材のイメージ画像やサイトのスクリーンショット

作り方

作り方のポイントは次の通りです。

❶まずはギャラリーデータベースを作成し、プロパティの整理から始めましょう。URLのほか、サイトをカテゴリー分けするタグやコメントも付けられるとよいです。

◉プロパティ設計例

❷実際にデータを入れていきます。ギャラリー表示した際にどんなサイトだったかがパッとわかるような画像を、データベース項目をページとして開いた場所に追加しましょう。

◉ページコンテンツへの画像配置

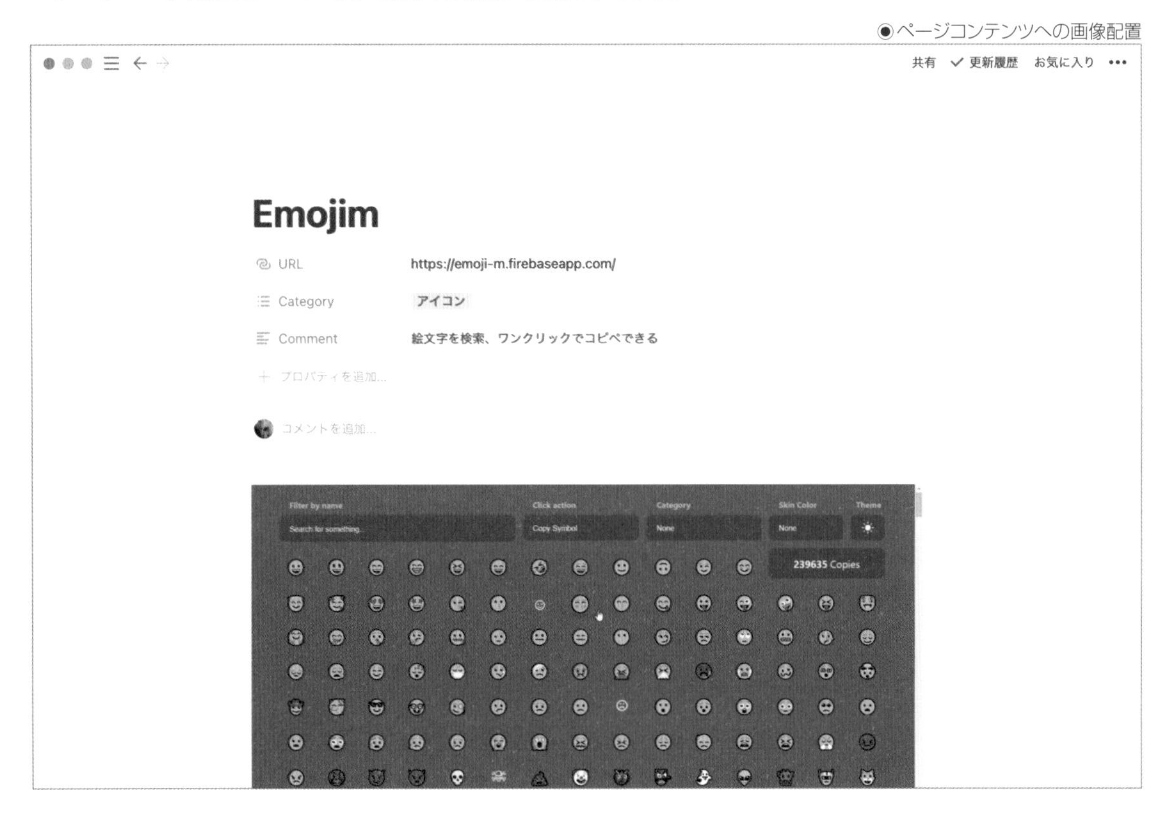

❸ ギャラリーでの表示を最適化するために、データベース右上のプロパティメニューから次の項目の設定を行いましょう。

設定項目	内容
カードプレビュー	ページ内に仕込んだ画像をギャラリーで表示させる
画像を表示枠のサイズに合わせる	写真素材管理など画像の全体がギャラリーで見えたほうがよい場合はオンにする
各プロパティ	ギャラリー表示時に参照したい項目のみをオンにする

◉プロパティ設定例

❹ ちなみに「URL」プロパティはギャラリー表示の状態で直接クリック可能なため、表示しておくのがおすすめです。

◉ギャラリー表示時のURLプロパティ

▶クエスト

社内の取り組み=クエストに参加したい人を公募する仕組みです。このデータベースはSlackチャンネルに連携されていて、新しいクエストが投稿されたり、クエストに参加応募があったりするとその情報がSlackチャンネルにもほぼ即時で連携される仕組みになっています。

◉クエスト管理ページ

⚙ 材料リスト

主に使う機能などは次の通りです。

- 社内制度の運用方針
- 参加候補者の意欲を掻き立てるクエスト
- クエスト情報を投稿するSlackチャンネル

作り方

作り方のポイントは次の通りです。

❶ まずはクエストの運用方法を決め、ページ上部に簡潔にまとめましょう。この制度が難しすぎると意欲をそぐ可能性があるため、極力、抵抗なく読めるボリューム感でとどめるのがおすすめです。

◉クエストの運用説明

共有 更新履歴 お気に入り •••

クエスト集会所

要は社内のクラウドソーシングです。
社内の依頼が張られます。受注したいひとは対象のクエストにコメントをどうぞ。
原則早い物がちです。個別交渉は、カード内でお願い致します。

クエストの定義

募集中 ：手つかず、強者もとむ
クエスト進行中 ：参加は打ち切られ、進行中
完了 ：完了したクエスト

❷ 次にボード形式のクエスト一覧を作成し、クエスト起票時に記入すべきプロパティを決めて行きます。タスクである特性上、ステータスや実施期間、依頼者･担当者、実施内容は必須でしょう。この例ではご褒美として「報酬」というプロパティも設けられています。

◉プロパティ設計例

❸ データベースが完成したら、次はSlack連携です。クエスト集会所トップのページで設定すると、ルールの変更などの余計な情報までSlackに流れてしまうため、クエスト一覧のインラインデータベースをページとして開いたところでSlack連携の設定をしましょう。画面右上の「更新履歴」メニューから「Slackチャンネルに接続」をオンにし、通知を送るチャンネルを選択します。

◉Slack連携

❹ 管理の枠組みが完成したら実際にクエストを投稿しましょう。参加者の意欲をそそるような画像を付けると、事務的になりすぎずによいです。

◉クエスト画像設定

▶リンク集

組織でNotionを長期にわたり使っていると、知らないうちにどんどん情報が増えていき、Notion内迷子になることが増えてきます。サイドバーの「お気に入り」セクションの活用でもよいのですが、クイックにアクセスしたい情報が大量にある場合、サイドバーだけの管理ではつらくなってくるのも事実です。そんな場合は、このように自分専用のリンク集ページを作成するのがおすすめです。

◉リンク集ページ

✿材料リスト

主に使う機能などは次の通りです。

- リンクのカテゴリ分けごとのページ見出し
- Notionの機能を利用したページリンク
- 文字列に設定するリンク

作り方

作り方のポイントは次の通りです。

❶ まずは自分がリンクを持っているかを棚卸し、どんなカテゴリー分けができるかを考えましょう。それに従い、リンク集ページを見出しやコールアウトなどでセクション分けしていきます。

◉セクション分けの例

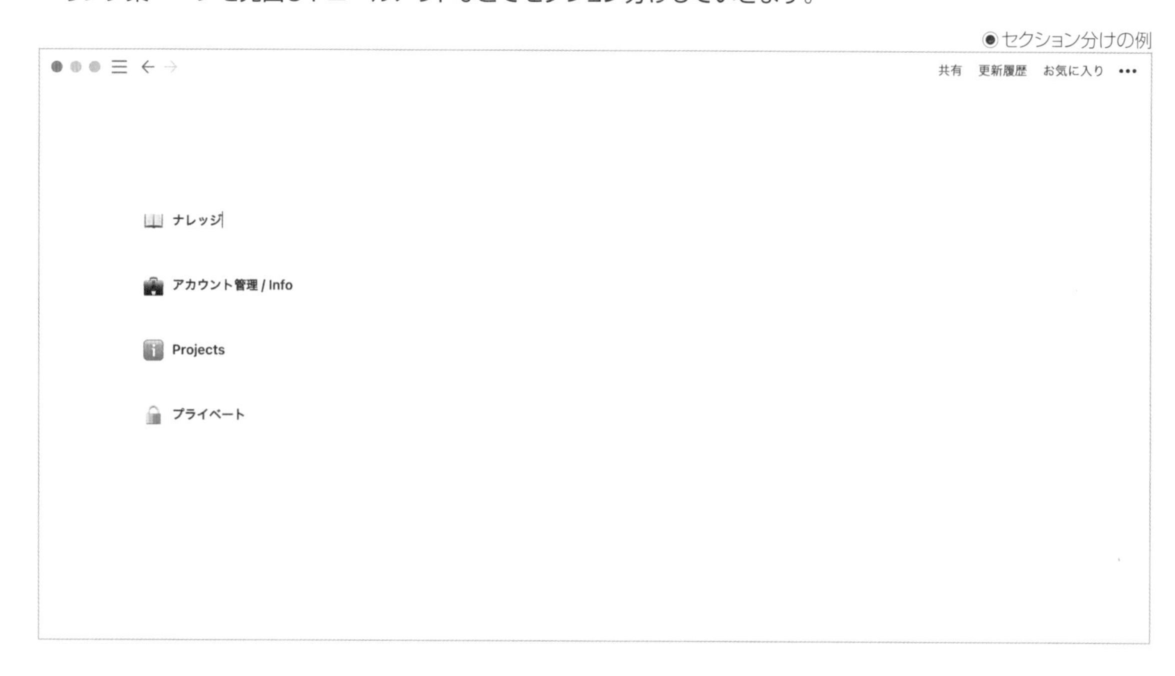

❷ リンクの数が多いようであれば、このようにセクションを複数カラムに分けて管理してもよいでしょう。

◉セクションのカラム分け

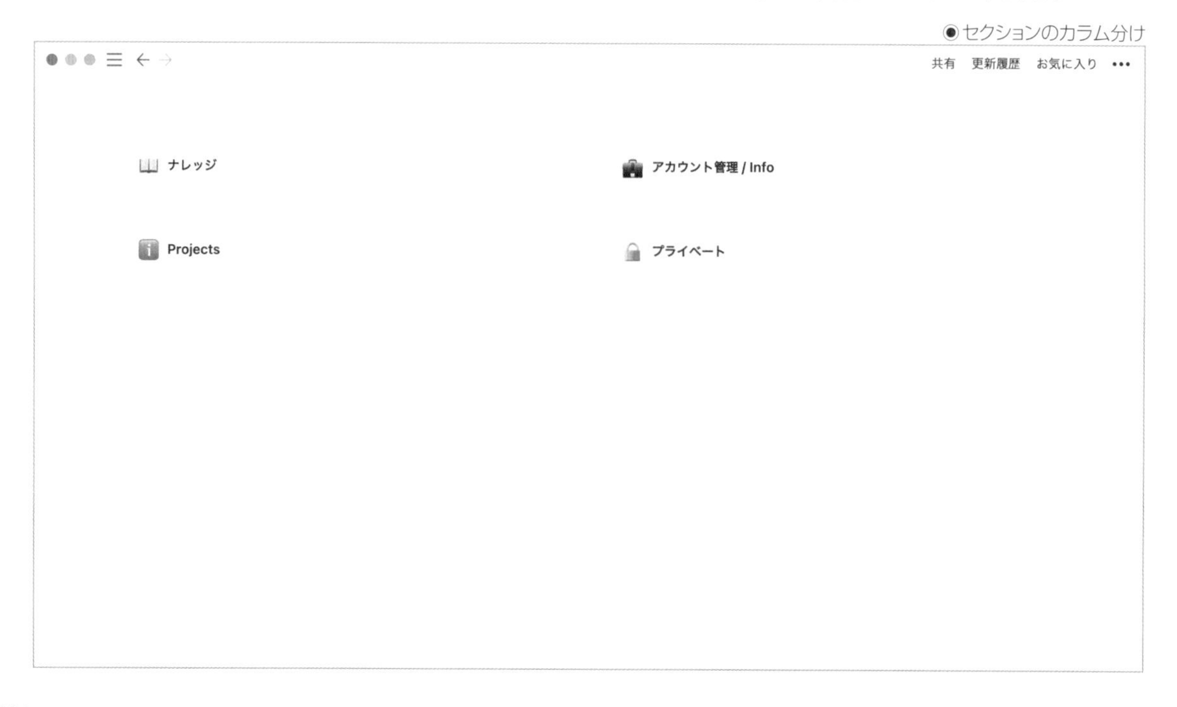

❸ セクションを作り終わったら、リンクしたいページのURLをコピーして各セクションに貼り付けていきます。この例では、URLを貼り付けた際に表示される選択肢のうち「ページにリンクする」を使用しています。

◉リンク貼付け例

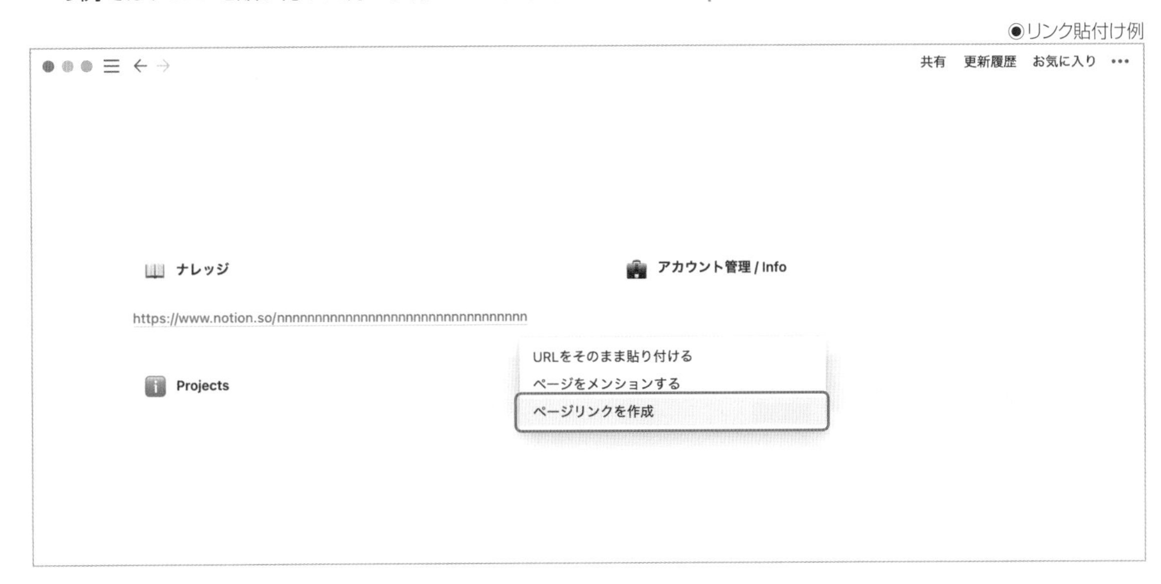

❹ 最後に、ページ上部に頻繁に参照するページやNotion外へのリンクをまとめて配置します。この例では、コールアウト内に記入した文字列に対してそれぞれURLをリンクとして設定しています。

◉文字列へのリンク設定

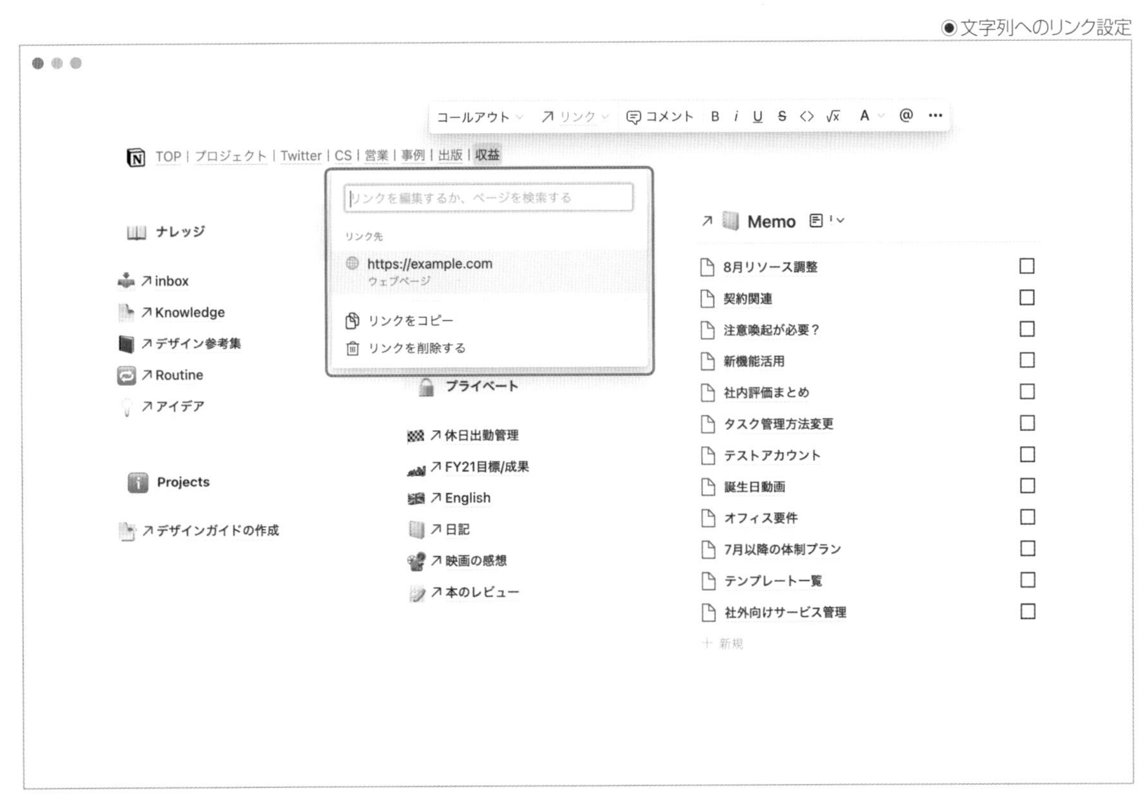

COLUMN Notionはサグラダファミリア

Notionのページの構造に完成はありません。Notionで作ったものは、常に形を変化させていきます。それは、組織、チーム、個人の成長に終わりがないことと同義です。

システム導入というのは、完成系を見据えて行うのがビジネスの世界では常識でした。ですが、ことNotionに関しては、ひとたび導入・構築してそれで終わりにしては、その良さを最大限に活かせていることにはなりません。人の考え方や思考プロセス、組織の在り方に合わせ、それらの成長に伴って構造そのものを変化させていける柔軟性こそが、Notionを利用することで得られる最大のメリットの1つといえるでしょう。

サグラダファミリアは1882年の着工以来、現代まで実に140年近くもその建築が続いています。1926年に設計者であるガウディが死去、1936年にスペイン内戦によりそのオリジナルの設計資料のほとんどが失われてもなお、サグラダファミリアはその完成を目指す人々により建築が続けられてきました。

Notionも、その時々のユーザーにより、その時々で最適と思われる完成形を目指して構造ごと組み変えていってこそ、その強みである自由度と柔軟性を最大限に活用できるツールです。

CHAPTER

7

便利ガイド

最後に、Notionで利用できるブロックの種類や入力方法と、各種操作のショートカットをまとめて紹介します。キーボードだけで操作できるようになると格段に作業スピードがアップしますので、ぜひ活用ください。

ブロックの種類と操作

ブロックはNotionを構成する最小単位です。Notionでは、さまざまな種類のブロックを組み合わせてページを作ることで、多彩な表現ができるようになっています。

▶ブロックの種類

Notionを使う上で、ページのデザインは使いやすさ・楽しさに直結します。ページを適切に作成するためには、ブロックの種類とそれぞれの特徴を把握しておく必要があります。ここでは、各ブロックの入力方法と、各ブロックの活用場面を紹介します。

テキスト

ブロックのデフォルトの形式です。通常のテキストを記入することができ、Notionで最も頻繁に使用されるブロックです。

文字列全体や一部分に色を付けたり、太字や下線などの修飾を施すことが可能です。見出しブロックを使うほどではなくても、ちょっと目立たせたい場合などは、テキストブロックを太字にして代用することもあります。

- コマンド：;テキスト（/text）
- キーボードショートカット
  - Mac：cmd ＋ option ＋ 0(数字のゼロ)
  - Win：ctrl ＋ shift ＋ 0(数字のゼロ)

◉テキストブロック

こちらは通常のテキストブロックです

ページ

ページ形式のブロックです。Notionではページの中にさまざまなブロックを配置することで、目的に沿ったさまざまな使い方を実現します。

- コマンド：;ページ（/page）
- キーボードショートカット
  - Mac：cmd ＋ option ＋ 9
  - Win：ctrl ＋ shift ＋ 9

◉ページブロック

ページ

見出し1/見出し2/見出し3

ページ内のサブタイトルとして使用するブロックです。サイズ別に1〜3が存在します。

ページをテキストブロックのみで構成すると、情報の区切りがわかりにくかったり、情報の重要度に強弱が付けにくかったりするため、見出しブロックをはじめとしたさまざまな手段で、何が重要か、どこで区切られているかを明確にすることが重要です。

なお、後述の目次ブロックはこれらの見出しブロックをもとに作成されます。目次ブロックを使用する際は、見出しブロックの構成をよく検討しましょう。

- コマンド：;見出し1（/head1）、;見出し2（/head2）、;見出し3（/head3）
- 入力ショートカット：#、##、###
- キーボードショートカット
  - Mac：cmd + option + 1/2/3
  - Win：ctrl + shift + 1/2/3

◉見出しブロック

見出し1

見出し2

見出し3

ToDoリスト

チェックボックス付きのテキストブロックです。簡易的なToDoリストとして使用することができます。チェックを入れることでテキストに取り消し線が付与されるため、ToDoが完了したことが明確になります。タスクと併記してユーザーや日付をメンションし、担当者や期日を明確にすることで、よりきめ細やかなToDo管理が可能となります。

- コマンド：;チェック（/todo）
- 入力ショートカット：[]
- キーボードショートカット
  - Mac：cmd + option + 4
  - Win：ctrl + shift + 4

◉ToDoリスト

☐ ToDo 1 @2021年7月30日

☐ ToDo 2 @龍貴 松橋

☐ ToDo

箇条書きリスト

テキストの先頭に「・」が表示される箇条書き形式のテキストブロックです。要素ごとに行を分けて記載することにより、伝えたいポイントが明確になります。手打ちの「・」との大きな違いは、箇条書きであれば改行しても「・」の下に文字が入らないという点です。

また、インデントはテキストブロックのみでも付けることができますが、箇条書きならインデントがより明確になります。インデントで要素ごとの関わりや親子関係を構造化すれば、コンテンツがより理解しやすくなります。

- コマンド：;箇条書き（/bullet）
- 入力ショートカット：- または * ＋ スペース
- キーボードショートカット
  - Mac：cmd ＋ option ＋ 5
  - Win：ctrl ＋ shift ＋ 5

◉箇条書きリスト

- 箇条書き1
- 箇条書き2
  - 箇条書き2-1
    - 箇条書き2-1-1
- 箇条書き3

番号付きリスト

連続したブロックの先頭に連番を付与するブロックです。行を空けたり、インデントを下げると、連番は1から振り直しになります。この表記は、abcなどに変更することもできます。単純にテキストブロックの数を数えるときや、手順の説明などでテキストブロックを番号で明示したい場合に便利です。

たとえば、会議でNotionを使用する際、アジェンダを記載し参加者で共有しながら会話することがあります。箇条書きリストではどのアジェンダを指しているか具体的に読み上げる必要がありますが、番号付きリストであれば、番号を示すだけでどのアジェンダを指しているか伝えることができます。

- コマンド：;番号（/number）
- 入力ショートカット：任意の番号 ＋ .(ドット) ＋ スペース
- キーボードショートカット
  - Mac：cmd ＋ option ＋ 6
  - Win：ctrl ＋ shift ＋ 6

◉番号付きリスト

1. 番号1
2. 番号2
   1. 番号2-1
      1. 番号2-1-1
3. 番号3

トグルリスト

複数のブロックを格納することができる、トグルリスト形式のブロックです。先頭に表示される「▶」をクリックすることで開閉されます。

バックアップを残しておきたいものや、そのまま書くと長くなってしまうけれども残しておきたい備忘など、さまざまなものをトグルリストに格納しましょう。トグルリストは閉じることで1行のブロックとして表示されるため、ページ内をスッキリと見せることができます。

また、トグルリスト内のブロックは開いたときに読み込まれます。容量の大きな画像ファイルなどはトグルリストに格納しておくことで、ページの初期表示の時間を短縮することができます。

- コマンド：;トグル（/toggle）
- 入力ショートカット：> + スペース
- キーボードショートカット
  - Mac：cmd + option + 7
  - Win：ctrl + shift + 7

◉トグルリスト

▶ トグルリスト1
▶ トグルリスト2
▶ トグル

引用

引用された文章であることを示すブロックです。テキストの先頭に縦線が表示されます。引用するときはもちろん、後述のコールアウトのような使い方もできます。

シンプルに他のテキストと異なることを示せるため、ページのデザインに合わせ、見出しに使うことも可能です。見出しにする場合、背景色や文字色を変更するのもお勧めです。

- コマンド：;引用（/quote）
- 入力ショートカット：|(パイプ) または "(二重引用符) + スペース

◉引用ブロック

| 引用テキスト

区切り線

薄い灰色の横線でコンテンツの区切りを示すブロックです。

Notionはシンプルな画面上に各種ブロックを配置していくため、情報の区切りがわかかりにくくなる場合があります。そんなときは、区切り線で情報の整理をしてみましょう。1本の線を引くだけで視覚的に情報が整理されることに驚くかもしれません。

見出しブロックや太字のテキストブロックの下線として使用するのもおすすめです。

- コマンド： ;区切り（ /divider ）
- 入力ショートカット： ---(ハイフン3つ)

◉区切り線ブロック

ダミー見出し

ダミーテキストダミーテキストダミーテキストダミーテキストダミーテキストダミーテキストダミーテキストダミーテキストダミーテキストダミーテキストダミーテキストダミーテキストダミーテキストダミーテキストダミーテキストダミーテキストダミーテキスト

ページリンク

Notion上の他のページへのリンクを設定するブロックです。ブロックをクリックすることで、リンクしたページに遷移します。

Notionに情報をまとめ始めると、このページを見るときはあのページも参照してほしい、という場面が多く出てきます。そんなときは、ぜひ、ページリンクを活用しましょう。参照先を明示することで、ページの作成者・参照者どちらの負荷も軽減され、快適にNotion上で作業することができるようになります。ページ形式のブロックに見た目が似ていますが、ページリンクの場合はブロックの左端に斜め向きの矢印が付きます。

- コマンド： ;ページリンク（ /linktopage ）
- 入力ショートカット：リンク先のページURLをブロックに貼り付け

◉ページリンク

↗ページ1

コールアウト

コールアウトとは、絵文字や背景色を付けられるテキスト形式のブロックの一種です。ページ上で目立つブロックのため、該当箇所の説明や注意喚起に使用することが多いです。

また、見た目が印象的なため、見出しの代用として使用することもあります。背景色を変更したり、テキストの先頭に絵文字を設定したりできるため、視覚的にわかりやすいページを作成することができます。

- **コマンド**：;コール（/callout）

◉コールアウトブロック

コールアウト1

コールアウト2

ユーザーをメンション

文中でユーザーへのメンションを行うことができます。メンションされたユーザーには通知が送付され、サイドバーの「更新一覧」で確認することができます。ToDoが発生した場合などに、該当ブロックで担当者へのメンションを付ければ、担当者への連絡もその場で完結します。

- **コマンド**：;ユーザー（/mentionaperson）
- **入力ショートカット**：@

◉ユーザーメンション

@龍貴 松橋

@Chigusa Fujikawa

ページをメンション

ユーザーのメンションと同じように、文中でNotion内の任意のページをメンションします。メンションしたページのタイトルがブロックに表示され、タイトルをクリックすると該当ページへ遷移します。

こちらはページリンクとは異なり、文章の途中に入れ込むことが可能です。ページデザインやリンクの意図によって使い分けましょう。

- **コマンド**：;ページを（/mentionapage）
- **入力ショートカット**：@

◉ページメンション

↗ページ1

↗ページ1 テキスト併記

↗ページ1 / ↗ページ2 / ↗ページ3

7 便利ガイド

日付またはリマインダー

文中に日付情報を付加します。ToDoリストへ期限を明示する場合などに使用します。

また、リマインダーを設定することも可能です。リマインダーを設定すると日付当日までは青文字で表示され、当日になると赤文字になり通知が送られてきます。ただし、ページを見ることができる全員に通知されるため、気を付けしょう。

リマインダーは「@」の後に「remiend」と記載するか、;日付 (/date)にて日付設定後、ブロックをクリックして表示されるカレンダーメニューから設定します。

- コマンド： ;日付 (/date)
- 入力ショートカット： @

●日付、リマインダー

@2021年6月5日

@2021年7月14日

@2021年8月1日

☐ ToDo @2021年5月31日

絵文字

文章中で絵文字を利用する際に使います。Notionはページアイコンやコールアウトなど、絵文字を積極的に使用しているツールです。文章中にも適切な絵文字を付加することで、ページの視認性向上が狙えます。

- コマンド： ;絵文字 (/emoji)
- 入力ショートカット： : ＋ 絵文字名(英語入力)
- キーボードショートカット
  - Mac： cmd ＋ ctrl ＋ space
  - Win： Windowsキー ＋ .(ドット)

●絵文字一覧

インライン数式

Notionでは、数式をTeXフォーマットで表示することが可能です。インライン数式では、テキスト中に埋め込む形で数式を記載することができます。

この本がNotionで作成されているように、Notionは論文執筆にも利用されています。数式が頻出する論文や、機械学習などのドキュメントを作成する場合でも快適に使うことができます。

また、この数式機能を使うと文字列に対して通常の書式メニューでは実現できない特殊な装飾も可能なため、Notionの表現をさらに多彩にしてくれます。

- コマンド：;数式（/equation または /math）

◉インライン数式

f(x)=x^2をTeXフォーマットで表示

$f(x) = x^2$ となる。

テーブル

テーブル形式で表示するデータベースブロックです。表計算ソフトに最も近い感覚で利用できるデータベース形式となります。テーブル上から各項目の参照/編集を行うことが可能です。なお、テーブルに限らずNotionのデータベースにはインラインとフルページが存在します。インラインはページ内に他のコンテンツと並べて表示できる一方、フルページはデータベース専用の単体のページとして作成されます。

- コマンド：;テーブル（/table）

◉テーブル:インライン

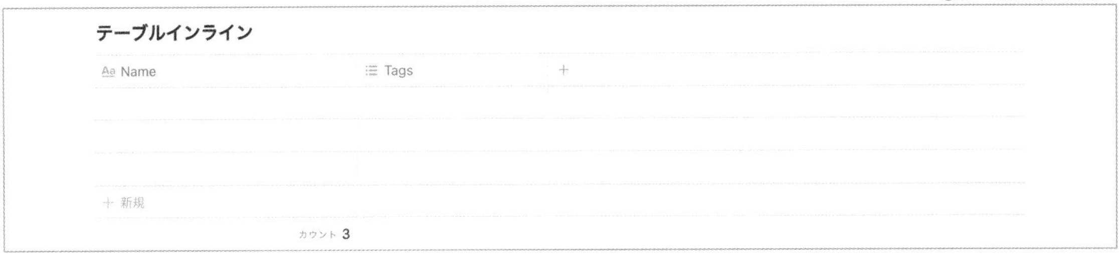

テーブルインライン

Aa Name	☰ Tags	+

＋ 新規

カウント 3

◉テーブル:フルページ

共有 更新履歴 お気に入り •••

テーブルフルページ

＋ ビューの追加　　プロパティ　フィルター　並べ替え　検索　…　新規

Aa Name	☰ Tags	+

＋ 新規

カウント 3

ボード

ボード形式で表示するデータベースブロックです。Kanban方式でのタスク管理が可能になります。

進捗別や担当者別、プロジェクト別など切り口を変えてタスクを見ることで、タスクの漏れをなくし、全体の状況把握も簡単になります。

- コマンド： ;ボード（ /board ）

◉ボード

ギャラリー

ギャラリー形式で表示するデータベースブロックです。カード内に設定した画像をデータベース上に表示できるため、アルバムや読書リストなどビジュアル重視の管理に適しています。また、ちょっとしたテクニックですが、画像を非表示に設定すると同一サイズのカードが均一に並ぶため、ある種のページのリンク集のように使用することも可能です。

- コマンド： ;ギャラリー（ /gallery ）

◉ギャラリー

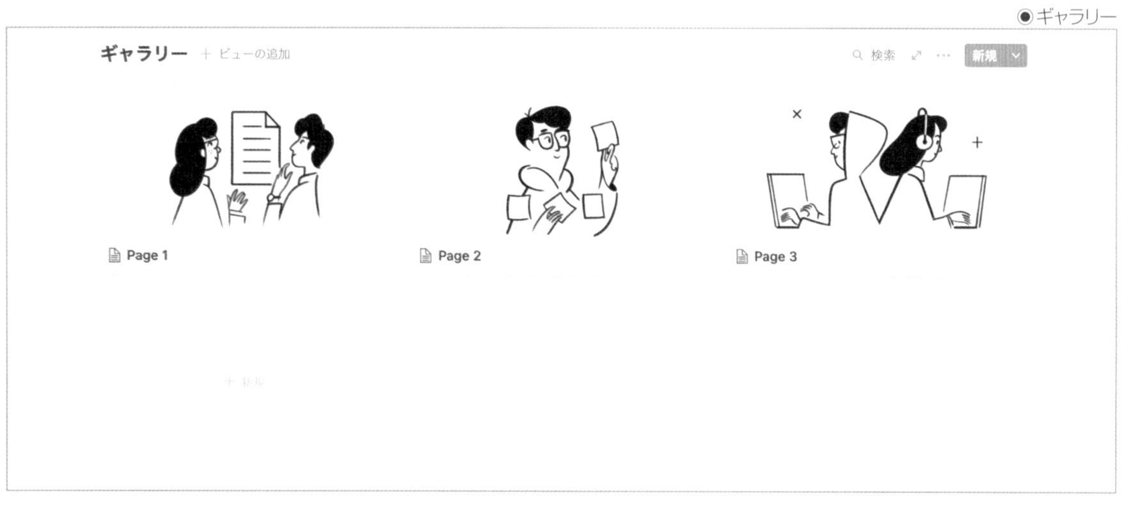

◉ギャラリーで作成したリンク集

ギャラリー リンク集

Page 1　Page 2　Page 3

リスト

リスト形式で表示するデータベースブロックです。項目を1行ずつ上から表示します。テーブルと違い、一覧の状態では項目内の情報を編集できず、各項目をページとして開く必要があります。誤操作でデータを編集されたくないときは、テーブル形式よりもリスト形式を使いましょう。また、Nameプロパティ以外はすべて右側に集約され、かつ改行なしの1行に1項目の情報が表示できるため、情報をコンパクトに見たい場面でも活用できます。

各項目を開いて利用するというリストの特性上、横スクロールのしにくいモバイルでも快適に使えるデータベース形式といえます。

- コマンド：;リスト（/list）

◉リスト

◉Nameプロパティ以外も表示させたリスト

リスト

ページ1	AAA	今日 15:07	☑
ページ2	BBB	今日 15:07	☐
ページ3	AAA BBB	今日 15:07	☑

＋ 新規

カレンダー

カレンダー形式で情報を整理できるデータベースブロックです。ブロック内の日付プロパティをもとに、カレンダー上にブロックを表示します。日付プロパティを開始日、終了日で設定・表示することも可能です。なお、日付プロパティが複数ある場合は、どのプロパティを基にカレンダーを表示するか選択できます。

タスクの期限や会社のイベント情報など、カレンダー上に表示すると効果的な情報の管理に積極的に利用しましょう。

- コマンド：;カレンダー（/calendar）

◉カレンダー

カレンダー

2021年6月 〈 今日 〉

日	月	火	水	木	金	土
30	31	6月1日	2	3	4	5
6	7	8	9	10	11	12
13	14 イベント1	15	16 イベント3	17	18	19

タイムライン

テーブルと線表を組み合わせたタイムライン形式で表示するデータベースブロックです。日付プロパティをもとに線表部分=タイムラインを表示します。タスク全体が俯瞰できるため、プロジェクト管理において効果を発揮します。各タスクの実施期間や、全体のタスク間の依存関係の確認が容易になります。

- コマンド：;タイムライン（/timeline）

●タイムライン

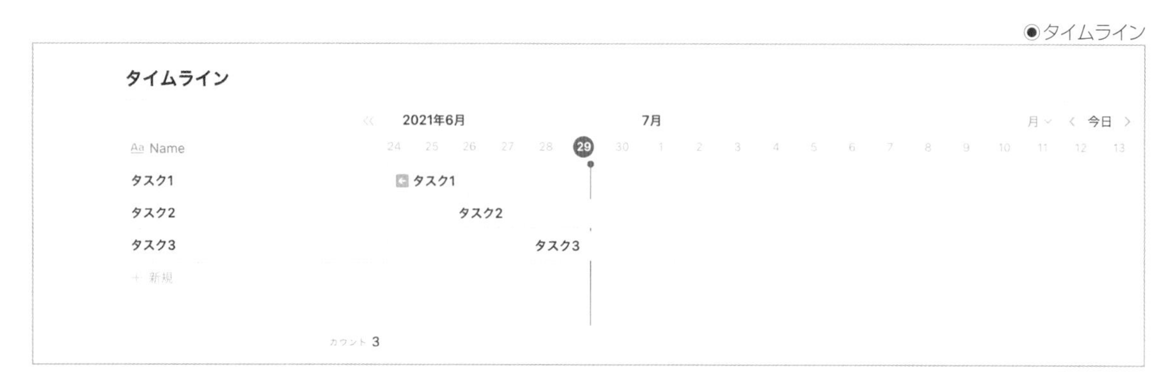

リンクドデータベース

他データベースを参照するデータベースブロックです。1つのデータベースを別のページから参照したい場合に利用します。1つのデータベースに対し、複数のリンクドデータベースを作成することが可能です。

表示するプロパティや絞り込み、並べ替えはリンクドデータベースごとに設定できるため、さまざまな切り口で素早くデータの参照が可能です。

リンクドデータベースは活用次第でNotionの利便性を大幅に向上させてくれます。積極的にページデザインに組み込んでいきましょう。

- コマンド：;リンクド（/linked）＋対象データベースを選択

●リンクドデータベース

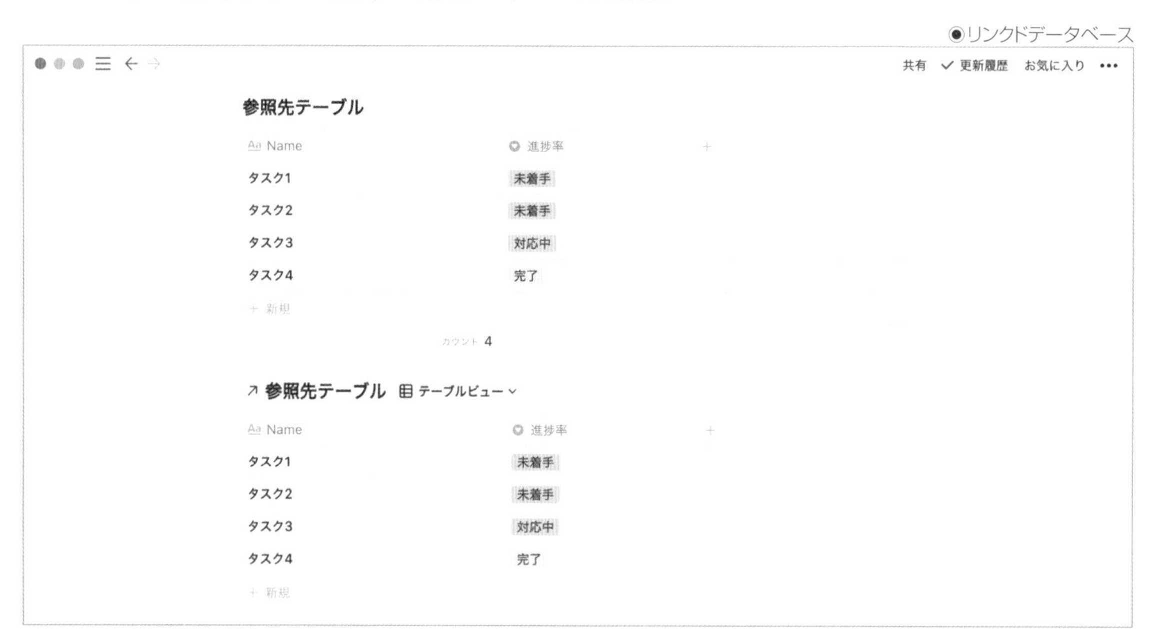

画像

ページ上に画像を表示する際に使用するブロックです。簡単に画像をアップロードすることができ、プランにもよりますが容量も気にする必要がありません。

画像ブロックは、左右に黒い線で表示されるハンドルで表示サイズを変更できます。

- コマンド：;画像（/image）
- 入力ショートカット：画像ファイルをページ上にドラッグ&ドロップ

◉画像ブロック

ブックマーク

インターネット上のページをビジュアルリンクとして表示します。ページ名だけでなく、冒頭部分やイメージ画像が併せて表示されるため、一目でどのようなページであるか判別できます。

- コマンド：;ブック（/bookmark）
- 入力ショートカット：テキストブロックにリンク先のURLをペースト

◉ブックマークブロック

動画

ページ上に動画ファイルを配置する際に使用するブロックです。ページ上で動画を再生できるため、たとえばイベントや研修を実施した際にイベント資料とともに録画した動画をページ上に配置するなどすれば、いつでも見返すことができるナレッジとして機能します。

- コマンド： ;動画（ /video ）
- 入力ショートカット：動画ファイルをページ上にドラッグ&ドロップ

◉動画ブロック

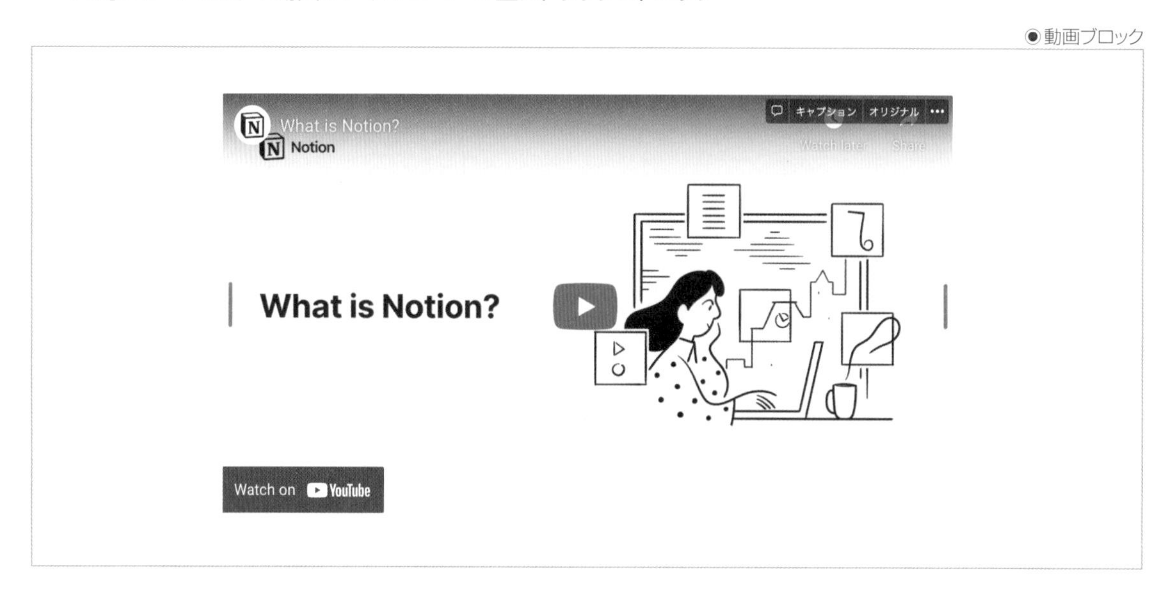

オーディオ

ページ上に音声ファイルを配置する際に使用するブロックです。こちらも動画と同じく、ページ上で再生することが可能です。たとえば、会議などを録音しておき、議事録とともに格納しておくと後からの振り返りが効率化されます。

- コマンド： ;音声（ /audio ）
- 入力ショートカット：音声ファイルをページ上にドラッグ&ドロップ

◉音声ブロック

コード

プログラミングのコードなどをNotionに記載する際に便利なブロックです。ブロック左上よりプログラミング言語を選択することで、それぞれに適したシンタックスハイライトが行われます。

また、言語の一覧で「Plain Text」を選択することで、マークダウンでない通常のテキストエディタのように使用することも可能です。

- コマンド：;コード（/code）
- 入力ショートカット：```（逆クオート記号3つ）
- キーボードショートカット
  - Mac：cmd ＋ option ＋ 8
  - Win：ctrl ＋ shift ＋ 8

◉コードブロック

```
print("HelloWorld")
```

ファイル

ページ上にファイルを格納する際に使用するブロックです。Notionを簡易的なファイルサーバーのように使用することができます。格納した後は、随時ダウンロードが可能です。

画像、動画、音声ファイルもファイルブロックへ格納することができます。ブロックをクリックすると、ダウンロードできますが、ページ上に中身は表示されません。

- コマンド：;ファイル（/file）
- 入力ショートカット：ファイルをページ上にドラッグ&ドロップ

◉ファイルブロック

ファイルをアップロードするか埋め込む

テキストファイル.txt 0.0KB

埋め込み

画像や動画、PDFファイルや、外部サービスをNotionのページに埋め込むことが可能です。画像ブロック、PDFブロックなど、ブロックの形式として個別に用意されている場合、動作は同じとなります。チームの活動ほぼすべてをまとめることができるのが、Notionの魅力です。外部サービスの情報もまとめてNotion上で管理すれば、Notionはより強力なツールとなります。

また、Google Map、Twitter、Figma、Whimsicalなどの一部外部サービスについてはコマンドで直接ツール名を入力して埋めみメニューを呼び出すことも可能です。

- コマンド：;埋め（/embed）
- 入力ショートカット：ファイルをページ上にドラッグ&ドロップ、または埋め込むコンテンツのURLをテキストブロックに貼り付け

◉埋め込みブロック

PDF

ページ上でPDFを参照することができるブロックです。画像を貼り付けた際のような枠で表示され、その枠内でPDFの中身をすべて参照することができます。枠内でスクロールすることも可能です。画像と同様に、枠の上下左右に黒線で表示されるハンドルでサイズの変更ができます。

- コマンド：;pdf（/pdf）

◉PDFブロック

目次

ページ内の目次を表示するブロックです。見出しブロックに対応して目次を作成します。

目次から見たい箇所の見出しをクリックすることで、該当の見出しブロックまでジャンプできます。縦に長いページを作成する場合は見出しブロックの構成をよく検討し、目次ブロックを作成しましょう。

- コマンド：;目次（/toc）

◉目次ブロック

ToC実演

アジェンダ
スケジュール進捗
FAQの確認
ToDoの確認
前回の振り返り
次回までの宿題

アジェンダ

スケジュール進捗

FAQの確認

ToDoの確認

前回の振り返り

次回までの宿題

数式ブロック

数式をTeXフォーマットで表示するブロックです。インライン数式と異なり、テキスト中に埋め込む形ではなく、単体のブロックとして数式を表示します。

- コマンド：;数式（/blockequation または /math）

◉数式ブロック

TEX TeX数式を追加する

$$f(x) = x^2$$

テンプレートボタン

テンプレートボタンをクリックすると、あらかじめ設定したテンプレートを基に、新規にブロックを生成することができます。たとえば、議事録や日記など、任意のブロック群を繰り返し作成したい場合に適しています。

- コマンド：;テンプレ（/template）

◉テンプレートボタン

＋ ToDoブロックを追加

☐ ToDo

階層リンク

ブロックが存在するページまでの、Notion上の階層構造を表示します。各階層のページタイトルをクリックすることで、該当ページへ遷移します。ページ左上の階層リンクと同じ情報、同じ仕組みになっています。

Notionはページを構造化しながら作成していくため、階層が深くなることが多いです。そんな時も、階層リンクがナビゲーションとなり、迷うことなくNotionを利用できます。

- コマンド：;階層（/breadcrumb）

◉階層リンクブロック

階層3

/ ... / 階層1 / 階層2 / 階層3

同期ブロック

ページを超えて内容を同期させることができるブロックです。複数ページに付加したいヘッダーやフッターなどに使用すると、変更の際の手間を削減できます。権限の異なるページへ同期させた場合、元ページに参照権限のあるユーザーのみに同期ブロックが表示されます。また、単一のブロックだけではなく複数ブロックをまとめて同期ブロックとすることも可能です。

- コマンド：;同期（/sync）
- 入力ショートカット：ブロックをコピー → 貼り付け時に「同期ブロックとして貼り付け」を選択

◉同期ブロック

同期ブロック

ページ

▶ ブロックの操作

Notionでは、ブロックに対してさまざまな操作を行うことができます。デザイン性の向上、チーム内のコミュニケーションに使用できる機能が存在します。勘所をおさえ、積極的に利用しましょう。

✿ 色付け

Notionのブロックは文字色、背景色を変更できます。注目させたい部分や、見出し部分に色付けを行うと、視認性が向上します。Notionで用意されている色は目に優しい色が多いため、デザインを邪魔しないところもよいポイントです。 /gray や /yellowbackground などのコマンドを文中で入力することで、カーソルのあるブロック全体の文字色や背景色を変更することが可能です。

✿ コンテンツの書式変更

ブロックの種類は、下記のいずれかの方法で簡単に変更することができます。ブロック作成後でも簡単に変更できることが、Notionへのコンテンツ配置のハードルを下げ、生産性向上につながっています。

- 「⋮⋮」からブロックタイプの変換を選択する
- 対象ブロック内にカーソルを置いた状態で「;変換」(/turn)の後にブロック種類のショートカットを入力する（例： ;変換箇条 ）

✿ コメントの追加

ページ、ブロック、テキストの一部に対し、コメントを付与することができます。ショートカットはMacの場合は cmd + shift + M 、Windowsの場合は ctrl + shift + M です。また、コメントに対して返信することもできます。ページを参照できるメンバーは全員、そのページ内のコメントも参照可能なため、コメント上でコミュニケーションもできます。各種レビューやちょっとしたディスカッションなどに利用すれば、わざわざメールやチャットツールなど他のツールに移動しなくてもNotion上で全てのコミュニケーションが完結します。

ただし、コメントしていたページ、ブロック、テキストが削除されるとコメントも削除されるため、注意してください。「解決」ボタンを押すと、コメントのアーカイブができますが、インラインコメントの場合などは復元が難しいためこちらも注意が必要です。

便利なショートカット集

Notionはショートカットを使えると生産性がグッと上がります。ここではよく使うもの、ぜひ、覚えておきたいショートカットのみをまとめています。なお、下記に記載の「cmd/ctrl」は、Macの場合はcmdキー、Windowsの場合はctrlキーを利用すると読み替えてください。

できること	ショートカット	解説
新しいページの作成	cmd/ctrl + N	新規ページを作成する。ショートカット自体はどのページでも実行可能。サイドバー下部の「新規ページ」ボタンを押したときと同じ挙動となるため、作成した新規ページはポップアップウィンドウ上部の「Add to」から指定した場所に格納される。デフォルトではプライベートページ
新しいNotion ウィンドウを開く	① cmd/ctrl + shift + N ② cmd/ctrl + クリック	現在のウィンドウとは別に、新しくNotionのウィンドウを開く。現在のウィンドウを保持したまま他ページを開きたい場合などに使用する ①現在のワークスペースで最後に開いたページを別のウィンドウで開く ②クリックしたページを別のウィンドウで開く
検索機能の呼び出し	cmd/ctrl + P	検索機能を呼び出す。Notionの利用頻度が高くなるにつれ、コンテンツ量が比例して多くなっていくため、見たいコンテンツをすぐに参照できるように検索機能を積極的に活用するとよい
ページ内検索機能の呼び出し	cmd/ctrl + F	ページ内を検索する際に使用する。cmd/ctrl + PはNotion全体を対象とするため、範囲を狭めて検索する場合はこちらを使用する
1ページ前に戻る / 1ページ先に戻る	前へ：cmd/ctrl + [次へ：cmd/ctrl +]	前後に開いていたページに遷移する。Notionはコンテンツを構造化して整理するため、ページ遷移が多くなるので、ショートカットキーで素早く操作できると効率的
選択箇所をインライン コードに設定	cmd/ctrl + E	テキストの選択部分をコード表現する。開発者などは、Notionにコードを記載する機会も多く、積極的に利用したいショートカット。また、文中の一部のテキストを強調したい場合にも使える
区切り線を作成	---（ハイフン3つ）	区切り線ブロックを作成する。ページ上で情報を整理する際に使用するとよい
ブロックを複製	cmd/ctrl + D option/alt + ドラッグ&ドロップ	ブロックを複製する。複製する形式に制限はない。同じ構造のデータベースを作成したい場合などにも便利
ブロックを上下に移動	cmd/ctrl + shift + 上下キー	選択しているブロックを上下に移動する。階層になっているブロックは配下のブロックごと移動される
トグルリストを開く・ たたむ	cmd/ctrl + option/alt + T	選択しているトグルリストの開閉を行う
直前に使った文字色 や背景色を適用する	cmd/ctrl + shift + H	選択しているブロックや文字列に対して、直前に使った文字色、背景色を適用する。後からページのデザインを変更する場合などには、積極的に利用するとよい
選択した画像を 全画面表示する （もう一度戻すと戻る）	画像を選択してスペースまたは cmd/ctrl + enter	選択中の画像を全画面表示する。Notionページ上で表示サイズが小さい画像は、全画面表示で内容を確認するとよい

できること	ショートカット	解説
選択中のブロックを操作する	cmd/ctrl + enter	このショートカットを利用することで、以下の操作が可能 ・ページを開く ・チェックボックスのオン／オフを切り替える ・トグルリストを開く／たたむ
ブロックに色を付ける	;グレー(/gray)などの色の名前	キーボードから手を離さずにブロックに色をつけることができる。ブロック中で入力するとメニューが出てくるため、好きな色を選択する
ウィンドウ全体の表示倍率を拡大・縮小する	拡大：cmd/ctrl + + 縮小：cmd/ctrl + -	ウィンドウの表示倍率の拡大・縮小を行う。ページ右上の「…」(ドット)メニューのフォントサイズ設定とは異なり、コンテンツ以外のサイドバーなども含む全体の表示倍率が変更される。自分のウィンドウでの表示のみ変更され、他の人からの見え方には影響しないため、文字や画像が小さい場合は、自分の見やすいサイズに変更するとよい
絵文字ピッカーの起動	Mac：cmd + ctrl + space Win：Windowsキー + .(ドット)	絵文字ピッカーを表示する。テキスト中に絵文字を記載する際に使用する。この絵文字は検索にもかかるため、横断的な検索用のタグに利用することもできる
ブロックの変換	Mac：cmd + option + 1、2、3 Win：ctrl + shift + 1、2、3"	数字によって、対象ブロックの表示形式を変更することが可能。1であれば見出し1、2であれば見出し2、3は見出し3となります。4～9にも表示形式が設定されているが、直感的に操作しにくいため、あまり利用することはない。0はデフォルトテキストへの変更になる
ブロック変換メニューの表示	cmd/ctrl + /	ブロックの「⁝⁝」をクリックした際に表示される、ブロック変換メニューを表示するショートカット
ブロック形式の変更	;変換(/turn) + ブロック種別	形式を変更したいブロックにカーソルがある状態でコマンドを入力する。コマンドの入力箇所は文頭・文中・文末どこでも構わない
ブロックや文字へのコメント	cmd/ctrl + shift + M	ページ、ブロック、テキストの一部に対し、コメントを付与することができる

用語集

Notionはその多機能さから、さまざまな言葉が出てきます。今回そういったNotionに関連するワードを一覧にまとめました。

	用語(英語)	用語(日本語)	意味
A	Abstract	Abstract	外部のプロトタイピングデザインツールで、Notionに埋め込みできる
	Admin	管理者	Notionのワークスペースのユーザー権限の1つで、管理者機能を有する権限。ワークスペースのユーザー種別には、メンバーと管理者の2種類がある(ゲストはワークスペースに所属していないユーザーを指す)。管理者はセキュリティ設定やユーザーの追加削除を実施可能
	All updates	更新一覧	自分へのメンションやコメントがあった際や、リマインド日時になった際に、通知を表示するメニュー。サイドバー上部よりアクセスすることができる
	Audio	オーディオ、音声	ブロック種別の1つ。音声ファイルを登録することで、Notion上で再生することができる
B	Backlinks	バックリンク	対象のページがどこから参照されているかを一覧表示する機能。対象のページが他ページより参照されている場合、ページ上部に表示される
	Block	ブロック	Notionで管理されるコンテンツの最小単位。ブロックをさまざまな形式に変換することで、多彩な表現、多彩な管理を実現している。詳しくは本章の「ブロックの解説」を参照
	Block equation	数式ブロック	ブロック種別の1つ。主に、数学や機械学習などで利用する、数式を表示するためのTexフォーマットを使用することができる。インライン数式とは異なり、1ブロック丸ごとが数式を表示するために使われる
	Board	ボード	データベース形式の1つ。データベースの各項目を1枚のカードとして表示し、カテゴリーやフェーズで縦列に分けて管理する。進捗別や担当者別でタスクを可視化したい場合などに使用する
	Breadcrumb	階層リンク	ブロック種別の1つ。対象ページの階層構造を表示する。各階層のページ名部分がリンクになっており、クリックすることで該当ページに遷移できる
	Bulleted list	箇条書きリスト	ブロック種別の1つ。箇条書きでテキストを記述する際に使用する
C	Calendar	カレンダー	データベース形式の1つ。データベースの各項目を1枚のカードとして表示する
	Callout	コールアウト	ブロック種別の1つ。ブロックの左端に絵文字、背景全体に色を付けられるため、テキストをページ内で目立たせる目的で使用される
	Can comment	コメント権限	ページに対する権限の1つ。ページの閲覧とコメントのみが可能で、編集や権限変更はできない
	Can edit	編集権限	ページに対する権限の1つ。ページの閲覧、コメント、編集が可能で、権限変更はできない
	Can view	読み取り権限	ページに対する権限の1つ。ページの閲覧のみが可能で、コメント、編集、権限変更はできない

	用語(英語)	用語(日本語)	意味
C	Caption	キャプション	画像などのブロックに説明文を追加できる機能
	Card	カード	データベースのボードやカレンダー、ギャラリーなどを表示したときの各項目を示す言葉
	Checkbox	チェックボックス	データベースのプロパティの1つ。ToDoリストのようにチェックボックスをオン／オフすることで、たとえばタスクの未完了・完了など、物事の状態を表すのに使われる
	Code	コード	文字列の強調表現。対象の文字列を選択すると表示されるメニューから設定できる。該当部分がコードであることを明示するほか、文中の特定の文字を目立たせる目的でも使われる
	Code block	コードブロック	ブロック種別の1つ。選択したプログラミング言語に応じて、それぞれに適したシンタックスハイライトが行われる。Plain textを選択することで、テキストエディタのように使うことも可能
	CodePen	CodePen	外部のオンラインエディタサービスで、Notionに埋め込みできる。ブラウザ上で、CSSやHTMLを記載でき、リアルタイムに結果が表示されるのが特徴
	Comment	コメント	ページやブロック、選択した文字列に対してコメントを付ける機能。コメント中で@メンションが使える
	Connect slack channel	Slackチャンネルに接続	ページの更新履歴を特定のSlackチャンネルに連携する機能。ページ右上の更新履歴メニューから設定できる
	Cover	カバー画像	各ページの最上部に表示させることができる画像。カバー画像はページごとに自由に設定ができる。設定することで最初に目に入るため、ページ全体の雰囲気に影響する。目的に応じて適切な画像を設定するとよい
	Created by	作成者	ブロックを作成したユーザーを示す。ブロックを作成した際に自動で設定される
	Created time	作成日時	データベースのプロパティの一種で、その項目を作成した日時を示す。項目を作成した際に自動で設定される
	Credit	クレジットポイント	Notionの有料プランの支払いに充てることのできるポイントのこと。一定の条件を満たすことで獲得できる
D	Database	データベース	ブロック種別の1つ。テーブル形式やボード形式など、さまざまな種類がある。データベース自体が1つのブロックだが、その中に格納される各項目もブロックになる
	Date	日付	文中に使える日付フォーマット。@を利用して入力することができる。また、データベースのプロパティの一種にも同様の日付フォーマットがある
	Divider	区切り線	ブロック種別の1つ。ページ上に薄いグレーの区切り線を作成する。ページ内の情報に明示的な区切りを設けられるため、視認性の向上に役立てられる
	Duplicate	複製	ブロックを複製する機能。もとのブロックとは切り離されるため、複製先を編集しても、もとのブロックには影響を与えない
E	Education plan	学割プラン	Notionの料金プランの1つ。学生、教職員向けの無料プランで、パーソナルProプランと同等の機能が使用できる
	Emoji	絵文字	Notionではさまざまな箇所で絵文字が使用できる。ページやコールアウトなどにつけるほか、文中にも入力可能

	用語(英語)	用語(日本語)	意味
E	Enterprise plan	エンタープライズプラン	Notionの料金プランの1つ。大規模チームや企業向けのプランで、詳細な権限設定やSSOなど、セキュリティを強化した管理機能が特徴
	Evernote	Evernote	外部のメモサービス。NotionはEvernoteからのデータインポートもサポートしている
	Export	エクスポート	ページをファイルとして出力する機能。マークダウンやCSV、PDFやHTMLとして出力することができる。管理者であれば、ワークスペース単位での出力も可能
F	Favorite	お気に入り	ページをサイドバーに表示する機能。ページ右上のお気に入りボタンをオンに設定すると、サイドバー上部のお気に入りセクションに表示されるため、よく使うページにすぐにアクセスすることができる
	Figma	Figma	外部のプロトタイピングツールで、Notionに埋め込みできる
	File	ファイル	ブロック種別の1つ。データベースのプロパティの1つでもある。ファイルを格納することができ、いつでもダウンロードが可能
	Follow	フォロー	ページごとに更新履歴をフォローする機能。有効化することで、「サイドバー」→「更新履歴」→「フォロー中」にフォロー中のページの更新履歴が表示される
	Formula	関数	データベースのプロパティの1つ。いろいろな関数を設定することができる。数字の計算だけでなく、日付の操作や条件分岐など、柔軟な設定が可能
	Framer	Framer	外部のプロトタイピングツールで、Notionに埋め込みできる
	Full access	フルアクセス権限	ページのアクセス権の1つ。ページの閲覧、コメント、編集、権限変更、すべての操作が可能
	Fullpage database	フルページデータベース	データベースの作成方法の1つ。データベースをページとして表示することができる。フルページで作成されたデータベースはインラインデータベースに相互変換が可能
G	Gallery	ギャラリー	データベース形式の1つ。データベースの各項目を同一サイズのカードで表示する。各カードに画像を設定すると、ギャラリー表示でフォトアルバムのように画像を一覧化できる
	GitHub Gist	GitHub Gist	外部のソースコード管理サービスであるGithubのサービスで、Notionに埋め込みできる
	Group	グループ	複数のユーザーに対し、まとめてアクセス権を操作するための機能。グループにユーザーを登録し、グループに対してアクセス権を設定することで、そのグループに登録された全ユーザーにまとめて権限が設定される
	Group By	グループ化	データベースのボードビュー表示をする際に、縦の列をどのプロパティでまとめるかを指定する機能。データベースの右上から設定できる
	Guest	ゲスト	ワークスペースに所属していない外部ユーザーで、ワークスペース内の個別のページへのアクセス権を付与されたユーザーのことを指す。ページ内においては、設定された権限内で通常のユーザーと同じ操作が可能。ゲストは招待されていないページへのアクセスや、他のユーザーの招待は行うことができない

	用語(英語)	用語(日本語)	意味
H	Heading1/2/3	見出し1/2/3	ブロック種別の1つ。文字の大きさが3段階から選択でき、ページ内コンテンツの段落やセクションの整理に使われる
	Help & feedback	ヘルプとフィードバック	画面右下の「?」マークよりアクセスできる。選択することでNotion公式ヘルプページやサポートへの問い合わせが可能
	Hide	隠す、非表示	データーベースのプロパティの設定。もとのデータに影響を与えず、項目を画面上に表示しないように隠すことができる。非表示にしたプロパティでも、データベース項目をページとして開けば全項目を確認できる
I	Icon	ページアイコン	ページ最上部の「アイコンを追加」よりページに対してアイコンを設定できる。絵文字や任意の画像ファイルを選択可能。アイコンを使うとサイドバーやリンクで該当ページを表示する際にタイトルとともに表示されるため、視認性が向上する
	Image	画像	ブロック種別の1つ。画像ファイルを挿入することで、ページに画像が展開される。また、無料のストックフォトから画像を選択することも可能
	Import	インポート	さまざまな外部サービスやツールのデータをNotionにインポートする機能。サイドバー下部から利用できる
	Inline database	インラインデータベース	データベースの作成方法の1つ。ページ内に他のコンテンツと並べてデータベースを表示することができる。インラインで作成されたデータベースはフルページデータベースに相互変換が可能
	Inline equation	インライン数式	ブロック種別の1つ。数学で利用するTeXフォーマットでの記載が可能です。数式ブロックとは異なり、文中に数式を挿入することが可能
	Invision	Invision	外部のプロトタイピングツールで、Notionに埋め込みできる
L	Link to page	ページリンク	ブロック種別の1つ。Notion内の他のページへのリンクを張ることができ、このブロックをクリックすると該当ページへ遷移する
	Linked database	リンクドデータベース	同じデータベースを他のページから参照する機能。リンクドデータベースごとに表示項目、フィルタ、ソート順を設定できるため、もとのデータベースに影響を与えずに参照したい情報のみに絞ることができる
	List	リスト	データベース形式の1つ。データベースの各項目を簡易な一覧で表示する。テーブルと異なり、一覧の状態では編集ができず、項目を選択して開いたウィンドウ内で編集を行う
	Loom	Loom	外部のビデオサービスで、Notionに埋め込みできる
M	Markdown	マークダウン	文章を記述するための軽量マークアップ言語。Notionはマークダウンで記述されているため、テキストベースでは他のマークダウン形式のエディタと互換性がある
	Member	メンバー	Notionのワークスペースのユーザーの権限の一般権限を意味する言葉。ワークスペースのユーザー種別には、メンバーと管理者の2種類がある(ゲストはワークスペースに所属していないユーザーを指す)。メンバーは、各種セキュリティ設定や請求情報の変更など、ワークスペース全体に対する設定の変更権限を持っていない

	用語（英語）	用語（日本語）	意味
M	Mention	メンション	Notion内で特定のユーザー、ページ、日付を明示するための方法。通常「@」の後ろに続けてメンション対象を記述することから、「@メンション」と呼ばれることもある
	Mention a page	ページメンション	メンション機能の1つで、テキスト中にNotionページへのリンクを埋め込む機能。ページリンクと異なり、メンションはサイドバーには表示されない
	Mention a person	ユーザーメンション	メンション機能の1つで、テキスト中にユーザーへのメンションを埋め込む機能。ユーザーをメンションすると、相手に通知が送付される
	Miro	Miro	外部のオンライン製図ツールで、Notionに埋め込みできる
	Multi-select	マルチセレクト	データベースのプロパティの1つ。選択式で値を設定でき、複数の値を選択することができる
N	Notion	の一しょん	Notion
	Numbered list	番号付きリスト	ブロック形式の1つ。連続したブロックに数字の連番を振ることができる
P	Page	ページ	ブロック種別の1つ。ページ上にさまざまなコンテンツを配置することでNotionは構成される。ページは無限に階層化できる
	Page history	ページ履歴	過去のページの参照・復元を行うことができる機能。画面右上の「…」メニューより表示できる
	PDF	PDF	ブロック形式の1つ。登録したPDFファイルをページ上で埋込表示することが可能
	Personal plan	パーソナルプラン	Notionの料金プランの1つ。Notionを個人で利用する場合、ほぼすべての機能を無料で使用可能
	Personal Pro plan	パーソナルProプラン	Notionの料金プランの1つで、Notionを個人で利用する場合の有料版。無料のパーソナルプランと異なり、5MB以上のファイルアップロード、無制限のゲストユーザーを招待可能
	Private	プライベート	サイドバーのセクションの1つ。ページの公開範囲が自身のみのページがここに表示される
	Property	プロパティ	データベースの各項目に付与できる情報の粒を指す。データベース右上の「…」メニューから、データベース上での各プロパティの表示・非表示を設定できる
Q	Quick Find	検索	Notionのワークスペース内を横断的に検索する機能。サイドバー左上から利用できる
	Quote	引用	ブロック形式の1つ。引用したい文章の強調表現などで利用する
R	Relation	リレーション	データベースのプロパティの1つ。他のデータベースのタイトルプロパティの値を参照できる。参照したデータはリンクになっており、クリックするとその場でリンクしたデータベースの情報を閲覧することができる。リレーションを使うことで、リレーショナルデータベースのような構造を実現することが可能
	Reminder	リマインダー	ブロック内の日付データやデータベースの日付プロパティに期限を設定する機能。「@日付」の形で表示され、期限前は青文字表示、期限を超過すると通知され、赤文字表示になる。期限になると、サイドバー上部の更新一覧に通知が表示される

	用語(英語)	用語(日本語)	意味
R	Restore version	バージョンの復元	ページ右上の更新履歴から、該当ページの過去バージョンを復元する機能。有料プランのみで利用できる
	Rollup	ロールアップ	データベースのプロパティの1つ。リレーションが設定済みのデータベースでのみ機能するプロパティで、リレーション先のタイトルプロパティ以外のプロパティを参照する機能。もとの値をそのまま表示させるほか、数値プロパティであれば集計した値を表示することも可能
S	Select	セレクト	データベースのプロパティの1つ。選択式で値を設定できる。単一の値を選択する際に利用する
	Settings & Members	設定	Notionの設定画面。サイドバー上部から利用できる。通知設定や、自分のアイコンなど、さまざまな設定を行うことができる
	Share	共有	ページの参照範囲、および、その設定を行う操作のこと。ページ右上の「共有」メニューから、グループやユーザー単位でページへのアクセス権限を設定できる。また、サイドバーの「シェア」セクションで共有されているページを一覧できる
	Share to the web	Webで公開	Notionのページをインターネット上に公開するための設定。ページ上部の「共有」メニューから有効化できる。ただし、世界中からアクセスが可能になるため、設定する際はセキュリティについて十分注意が必要
	Sidebar	サイドバー	Notionの画面左側の領域。アクセス可能なページを一覧表示したり、検索や設定など、さまざまな機能が格納されている
	Slack	Slack	外部のチャットコミュニケーションツール。Notionの特定のページからSlackの特定のチャンネルへ、更新情報を連携することができる
	Sort	ソート	データベース項目の並び順を変えることのできる機能。データベース右上の「…」よりアクセスできる。プロパティごとに昇順、降順を設定することが可能
	SSO	SSO	すでに外部に存在するID/パスワードの組み合わせを使って、Notionにログインすることができる機能。シングルサインオン(Single Sign On)の略称
	Synced block	同期ブロック	ブロック種別の1つで、ページを超えて内容を同期させることができるブロック。複数ページに同じ情報を付加したいヘッダーやフッターなどに使用すると、更新の際の手間を削減できる
T	Table	テーブル	データベース形式の1つ。データベースの各項目を行で表示する、いわゆる一般的な表形式。各項目をページとして開く必要はなく、プロパティの値をテーブル上で編集できる
	Table of contents	目次	ブロック種別の1つ。ページ内にある見出しブロックをまとめて目次として自動で表示させる機能。目次をクリックすると対象の見出しへ移動する
	Team plan	チームプラン	Notionの料金プランの1つ。Notionを複数人で利用する場合に最適なプラン

	用語(英語)	用語(日本語)	意味
T	Template	テンプレート	Notionにおけるテンプレートは3種類ある ・Notion純正テンプレート:サイドバー下部から利用できる ・テンプレートブロック:よく使うブロックをまとめてテンプレートボタンに登録することで、ワンクリックでコンテンツを複製できる ・データベースの機能:データベース項目に対して適用できるテンプレート
	Text	テキスト	ブロック種別の1つ。プレーンなテキストを入力することができる。文字色、太字、斜体などの修飾表現も可能
	Timeline	タイムライン	データベース形式の1つ。日付プロパティをもとにガントチャートのように線表を表示できる
	Title property	タイトルプロパティ	データベースのプロパティの1つ。テキストでデータベースの各項目にタイトルを設定する。データベースには必ず設定されるプロパティで、削除することはできない
	To-do list	ToDoリスト	ブロック種別の1つ。ブロックをチェックリストとする際に使用する。チェックを入れることでテキストに取り消し線が表示され、完了したことが明確になる
	Toggle list	トグルリスト	ブロック種別の1つ。クリックで開閉できるブロックで、中に別のブロックを格納することができる
	Turn into	ブロックタイプの変換	既存のブロックを他の形式に変更する機能。ブロック左側の「⁝⁝」ハンドルより実行することができる
	Typeform	Typeform	外部のフォームサービスで、Notionに埋め込みできる
U	Updates	更新履歴	ページの更新履歴を表示する。ページ右にあるメニューから、誰がいつ何を変更したかを確認することが可能
V	Version history	バージョン履歴	対象のページに対して変更を行った際に自動で保存される履歴の一覧。有料プランであれば、ページの内容を復元することができる
	View	ビュー	データベースの表示形式を複数保持するための機能。データベース左上の「ビューの追加」より設定できる。さまざまな切り口でビューをあらかじめ設定しておくことで、効率的にデータを参照できる
W	Web bookmark	Webブックマーク	ブロック種別の1つ。Webページへのリンクをビジュアルリンクとして表示する。ページタイトルだけでなく、リンク先の画像などが表示されるため、通常のリンクよりも視認性が向上する
	Web Clipper	Webクリッパー	Webページを情報をNotionへ保存する機能。PCの場合はブラウザ用に用意されたアドオンを、スマートフォンの場合はコンテンツ共有機能から共有先でNotionを指定することで、簡単にWebページの内容をNotionに保存することができる
	Whimsical	Whimsical	外部のオンライン製図ツールで、Notionに埋め込みできる
	Workspace	ワークスペース	Notionのコンテンツ格納先として最も大きい単位。ユーザーの管理や支払いは、ワークスペース単位で行われる。サイドバーのセクションにも同じ名前の箇所があるが、こちらはワークスペースへ公開されているページという意味合い
	Workspace balance	ワークスペースの残高	そのワークスペースの利用料金の支払いに充てることができる、獲得済みクレジットポイントの合計

	用語(英語)	用語(日本語)	意味
W	Workspace page	ワークスペースページ	サイドバーのワークスペースセクションのトップに配置されるページ。Notionの最上位概念のワークスペースと混同されがちだが、サイドバーに表示されているページはワークスペースではない

COLUMN モバイル利用の限界

NotionをPCとモバイルの両方でお使いの方はすでに実感されているかと思いますが、NotionはPCで利用することでその価値を最大限に引き出すことのできるツールです。

Notionでできることの幅を考えてみればわかりますが、PCであれば画面上を自由自在に使ってカラムを組んでみたり、横長のデータベースを配置してみたと、その解像度の許す限りのコンテンツ配置を楽しめます。

ですが、PCで作成したコンテンツをモバイルで見た途端に、せっかく組んだカラムは縦に並び直され、データベースを横スクロールしようものなら誤操作待ったなしです。仮にモバイルでも快適に利用できるデータベースを作ろうと思ったら、PC画面の縦幅3分の1程度に収まる大きさ、最大3列程度が限界でしょう。それも、誤操作で破損しないようにデータベースロックをかけておくのが無難です。

そう考えると、Notionのコンテンツ作成はすべてPCで行い、モバイルでの利用は作ったコンテンツの参照やWebクリップの保存、ちょっとしたメモの追加程度にとどめておくのが、ストレスなくモバイルでNotionを利用するコツといえるでしょう。

EPILOGUE

この本を手にとってくださった方は、この本にどんな期待をされていたのでしょうか。

Notionを最近少し聞くようになったけど、なんだかよくわからない方や使ってみたけどいまいち使いこなせている気がしない方、いろいろなニーズがあると思います。

基本的な操作方法から、参考になるNotionの使い方など、私たちがNotionを使う上で困ったことやあると嬉しいなと思ったことをできるだけ盛り込みました。至らない部分もあるかと思いますが、少しでもお役に立てていただければ、幸いです。

私たちも、ある日突然Notionに出会いました。社内の情報がNotion上に集約され、見た目のシンプルさと操作のわかりやすさであっという間に弊社のプラットフォームとして定着しました（その陰の功労者は、この本の執筆者でもある近藤さんです）。

Notionのおかげで、社内でのミーティングやさまざまな施策が効率的かつスピーディに運営されています。これまでさまざまなツールを使って、煩雑だった業務があっという間にNotionに統合されてシンプルになりました。もうNotionなしでは仕事ができないほどです。

Notionはそこにあるだけでは、便利なツールではありません。Notionを使う私たちが目的や意図を持つことで、はじめて効果を発揮するものだと思います。こうしたい、ああしたい。ほんの少しそんな思いがあれば、こんなに有用なツールは他にないのではないかと思っています。1人でも複数人のチームでも、はたまた大規模なグループや企業でも。こんなに万能なNoitonがどんどん日本でも広がってほしいと思い、執筆させていただきました。

そもそも、Notionが弊社で根付いたのは、仕事柄新しいものに興味を持ちやすい人間が多いのかもしれませんが、この自由度の高さと何より楽しかったからではないかと思っています。好きなようにページをデザインし、面白おかしく画像を埋め込んだり、カバーに設定したりするだけで、何やらかっこいいページできて、楽しそう、面白そうとなるその仕組みに人が集まる。Notion上にコンテンツがどんどん作られる。Notionに出会って、改めて人を動かすのは、責任や義務ではなくて、わくわくするといった好奇心だったり、楽しむ気持ちなんだと気づかされました。

少しでも多くの方にNotionの魅力や楽しさが伝わればいいなと思っています。ご紹介した使い方や考え方が、Notionを楽しむための皆さまの手助けになれば、これ以上の喜びはありません。

この本の執筆にあたり、本の出版を快諾してくださったNotion Labs, Inc.の皆様、本の執筆経験がない我々をサポートくださったシーアンドアール研究所様、そして執筆作業を楽しく支えてくれた最高の仲間である株式会社ノースサンドの社員の皆様に、この場を借りて御礼申し上げます。

2021年9月

株式会社ノースサンド
執筆者一同

INDEX

記号

英字

あ行

か行

さ行

INDEX

た行

は行

INDEX

ま行

や行

ら行

わ行

■著者紹介

株式会社ノースサンド

テクノロジーの力を活用してクライアントの多岐にわたる課題を解決するコンサルティングサービスを提供。「お客様の実現したいことをデザインする仕事」として1人でも多くの方の力となることで、カッコイイ会社を増やし、世界をデザインできる会社となることを目指す。「カッコイイ」の要素としてNotionにいち早く目をつけ、日本国内企業での利用を推進。

こんどう　ようじろう
近藤　容司郎

株式会社ノースサンド所属。

システムのグランドデザインから実装まで多数の案件を手掛ける傍ら、日本国内でNotionの普及活動に従事。その功績が認められ、Notionとして初めての公式アンバサダー企業に認定。現在は「企業におけるNotionの活用」をテーマに、アーキテクチャ検討から教育までNotionにかかわらず、幅広いコンサルティングを手掛ける。

ふじかわ　ちぐさ
藤川　千種

株式会社ノースサンド所属。

金融業界のIT関連プロジェクトにて、PMO業務を中心にプロジェクト立案から実行支援・管理を含む幅広い業務に従事。Notionに関する一般向けイベント開催のほか、Notionリテラシー向上を目的とする各種執筆活動に関わる。

さ　さ　き　あ　い
佐々木　歩惟

株式会社ノースサンド所属。

コンサルティングの経験を活かし、社内の業務プロセスの整備・改善に従事。同社が手掛けるNotion関連の多方面にわたる活動に関与し、Notion関連ローカライズに際しては日本側リードメンバーとしてアプリ、Webサイト、公式ヘルプ、ビデオチュートリアルなど、幅広いコンテンツの日本語化に携わる。

まつはし　りゅうき
松橋　龍貴

株式会社ノースサンド所属。

SIerでの経験をもって、事業会社向けのシステム刷新のプロジェクトをリード。Notion関連のイベント開催および執筆活動のほか、Notion専用のテンプレートの開発などにも従事。

編集担当 ：吉成明久
カバーデザイン：秋田勘助（オフィス・エドモント）
カバーイラスト ：白井匠（白井図画室）

そろそろNotion

あらゆるデジタルデータをあつめて、まとめて、管理するオールインワンの神アプリ

2021年11月1日　　初版発行

著　者　近藤容司郎、藤川千種、佐々木歩惟、松橋龍貴
発行者　池田武人
発行所　株式会社　シーアンドアール研究所
本　社　新潟県新潟市北区西名目所 4083-6（〒950-3122）
電話　025-259-4293　FAX　025-258-2801
印刷所　株式会社　ルナテック

ISBN978-4-86354-360-7 C3055